水利工程建设与运行管理的关系探讨

杨绍忠　曹丛　高柯　著

吉林科学技术出版社

U0176502

图书在版编目（CIP）数据

水利工程建设与运行管理的关系探讨 / 杨绍忠，曹丛，高柯著. -- 长春 : 吉林科学技术出版社，2022.11

ISBN 978-7-5578-9864-9

Ⅰ. ①水… Ⅱ. ①杨… ②曹… ③高… Ⅲ. ①水利建设②水利工程管理 Ⅳ. ①TV6

中国版本图书馆 CIP 数据核字（2022）第 201502 号

水利工程建设与运行管理的关系探讨

著　　杨绍忠　曹　丛　高　柯
出 版 人　宛　霞
责任编辑　杨雪梅
封面设计　树人教育
制　　版　树人教育
幅面尺寸　185mm×260mm
字　　数　300 千字
印　　张　13.75
印　　数　1-1500 册
版　　次　2022年11月第1版
印　　次　2023年3月第1次印刷

出　　版　吉林科学技术出版社
发　　行　吉林科学技术出版社
地　　址　长春市福祉大路5788号
邮　　编　130118
发行部电话/传真　0431-81629529 81629530 81629531
81629532 81629533 81629534
储运部电话　0431-86059116
编辑部电话　0431-81629518
印　　刷　三河市嵩川印刷有限公司

书　　号　ISBN 978-7-5578-9864-9
定　　价　85.00元

版权所有　翻印必究　举报电话：0431-81629508

前　言

21 世纪我国经济发展日新月异，环境问题也愈发严峻，在防治洪涝灾害与调配水资源方面，水利工程发挥着关键作用，它已成为基建项目中不可缺少的一部分。但是在实际使用过程中，水利工程极易受到一些因素的影响，导致其效果无法充分地发挥出来。究其原因为水利运行管理与工程建设未能有机结合，导致水利工程运行效益受到了严重影响。

水利工程关系着民生，与人们的生活息息相关，因此水利工程也要在时代的潮流中迎来新的开拓。水利工程对水资源的调配、洪涝灾害的预防意义重大，它是当前发展最为关键的基础建设项目之一。从目前水利工程建设与运行管理结合的实际情况来看，主要体现在以下几个方面，即可行性研究阶段、设计阶段、水利工程建设与运行管理的结合以及建造过程中与运行管理的结合。企业与相关工作人员要进一步落实好工作展开的具体要求，结合问题成因，制定更为有效的改进措施，从而不断提高工作展开的效率和质量。因此，本书针对以上问题，探讨水利工程建设与运行管理的有机结合，以期为相关工作人员提供参考。

目　录

第一章　水利工程施工概述

第一节　绪论

水利工程是为了控制和调配自然界的地表水及地下水，以达到兴利除害目的而修建的工程，也称为水工程。水是人类生产和生活中必不可少的宝贵资源，但其自然存在的状态并不完全符合人类的需要。只有修建水利工程，才能控制水流，防止洪涝灾害，并进行水量的调节和分配，以满足人民生活和生产对水资源的需要。水利工程需要修建坝、堤、溢洪道、水闸、进水口、渠道、渡槽、筏道鱼道等不同类型的水工建筑物，以实现人类生产和生活目标。

水利工程施工与一般土木工程如道路、铁路、桥梁和房屋建筑等施工有许多相同之处。例如：主要施工对象多为土方、石方、混凝土、金属结构和机电设备安装等项目，某些施工方法相同，某些施工机械可以通用，某些施工的组织管理工作也可互相借鉴。

一、水利工程施工的任务和特点

1. 水利工程施工的主要任务

（1）根据工程所在地区的自然条件，社会经济状况，设备、材料和人力等的供应情况以及工程特点，编制切实可行的施工组织设计。

（2）按照施工组织设计，做好施工准备，加强施工管理，有计划地组织施工，保证施工质量，合理使用建设资金，并全面完成施工任务。

（3）施工过程中开展观测、试验和研究工作，以促进水利工程建设科学技术的发展。

2. 水利工程施工的特点

水利工程施工的特点，突出反映在水流控制上，具体表现在以下几点：

（1）水利工程施工常在河流上进行，受水文、气象、地形、地质等因素影响很大。

（2）河流上游修建的挡水建筑物，关系着下游千百万人民的生命财产安全，因此工程施工必须保证质量。

（3）在河流上修建水利工程，常涉及许多部门的利益，这就必须全面规划、统筹兼顾，因而增加了施工的复杂性。

（4）水利工程一般位于交通不便的山区，施工准备工作量大，不仅要修建场内外的交通道路和为施工服务的辅助建筑，而且要修建办公室和生活用房。因此，必须十分重视施工准备工作的组织，使之既满足施工要求，又能减少工程投资。

（5）水利枢纽工程常由许多单项工程组成，布置集中、工程量大、工种多、施工强度高，加上地形方面的限制，容易发生施工干扰。因此，需要统筹规划好施工现场的组织和管理，运用系统工程学的原理，选择最优的施工方案。

（6）水利工程施工过程中的爆破作业、地下作业、水上水下作业和高空作业等，常常平行交叉进行，对施工安全很不利。因此，必须十分注意安全施工，防止事故发生。

二、我国水利工程施工的成就与展望

在我国历史上，水利建设成就卓著。四川都江堰水利工程，按“乘势利导，因时制宜”的原则，发挥了防洪和灌溉的巨大效益。用现代系统工程的观点来分析，该工程在结构布局、施工措施、维修管理制度等方面都是相当成功的。此外，在截流堵口工程中所使用的多种施工技术，至今还在为各地工程所沿用。其有计划有步骤地开展了大江大河的综合治理，修建了一大批可综合利用的水利枢纽工程和大型水电站，建成了一些大型灌区和机电灌区，中小型水利工程也得到了蓬勃的发展。随着水利工程事业的发展，施工机械的装备能力迅速增长，已经具有实现高强度快速施工的能力；施工技术水平不断提高，实现了长江、黄河等大江大河的截流，采用了很多新技术、新工艺；土石坝工程、混凝土坝工程和地下工程的综合机械化组织管理水平逐步提高。水利施工科学的发展，为水利工程展示出一片广阔的前景。

在取得巨大成就的同时，我国的水利工程建设也付出过沉重的代价。如由于违反基到本建设程序，不遵循施工的科学规律，不按照经济规律办事，水利工程建设事业遭受了相当大的损失。我国目前大容量高效率多功能的施工机械，其通用化、系列化、自动化的程度还不高，利用并不充分；新技术、新工艺的研究推广和使用不够普遍；施工组织管理水平不高；各种施工规范、规章制度、定额法规等的基础工作比较薄弱。为了实现我国经济建设的战略目标，加快水利工程建设的步伐，必须认真总结过去的经验和教训，在学习和引进国外先进技术、科学管理方法的同时，发扬自力更生、艰苦创业的精神，走出一条适合我国国情的水利工程施工技术的科学发展道路。

三、水利工程施工组织与管理的基本原则

总结过去水利工程施工的经验，在施工组织与管理方面，必须遵循以下原则：

1. 全面贯彻“多快好省”的施工原则，在工程建设中应该根据需要和可能，尽快

完成优质、高产、低消耗的工程，任何片面强调某一个方面而忽视另一个方面的做法都是错误的，都会造成不良的后果。

2. 按基本建设程序办事。

3. 按系统工程的原则，合理组织工程施工。

4. 实行科学管理。

5. 一切从实际出发，遵从施工的科学规律。

6. 要做好人力、物力的综合平衡，连续、有节奏地施工。

第二节 水利工程施工技术

我国水利工程建设正处于高峰阶段，是目前世界上水利工程施工规模最大的国家。

近几年，我国水利工程施工的新技术、新工艺、新装备取得了举世瞩目的成就。在基础工程、堤防工程、导截流工程、地下工程、爆破工程等许多领域，我国都处于领先地位。在施工关键技术上取得了新的突破，通过大容量、高效率的配套施工机械装备更新与改建，我国大型水利工程的施工速度和规模有了很大提升。新型机械设备在堤坝施工中的应用，有效提高了施工效率。系统工程的应用，进一步提高了施工组织管理的水平。

一、土石方施工

土石方施工是水利工程施工的重要组成部分。在工程规模、机械化水平、施工技术等各方面取得了很大的成就，解决了一系列在复杂地质地形条件下的施工难题，如深厚覆盖层的坝基处理、筑坝材料、坝体填筑、混凝土面板防裂、沥青混凝土防渗等施工技术问题。其中，我国在工程爆破技术、土石方机械化施工等方面已处于国际先进水平。

1. 工程爆破技术

炸药与起爆器材的日益更新，施工机械化水平的不断提高，为爆破技术的发展创造了重要条件。多年来，爆破施工从手风钻为主发展到潜孔钻，并由低风压向中高风压发展，为加大钻孔直径和加快速度创造了条件；引进的液压钻机，进一步提高了钻孔效率和精度；多臂钻机及反井钻机的采用，使地下工程的钻孔爆破进入了新阶段。近年来，引进开发混装炸药车，实现了现场连续式自动化合成炸药生产工艺和装药机械化，进一步稳定了产品质量，改善了生产条件，提高了装药水平和爆破效果。此外，深孔梯段爆破、洞室爆破开采坝体堆石料技术也日臻完善，既满足了坝料的级配要求，又加快了坝料的开挖速度。

2. 土石方明挖

凿岩机具和爆破器材的不断创新，极大地促进了梯段爆破与控制爆破技术的进步，使原有的微差爆破、预裂爆破、光面爆破等技术更趋完善;施工机具的大型化、系统化、自动化使得施工工艺、施工方法取得了重大变革。

（1）施工机械。主要设备有手风钻、1~3m^{3}斗容的挖掘机和5~12 t的自卸汽车。此阶段主要依靠进口设备，可供选择的机械类型很少，谈不上选型配套。常用的机械设备有钻孔机械、挖装机械、运输机械和辅助机械四大类，形成配套的开挖设备。

（2）控制爆破技术。基岩保护层原为分层开挖，经多个工程试验研究和推广应用，发展到水平预裂（或光面）爆破法和孔底设柔性垫层的小梯段爆破法的一次爆除，确保了开挖质量，加快了施工进度。特殊部位的控制爆破技术解决了在新浇混凝土结构、基岩灌浆区、锚喷支护区附近进行开挖爆破的难题。

（3）高陡边坡开挖。近年来开工兴建的大型水电站开挖的高陡边坡较多。

（4）土石方平衡。大型水利工程施工中，十分重视开挖料的利用，力求挖填平衡。开挖料用作坝（堰）体填筑料、截流用料和加工制作混凝土砂石骨料等。

（5)高边坡加固技术。水利工程高边坡常用的处理方法有抗滑结构、锚固以及减载、排水等综合措施。

3. 抗滑结构

（1）抗滑桩。抗滑桩能有效且经济地治理滑坡，尤其是滑动面倾角较缓时，效果会更好。

（2）沉井。沉井在滑坡工程中既起抗滑桩的作用，同时具备挡土墙的作用。

（3）挡墙。混凝土挡墙能有效地从局部改变滑坡体的受力平衡，阻止滑坡体变形的延展。

（4）框架、喷护。混凝土框架对滑坡体表层坡体起保护作用并增强坡体的整体性，防止地表水渗入和坡体风化。框架护坡具有结构物轻、用料省、施工方便、适用面广、便于排水等优点，并与其他措施结合使用。另外，耕植草本植被也是治理永久边坡的常用措施。

4. 锚固技术

预应力锚索具有不破坏岩体结构、施工灵活、速度快、干扰小、受力可靠、主动承载等优点，在边坡治理中应用广泛。大吨位岩体预应力锚固吨位已提高到6167 kN，张拉设备出力提高到6000 kN，锚索长度达61.6m，可加固坝体、坝基、岩体边坡、地下洞室围岩等，达到了国际先进水平。

二、混凝土施工

1. 混凝土施工技术

目前，混凝土坝采用的主要技术状况如下：

（1）混凝土骨料人工生产系统进入国际水平。采用人工骨料生产工艺流程，可以调整骨料粒径和级配。生产系统配制了先进的破碎轧制设备。

（2）为满足大坝高强度浇筑混凝土的需要，从拌和、运输和舱面作业等系统配置了大容量、高效率的机械设备。使用大型塔机、缆式起重机、胎带机和塔带机，这些施工机械代表了我国混凝土运输的先进水平。

（3）大型工程混凝土温度控制，主要采用风冷骨料技术，效果好并且实用。

（4）为减少混凝土裂缝，广泛采用补偿收缩混凝土。应用低热膨胀混凝土筑坝技术可节省投资，简化温控，缩短工期。一些高拱坝的坝体混凝土，则采用外掺氧化镁进行温度变形补偿。

（5）中型工程广泛采用组合钢模板，而大型工程普遍采用大型钢模板的悬臂钢模板。模板尺寸有 2m × 3m、3m × 2.5m、3m × 3m 多种规格。滑动模板在大坝溢流面、隧洞、竖井、混凝土井中应用广泛。

2. 泵送混凝土技术

泵送混凝土是指混凝土从混凝土搅拌运输车或储料斗中卸入混凝土泵的料斗，利用泵的压力将混凝土沿管道水平或垂直地输送到浇筑地点的工艺。它具有输送能力大（水平运输距离达 800m，垂直运输距离达 300m）、速度快、效率高、节省人力、能连续作业等特点。目前应用日趋广泛，在国外，如美国、德国、英国等都广泛采用泵送混凝土，尤其日本最为广泛。在我国，目前的高层建筑及水利工程领域中，已较广泛地采用了此技术，并取得了较好的效果。泵送混凝土对设备、原材料、操作都有较高的要求。

（1）对设备的要求

1）混凝土泵有活塞泵、气压泵、挤压泵等几种不同的构造和输送方式，目前应用较多的是活塞泵，这是一种较先进的混凝土泵。施工时现场规划要合理布置泵车的安放位置，一般应尽量靠近浇筑地点，并满足两台泵车同时就位，以使混凝土泵连续浇筑。泵的输送能力为 80m/h。

2）输送管道一般由钢管制成，有直径 125mm、150mm 或 100mm 型号，具体型号取决于粗骨料的最大粒径。管道敷设时要求路线短、弯道少、接头密。管道清洗一般选择水洗。要求水压力不能超过规定，而且人员应远离管道，并设置防护装置以免伤人。

（2）对原材料的要求

要求混凝土具有可泵性，即在泵压作用下，混凝土能在输送管道中连续稳定地通过而不产生离析的性能，它取决于拌和物本身的和易性。在实际应用中，和易性往往根据坍落度来判断，坍落度越小，和易性也越小。但坍落度太大又会影响混凝土的强度，因此一般认为 8~20Cm 较合适，但具体值要根据泵送距离气温来决定。

1）水泥。要求选择保水性好、泌水性小的水泥，一般选硅酸盐水泥及普通硅酸盐水泥。但由于硅酸盐水泥水化热较大，不宜用于大体积混凝土工程，施工中一般掺入粉煤灰。掺入粉煤灰不仅对降低大体积混凝土的水化热有利，还能改善混凝土的黏塑性和保水性，对泵送也是有利的。

2）骨料。骨料的种类、形状、粒径和级配对泵送混凝土的性能有很大影响，必须予以严格把控。

粗骨料的最大粒径与输送管内径之比宜为 1 ∶ 3（碎石）或 1 ∶ 2.5（卵石）。另外，要求骨料颗粒级配尽量理想。

细骨料的细度模数为 2.3~3.2。粒径在 0.315mm 以下的细骨料所占的比例不应小于 15%，最好达到 20%。这对改善可泵性非常重要。

掺合料——粉煤灰，实践证明，掺入粉煤灰可显著提高混凝土的流动性。

（3）对操作的要求

泵送混凝土时应注意以下规定：

1）原材料与试验一致。

2）材料供应要连续、稳定，以保证混凝土泵能连续运作，计量自动化。

3）检查输送管接头的橡皮密封圈，保证密封完好。

4）泵送前，应先用适量的与混凝土成分相同的水泥浆或水泥砂浆润滑输送管内壁。

5）试验人员随时检测出料的坍落度，并及时调整，运输时间控制在初凝（45min）内。预计泵送间歇时间超过 45min 或混凝土出现离析现象时，对该部分混凝土做废料处理，立即用压力水或其他方法冲洗管内残留混凝土。

6）泵送时，泵体料斗内应经常有足够混凝土，防止吸入空气形成阻塞。

三、新技术、新材料、新工艺、新设备的使用

1. 喷涂聚脲弹性体技术

喷涂聚脲弹性体技术是国外近年来为适应环保需求而研制开发的一种新型无溶剂、无污染的绿色施工技术。它具有以下优点：

（1）无毒性，满足环保要求。

（2）力学性能好，拉伸强度最高可达 27.0mPa，撕裂强度为 43.9~105.4 kN/m。

（3）抗冲耐磨性能强，其抗冲磨能力是 C40 混凝土的 10 倍以上。

（4）防渗性能好，在 2.0mPa 水压作用下，24 h 不渗漏。

（5）低温柔性好，在 -30℃下对折不产生裂纹。

（6）耐腐蚀性强，在水、酸、碱、油等介质中长期浸泡，性能仍不降低。

（7）具有较强的附着力，与混凝土、砂浆、沥青塑料、铝及木材等相似，都有很好的附着力。

（8）固化速度快，5s 凝胶，1min 即可达到可步行的强度。可在任意曲面、斜面及垂直面上喷涂成型，涂层表面平整、光滑，可对基材形成良好的保护和装饰作用。

喷涂设备采用美国卡士马产主机和喷枪。这套喷涂设备施工效率高，可连续操作，喷涂 100m^2 面积仅需 40min。一次喷涂施工厚度可达 2mm 左右，克服了以往需多层施工的弊病。

辅助设备有空气压缩机、油水分离器、高压水枪（进口）、打磨机、切割机、电锤、搅拌器、黏结强度测试仪等。

2. 大型水利施工机械

针对南水北调重点工程建设，研制开发多种形式的低扬程大流量水泵、盾构机及其配套系统、大断面渠道衬砌机械、斗轮式挖掘机（用于渠道开挖）、全断面隧道岩石掘进机（TBM）。研制开发人工制砂设备、成品砂石脱水干燥设备、特大型预冷式混凝土搅拌楼、双卧轴液压驱动强制式搅拌楼、混凝土快速布料塔带机和胎带机、大骨料混凝土输送泵成套设备等。

第三节　水利工程施工组织设计

施工组织设计是水利水电工程设计文件的重要组成部分，是优化工程设计、编制工程总概算、编制投标文件、编制施工成本文件及国家控制工程投资的重要依据，是组织工程建设和优选施工队伍进行施工管理的指导性文件。

一、施工组织设计的作用、任务和内容

1. 施工组织设计的作用

施工组织设计是水利水电工程设计文件的重要组成部分，是确定枢纽布置、优化工程设计、编制工程总概算及国家控制工程投资的重要依据，是组织工程建设和施工管理的指导性文件。做好施工组织设计，对正确选定坝址、坝型、枢纽布置及和工程设计优化，以及合理组织工程施工、保证工程质量、缩短建设工期降低工程造价、提

高工程效益等都有十分重要的作用。

2. 施工组织设计的任务

施工组织设计的主要任务是根据工程地区的自然、经济和社会条件，制定合理的施工组织设计方案，包括合理的施工导流方案，合理的施工工期和进度计划，合理的施工场地、组织设施与施工规模，合理的生产工艺与结构物形式，合理的投资计划、劳动组织和技术供应计划，为确定工程概算、确定工期、合理组织施工、进行科学管理、保证工程质量、降低工程造价、缩短建设周期、提供切实可行和可靠的依据。

3. 施工组织设计的内容

（1）施工条件分析

施工条件包括工程条件、自然条件、物质资源供应条件以及社会经济条件等。具体有：工程所在地点，对外交通运输情况，枢纽建筑物及其特征；地形、地质、水文、气象条件；主要建筑材料来源和供应条件，当地水源、电源的情况；施工期间通航、过木、过鱼、供水、环保等要求，国家对工期分期投产的要求，施工用电、居民安置，以及与工程施工有关的协作条件等。

总之，施工条件分析需在简要阐明上述条件的基础上，着重分析它们对工程施工可能带来的影响和后果。

（2）施工导流设计

施工导流设计应在综合分析导流的基础上，确定导流标准，划分导流时段，明确施工分期，选择导流方案、导流方式和导流建筑物，进行导流建筑物的设计，提出导流建筑物的施工安排，拟定截流拦洪、排水、通航、过水、下闸封孔、供水、蓄水、发电等措施。

（3）主体工程施工

主体工程包括挡水、泄水、引水、发电、通航等主要建筑物，应根据各自的施工条件，对施工程序、施工方法、施工强度、施工布置、施工进度和施工机械等问题，进行比较和选择。必要时，需对其中的关键技术问题，如特殊基础的处理、大体积混凝土温度控制、土石坝合龙、拦洪等问题，做出专门的设计与论证。

对于有机电设备和金属结构安装任务的工程项目，应对主要机电设备和金属结构，如水轮发电机组、升压输变设备闸门、启闭设备等的加工、制作、运输、预拼装、吊装以及土建工程与安装工程的施工顺序等问题，做出相应的设计和论证。

（4）施工交通运输

施工交通运输分对外交通运输和场内交通运输。

其中，对外交通运输是在弄清现有对外水陆交通和发展规划的情况下，根据工程对外运输总量运输强度和重大部件的运输要求，确定对外交通运输方式，选择线路和线路的标准，规划沿线重大设施和与国家干线的连接，提出相应的工程量。施工期间，若有船、木过坝问题，应做出专门的分析论证，并提出解决方案。

（5）施工工厂设施和大型临建工程

施工工厂设施，如混凝土骨料开采加工系统、土石料场和土石料加工系统、混凝土拌和系统和制冷系统、机械修配系统、汽车修配厂、钢筋加工厂、预制构件厂、照明系统以及风、水、电、通信等，均应根据施工的任务和要求，分别确定各自的位置、规模、设备容量、生产工艺、工艺设备、平面布置、占地面积、建筑面积和土建安装工程量，并提出土建安装进度和分期投产的计划。

大型临建工程，如施工栈桥、过河桥梁、缆机平台等，要做出专门设计，确定其工程量和施工进度安排。

（6）施工总布置

施工总布置的主要任务是根据施工场区的地形地貌、枢纽、主要建筑物的施工方案、各项临建设施的布置方案，对施工场地进行分期、分区和分标规划，确定分期分区布置方案和各承包单位的场地范围。对土石方的开挖、堆弃和填筑进行综合平衡，提供各类房屋分区布置一览表，估计施工征地面积，提出占地计划，研究施工还地造田的可能性。

（7）施工总进度

施工总进度的安排必须符合国家对工程投产所提出的要求。为了合理安排施工进度计划，必须仔细分析工程规模、导流程序、对外交通、资源供应、临建准备等各项控制因素，拟订整个工程（包括准备工程、主体工程和结束工作在内）的施工总进度计划，确定各项目的起讫日期与相互之间的衔接关系；对导流截流、拦洪度汛、封孔蓄水、供水发电等控制环节工程应达到的程度，须做出专门的论证；对土石方、混凝土等主要工程的施工强度，以及劳动力、主要建筑材料、主要机械设备的需用量，需要进行综合平衡；要分析施工工期和工程费用的关系，提出合理工期的推荐意见。

（8）主要技术供应计划

根据施工总进度的安排和定额资料的分析，对主要建筑材料（如钢材、木材、水泥、粉煤灰、油料、炸药等）和主要施工机械设备，列出总需要量和分年需要量计划。

此外，在施工组织设计中，必要时还需进行试验研究和补充勘测的建议，为进一步深入设计和研究提供依据。

在完成上述设计内容时，还应提出以下图件：

1）施工场外交通图。

2）施工总布置图。

3）施工转运站规划布置图。

4）施工征地规划范围图。

5）施工导流方案综合比较图。

6）施工导流分期布置图。

7）导流建筑物结构布置图。

8）导流建筑物施工方法示意图。

9）施工期通航过木布置图。

10）主要建筑物土石方开挖施工程序及基础处理示意图。

11）主要建筑物混凝土施工程序、施工方法及施工布置示意图。

12）主要建筑物土石方填筑程序、施工方法及施工布置示意图。

13）地下工程开挖、衬砌施工程序和施工方法及施工布置示意图。

14）机电设备、金属结构安装施工示意图。

15）砂石料系统生产工艺布置图。

16）混凝土拌和系统及制冷系统布置图。

17）当地建筑材料开采、加工及运输线路布置图。

18）施工总进度表及施工关键线路图。

二、施工组织设计的编制资料及编制原则、依据

1. 编制施工组织设计所需要的主要资料

（1）可行性研究报告施工部分所需收集的基本资料

可行性研究报告施工部分所需收集的基本资料包括：

1）可行性研究报告阶段的水工及机电设计成果。

2）工程建设地点的对外交通现状及近期发展规划。

3）工程建设地点及附近可能提供的施工场地情况。

4）工程建设地点的水文气象资料。

5）施工期（包括初期蓄水期）通航、过木、下游用水等要求。

6）建筑材料的来源和供应条件调查资料。

7）施工区水源、电源情况及供应条件。

8）地方及各部门对工程建设期的要求及意见。

（2）初步设计阶段施工组织设计需补充收集的基本资料

初步设计阶段施工组织设计需补充收集的基本资料包括：

1）可行性研究报告及可行性研究阶段收集的基本资料。

2）初步设计阶段的水工及机电的设计成果。

3）进一步调查落实可行性研究阶段收集的资料。

4）当地可能提供修理、加工能力情况。

5）当地承包市场情况，当地可能提供的劳动力情况。

6）当地可能提供的生活必需品的供应情况，居民的生活习惯。

7）工程所在河段水文资料、洪水特性、各种频率的流量及洪量、水位与流量关系、冬季冰凌情况（北方河流）、施工区各支沟各种频率洪水、泥石流，以及上下游水利工程对本工程的影响情况。

8）工程地点的地形、地貌、水文地质条件，以及气温、水温、地温、降水、风、冻层、冰情和雾的特性资料。

（3）技施阶段施工规划需进一步收集的基本资料

技施阶段施工规划需进一步收集的基本资料包括：

1）初步设计中的施工组织总设计文件及初步设计阶段需收集到的基本资料。

2）技施阶段的水工及机电设计资料与成果。

3）进一步收集国内基础资料和市场资料。主要内容有：工程开发地区的自然条件、社会经济条件、卫生医疗条件、生活与生产供应条件、动力供应条件、通信及内外交通条件等；国内市场可能提供的物资供应条件及技术规格、技术标准；国内市场可能提供的生产、生活服务条件；劳务供应条件、劳务技术标准与供应渠道；工程开发项目所涉及的有关法律、规定；上级主管部门或业主单位对开发项目的有关指示；项目资金来源、组成及分配情况；项目贷款银行（或机构）对贷款项目的有关指导性文件；技术设计中有关地质测量、建材、水文、气象、科研、试验等资料与成果；有关设备订货资料与信息；国内承包市场有关技术、经济动态和信息。

4）补充收集国外基础资料与市场信息（国际招标工程需要）。主要内容有：国际承包市场同类型工程技术水平与主要承包商的基本情况；国际承包市场同类型工程的商业动态与经济动态；工程开发项目所涉及的物资、设备供货厂商的基本情况；海外运输条件与保险业务情况；工程开发项目所涉及的有关国家政策、法律、规定；由国外机构进行的有关设计、科研、试验、订货等资料与成果。

2. 施工组织设计编制原则

施工组织设计编制应遵循以下原则：

（1）执行国家有关方针、政策，严格执行国家基建程序和遵守有关技术标准、规程规范，并符合国内招标投标的规定和国际招标投标的惯例。

（2）面向社会，深入调查，收集市场信息。根据工程特点，因地制宜地提出施工方案，并与全面的技术经济比较。

（3）结合国情积极开发和推广新技术新材料、新工艺和新设备。凡经实践证明技术经济效益显著的科研成果，应尽量采用，努力提高技术水平和经济效益。

（4）统筹安排，综合平衡，妥善协调各分部分项工程，均衡施工。

3. 施工组织设计编制依据

施工组织设计编制依据有以下几方面：

（1）上阶段施工组织设计成果及上级单位或业主的审批意见。

（2）本阶段水工、机电等专业的设计成果，有关工艺试验或生产性试验成果及各专业对施工的要求。

（3）工程所在地区的施工条件（包括自然条件、水电供应、交通、环保、旅游、防洪、灌溉航运及规划等）和本阶段最新调查成果。

（4）目前国内外可能达到施工水平、施工设备及材料供应情况。

（5）上级机关、国民经济各有关部门、地方政府以及业主单位对工程施工的要求、指令、协议、有关法律和规定。

截至 2021 年 12 月 15 日，地方已分解到水利项目中央水利建设投资计划 2608.5 亿元（不包括 11 月底下达的中央预算内水利投资 90.4 亿元，下同），其中中央投资 1376.9 亿元，地方投资 1231.6 亿元。中央水利建设投资计划下达 2589.1 亿元，下达率 99.3%，其中中央投资已下达 1374.9 亿元，下达率 99.9%；地方投资已下达 1214.2 亿元，下达率 98.6%。投资计划到位 2373.5 亿元，到位率 91.0%，其中中央投资已到位 1363.1 亿元，到位率 99 0%；地方投资已到位 1010.4 亿元，到位率 82.0%。投资计划完成 2318.5 亿元，完成率 88.9%，其中，中央投资已完成 1235.9 亿元，完成率 89.8%；地方投资已完成 1082 6 亿元，完成率 87.9%。

第二章　水利工程建设

水利工程作为一项民生工程，其工程质量不仅关系其能否发挥对水力资源的充分利用，也关系着工程运作中的运行安全。所以，我们要不断地加强水利工程在建设过程中的管理工作，努力提高水利工程的质量。

第一节　水利工程建设的程序

水利工程质量由项目法人（建设单位）负全面责任。监理、施工、设计单位按照合同及有关规定对各自承担的工作负责。质量监督机构履行政府部门监督职能，不代替项目法人（建设单位）、监理、设计、施工单位的质量管理工作。水利工程建设各方均有责任与权利向有关部门和质量监督机构反映工程质量问题。因此，施工阶段项目法人的责任就是：协调好外部关系，及时拨付工程款，沟通和设计单位的联系，监督监理单位的工作，对工程的进度、造价、质量进行监督检查。

一、开工报告的申报

1. 施工许可证

建筑工程开工前，建设单位应当按照国家有关规定向工程所在地县级以上人民政府建设行政主管部门申请施工许可证，建设行政主管部门确定的限额以下的小型工程除外。按照规定的权限和程序批准开工报告的建筑工程，不再领取施工许可证。

2. 主管部门

水利部是水行政主管部门，对全国水利工程建设实行宏观管理；流域机构是水利部的派出机构，对其所在流域行使水行政主管部门的职责，负责本流域水利工程建设的行业管理；省（自治区、直辖市）水利（水电）厅（局）是本地区的水行政主管部门，负责本地区水利工程建设的行业管理。

3. 开工报告内容

项目法人应向项目主管部门提出正式请示文件及相关附件，其附件包括：

（1）政府关于项目法人组建文件；

（2）可行性研究报告、初步设计批复文件；

（3）投资计划下达文件；

（4）施工详图设计；

（5）工程施工合同、质量监督手续等证明文件；

（6）施工准备、征地、移民满足主体开工的证明；

（7）其他有关证明材料。

4. 主管部门受理的条件

（1）项目法人已提出正式请示报告；

（2）建设管理模式已经确定，投资主体与项目建设管理主体的关系已经理顺；

（3）项目建设所需全部投资来源已经明确，且投资结构已经合理；

（4）前期工程各阶段文件已按规定批准，施工详图设计可以满足初期主体工程施工需要；

（5）建设项目已列入国家或地方水利建设投资年度计划，年度建设资金已落实；

（6）主体工程招标已经决标，工程承包合同已经签订，并得到主管部门同意；

（7）现场施工准备和征地移民等建设外部条件能够满足主体工程开工的需要；

（8）已按规定办理工程质量安全监督手续。

二、主体工程开工须具备的条件

1. 资质管理

从事建筑活动的水利水电工程施工企业、勘察单位、设计单位和工程监理单位，应当具备下列条件：

（1）有符合国家规定的注册资本；

（2）有与其从事的建筑活动相适应的具有法定执业资格的专业技术人员；

（3）有从事相关建筑活动所应有的技术装备；

（4）法律、行政法规规定的其他条件。

从事建筑活动的水利水电工程施工企业、勘察单位、设计单位和工程监理单位，按照其拥有的注册资本、专业技术人员、技术装备和已完成的建筑工程业绩等资质条件，划分为不同的资质等级。经资质审查合格、取得相应等级的资质证书后，方可在其资质等级许可的范围内从事建筑活动。

从事建筑活动的专业技术人员，应当依法取得相应的执业资格证书，并在执业资格证书许可的范围内从事建筑活动。

2. 施工许可证

建筑工程开工前，建设单位应当按照国家有关规定向工程所在地县级以上人民政府建设行政主管部门申请领取施工许可证，建设行政主管部门确定的限额以下的小型工程除外。按照规定的权限和程序批准开工报告的建筑工程，不再领取施工许可证。

申请领取施工许可证，应当具备下列条件：

（1）已经办理该建筑工程用的批准手续；

（2）在城市规划区的建筑工程，已经取得规划许可证；

（3）需要拆迁的，其拆迁进度符合施工要求；

（4）已经确定水利水电工程施工企业；

（5）有满足施工需要的施工图纸及技术资料；

（6）有保证工程质量和安全的具体措施；

（7）建设资金已经落实；

（8）法律、行政法规规定的其他条件。

建设行政主管部门应当自收到申请之日起十五日内，对符合条件的申请颁发施工许可证。

建设单位应当自领取施工许可证之日起三个月内开工，因故不能按期开工的，应当向发证机关申请延期；延期以两次为限，每次不超过三个月；既不开工又不申请延期或者超过延期时限的，施工许可证自行废止。

在建的建筑工程因故中止施工的，建设单位应当自中止施工之日起一个月内，向发证机关报告，并按照规定做好建筑工程的维护管理工作。建筑工程恢复施工时，应当向发证机关报告，中止施工满一年的工程恢复施工前，建设单位应当报发证机关核验施工许可证。

按照有关规定批准开工报告的建筑工程，因故不能按期开工或者中止施工的，应当及时向批准机关报告情况；因故不能按期开工超过六个月的，应当重新办理开工报告的批准手续。

3. 施工准备

（1）施工准备工作内容。建设项目在主体工程开工之前，必须完成各项施工准备工作，其主要工作内容包括：施工现场的征地、拆迁；完成施工用水、电、通信、路和场地平整（简称“四通一平”）等工程；必需的生产、生活临时建筑工程；组织招标设计、咨询、设备和物资采购等服务；组织建设监理和主体工程招标投标，选定建设监理单位和施工承包队伍。

水利部所属流域机构（长江水利委员会、黄河水利委员会、淮河水利委员会、珠江水利委员会、海河水利委员会、松辽河水利委员会和太湖流域管理局）是水利部的派出机构，对其所在的流域行使水行政主管部门的职责，负责本流域水利工程建设的行业管理；省（自治区、直辖市）水利（水电）厅（局）是本地区的水行政主管部门，负责本地区水利工程建设的行业管理。

（2）施工招标。工程建设项目施工，除了某些不适应招标的特殊工程项目外（须经水行政主管部门批准），均须实行招标投标。

（3）施工准备的条件。水利工程项目必须满足如下条件，施工准备方可进行：初步设计已经批准；项目法人已经建立；项目已列入国家或地方水利建设投资计划，筹资方案已经确定；有关土地使用权已经批准。

（4）主体工程开工条件。主体工程开工，必须具备以下条件：前期工程各阶段文件已按规定批准，施工详图设计可以满足初期主体工程施工需要；建设项目已列入国家年度计划，年度建设资金已落实；主体工程招标已经决标，工程承包合同已经签订，并得到主管部门同意；现场施工准备和征地移民等建设外部条件能够满足主体工程开工的需要；需进行开工前审计工程的有关审计文件。

三、建立健全质量管理体系

工程质量实行项目法人负责、监理单位控制、施工单位保证和政府监督相结合的质量管理体制。参建各方均有责任和权利向有关部门和质量监督机构反映工程质量问题。各单位在工程现场的项目负责人对本单位在工程现场的质量工作负直接领导责任；各单位的工程技术负责人对质量工作负技术责任；具体工作人员为直接责任人。各参建单位要加强质量法制教育、增强质量法制观念，把提高劳动者的素质作为提高质量的重要环节；加强对管理人员和职工的质量意识及质量管理知识的教育，建立和完善质量管理的激励机制，积极开展群众性质量管理和合理化建议活动。

建立由质量监督体系、质量检查体系、质量控制体系、质量保证体系四大体系、四个层次组成的工程质量管理体系。

（一）质量监督体系

项目法人应及时与质量监督站按所属权限办理质量监督手续。

1. 质量监督体系包括上级业务主管部门、质量监督部门、稽查部门、审计监察部门及社会监督举报等。各参建单位必须主动接受监督，配合做好有关工作。

2. 质量监督机构按照国家有关规定行使质量监督权利，但并不代替本工程各参建单位的质量管理工作。各参建单位均有责任与权利向有关部门和质量监督机构反映工程质量问题。

3. 现场派驻的项目站负责监督本工程各参建单位在其资质等级允许范围内从事本工程建设的质量工作；负责检查督促各参建单位建立健全质量体系；按照国家和水利行业有关工程建设法规、技术标准和设计文件实施I程质量监督，对施工现场影响工程质量的行为进行监督检查。

4. 工程质量监督实施以抽查为主的监督方式。

5. 根据工作需要，项目站可委托水利建设工程质量检测站，对本工程有关部位以及所采用的建筑材料和工程设备进行抽样检测。

（二）质量检查体系

质量检查体系的主体是项目法人，其派出机构为现场建设管理机构，检查质量控制体系，质量保证体系的建立及实施情况。

项目法人负责建立健全施工质量检查体系，根据工程特点建立质量管理机构和质量管理制度。

工程质量检查体系由质量专家检查组、质量检查组、质量巡查组三个层次组成。采取不定期抽查方式对工程质量进行检查。检查内容主要包括：现场建设管理机构工程建设质量管理情况，监理单位的质量控制体系的建设及工作质量，施工单位质量保证体系的建立、执行及工程质量情况。

质量检查组由现场建设管理机构负责人、技术负责人及工程技术科、合同管理科组成。采用定期（每月一次）或不定期的方式进行全面检查或抽查，对查出的问题以书面的形式要求有关单位进行整改。检查主要内容如下。

1. 检查施工单位的质量管理情况

（1）组织机构

人员及工作情况是否满足工程规模、进度、施工强度要求，能否保证工程质量。

（2）规章制度和质量控制措施

建立针对本工程特点的质量（安全）管理规章制度、详细完整的质量控制措施，建立完善的质量保证体系，落实三检制。

（3）现场测试条件

配备相应级别的工地实验室，测试仪器、设备需按计量部门要求通过检验和认证。

（4）施工记录资料

内容完整的施工大事记录，施工原始记录、质量自检记录、工程测量、放样记录、质量评定验收记录资料、施工变更记录、施工日记等，各种资料按档案管理规定要进行及时整理。

（5）执行验收程序

按规定进行隐蔽工程、分部工程、单位工程及阶段验收、竣工验收。

2. 检查施工单位的施工质量

（1）施工现场管理

施工组织安排能否保证工程质量和本工程的阶段性目标及工程工期要求，工程各部位施工工艺方法应合理，避免交叉干扰重复施工等低效的施工工序。

（2）单元工程质量评定

对已完成的单元工程应及时组织质量评定，已评定的各分部工程的单元工程合格率必须达到100%。

（3）试验工作

外购配件（如闸门、启闭机、监控系统等）必须有厂内试验记录、出厂合格证等资料，进场后按规定进行现场试验、验收并妥善保管，工程的主要材料（钢筋、水泥、止水片等）应有出厂合格证、质保书及进场抽检，按规定存放砂石料等地材，混凝土、土、砂等应按规定取样并做试验。

3. 其他检查内容

（1）工程外观观感质量要好，无明显缺陷；

（2）对质量事故按照“三不放过”的原则进行处理；

（3）检查监理部质量管理情况；

（4）质量控制体系的建立及落实情况；

（5）质量控制措施，及监理人员的工作质量；

（6）监理部内业管理情况。

工程质量巡查组由现场建设管理机构工程技术科技术人员、监理工程师、设计代表、施工单位质检人员等共同组成，每天对工地进行一次检查。检查主要内容有：检查施工单位三检制落实情况；检查施工工艺：工程各部位施工工艺、方法应合理，符合规范要求；检查施工原始记录：应有完整、详细的施工原始记录，如质量自检、工程测量、放样、质量评定、验收等记录；检查隐蔽工程质量是否符合设计及有关规范要求；检查砂石料等的质量及堆放是否符合规范要求：检查施工供电保证、安全措施，消除事故隐患；检查已完工程外观质量，如有缺陷，查清原因，进行改进；检查现场人员的数量及素质设备的数量及性能、材料的数量及质量与工程规模，进度是否相适应，能否满足工程质量要求；检查现场监理人员的监理工作。

（三）质量控制体系

监理单位根据所承担的监理任务向工程施工现场派出相应的监理机构，人员配备必须满足项目要求。监理工程师上岗必须持有水利部颁发的监理工程师岗位证书，一般监理人员上岗要进行岗前培训。

监理单位必须自觉接受水利工程质量监督机构对其监理资格质量检查体系及质量监理工作的监督检查。

1. 现场施工质量控制主要从以下三方面进行：

（1）单项工程或某一工作开工前的检查；

（2）施工过程中的现场旁站监理和跟踪检查；

（3）各施工工序或者分部、单元工程的检查复验。

2. 单项工程或某一工作面开工前，承包方（施工单位）首先必须报送自检报告，包括建筑物测量资料；基础开挖成型后隐蔽工程自检验收表；混凝土开盘前的备料、拌和、输送情况；模板、钢筋，舱面、各种埋件的检查情况表；混凝土配料单；测量检查资料以及按技术规范应报送的其他各种资料等。

3. 监理工程师在收到各种验收资料后，首先按规范和图纸要求进行核对与审查，然后在规定的时间之内赴现场对各工序情况进行复验检查。

4. 对各工程部位检查时，凡是与该部位有关的各专业监理人员均必须同时到场，分别负责有关检查工作，同时承包方的质检人员必须到场。检查合格后，各有关专业人员分别按照规定签字。

5. 地质监理工程师的检查内容主要是：地质情况是否与设计文件中的地质情况相符合，如不符合，则应及时向设计单位反映并会同设计人员提出具体的处理意见。对于施工过程中发生的超挖或塌方等问题，应进行客观的分析并判断其原因，及时提出合理化建议。

6. 测量监理工程师的检查内容主要有施工测量方法与精度、控制坐标、结构物高程尺寸、模板安装等。如与设计要求和有关规范不符合，则应按要求提出处理意见。

7. 材料试验监理工程师除对外购材料的材质证明和混凝土配料单进行审查外，尚须充分了解，掌握当地材料的质量等情况，并对混凝土开盘前的各种准备情况进行检查，同时还应进行混凝土的随机取样检查。各种材料必须符合设计及规范要求。

8. 机电及金属结构监理工程师应参加设备、材料的开箱检查验收；检查预埋件是否符合要求，设备安装质量是否达到标准；审查承包方报送的预埋、安装记录和工程自检报告，坚持不合格的产品不准进场安装，设备安装不符合规程、规范及设计图纸资料不签施工合格证书。

9. 监理工程师应对基础，支撑、木模、钢筋、舱面细部构造、预埋件等进行全面检查，如有与规范、图纸不符之处，则应要求承包方进行处理，直至合格为止。

10. 监理工程师对工作面进行了检查并签证同意施工后，施工过程中必须进行监督检查，对一般部位可进行不定期监督和检查，对特殊部位和关键时段则要求及时跟班检查监督。

11. 现场监督是对施工过程的全面监督，包括现场人员、设备、材料进场计划和使用情况；所采用施工方法对工程进度和质量有无不利影响等，调查的各种情况均应在“监理日记”中详细记录。

12. 现场发现的问题，如果不立即纠正就会影响工程质量时，应及时口头通知现场施工负责人，同时应及时报告总监理工程师。若问题重大，总监理工程师应及时督促有关专业监理工程师书面通知承包方。

13. 对现场发现问题的处理意见，在通知承包方前，应先在内部讨论，统一意见。

专业监理工程师均不宜在现场随意表态，更不得在承包方面前争论。

14. 现场发现的问题，必要时需立即拍照或录像，注意收集第一手资料。

15. 混凝土拆模后应观测混凝土表面及块体外形尺寸有无缺陷。若有质量问题，应在审查承包方事故报告时，注意追查施工工艺，查明事故原因。

16. 对于工程质量事故，监理单位应协助调查事故原因，提出事故处理建议方案，并对处理结果检查验收。

（四）质量保证体系

工程质量保证体系由设计单位、土建施工单位、设备制造单位等有关单位共同组成。针对工程具体特点，各单位必须建立健全各自的质量保证体系，落实质量责任制，并主动接受质量监督项目站等上级有关部门对质量体系及工程质量的监督、检查。

1. 设计单位

设计单位必须加强质量控制，健全设计文件的审核、会签，批准制度。按合同规定进度提交勘测、设计成果，做好设计文件技术交底工作。在施工过程中应随时掌握施工现场情况，优化设计，并在施工现场派驻设计代表，及时解决有关设计问题。

2. 土建施工单位、设备制造单位

土建施工单位、设备制造单位要推行全面质量管理，建立健全质量保证体系，制定和完善岗位质量规范质量责任及考核办法，落实质量责任制度。在施工过程中切实加强质量检验工作，认真执行“三检制”，切实做好工程质量的全过程控制，保证工程质量。负责本工程材料的考察、采购，以保证材料的及时供应，并制定相应的质量保证体系、质量责任制，保证供应材料的质量。

3. 建筑材料或工程设备

（1）有产品质量检验合格证明；

（2）有中文标明的产品名称、生产厂名和厂址；

（3）产品包装和商标式样符合国家有关规定和标准要求；

（4）工程设备应有产品详细的使用说明书，电气设备还应附有线路图；

（5）实施生产许可证或实行质量认证的产品，应当具有相应的许可证或认证证书。

四、办理安全监督手续

项目法人应及时与安全监督站按所属权限办理安全监督手续。

县级以上地方人民政府建设行政主管部门对本行政区域内的建设工程安全生产实施监督管理。县级以上的地方人民政府交通、水利等有关部门在各自的职责范围内，负责本行政区域内的专业建设工程安全生产的监督管理。

项目法人在水利工程开工前，应当就地落实保证安全生产的措施进行全面系统的布置，明确施工单位的安全生产责任；项目法人应当组织编制保证安全生产的措施方案，并自开工报告批准之日起 15 日内报有管辖权的安全生产监督机构备案。在建设过程中，安全生产情况发生变化时，应当及时对保证安全生产的措施方案进行调整，并报原备案机关。同时应提交以下材料：

1. 工程项目建设审批文件；

2. 施工现场总平面布置图及工程建设总体进度安排计划；

3. 项目法人与监理、施工、设备及材料供应单位签订的合同（或协议）副本；

4. 项目法人、监理、勘测设计、施工、质量检测、设备及材料供应等参建单位基本情况；

6. 安全生产组织机构及施工企业主要负责人、项目负责人、专职安全管理人员安全生产考核情况；

7. 项目法人与中标单位签订的安全生产目标责任书；

8. 安全施工组织设计文件和各种专项施工方案；

9. 安全生产措施费用落实情况；

10. 施工企业人身意外伤害保险的办理情况；

11. 其他应提交的文件和资料。

保证安全生产的措施方案应当根据有关法律法规，强制性标准和技术规范的要求并结合工程的具体情况编制，应当包括以下内容：

（1）项目概况；

（2）编制依据；

（3）安全生产管理机构及相关负责人；

（4）安全生产的有关规章制度制定情况；

（5）安全生产管理人员及特种作业人员持证上岗情况等；

（6）生产安全事故的应急救援预案；

（7）工程度汛方案、措施；

（8）其他有关事项。

拆除和爆破工程安全生产方案包括以下内容：施工单位资质等级证明；拟拆除或拟爆破的工程及可能危及毗邻建筑物的说明；施工组织方案；堆放、清除废弃物的措施；生产安全事故的应急救援预案。

五、办理质量监督手续

1. 建设工程质量监督机构是经省级以上建设行政主管部门考核认定具有独立法人资格的事业单位。根据建设行政主管部门的委托，依法办理建设工程项目质量监督登记手续。

2. 凡新建、改建、扩建的建设工程，在工程项目施工招标投标工作完成后，建设单位申请领取施工许可证之前，应携有关资料到所在地建设工程质量监督机构办理工程质量监督登记手续，填写工程质量监督登记表，并按规定交纳工程质量监督费用。

3. 建设单位办理建设工程质量监督登记时，应向工程质量监督机构提交以下有关资料：

（1）规划许可证；

（2）施工、监理中标通知书；

（3）施工、监理合同及其单位资质证书（复印件）；

（4）施工图设计文件审查意见；

（5）其他规定需要的文件资料。

第二节　水利水电工程施工组织设计

一、水利水电工程施工组织设计要点

1. 合理选择施工方案

在水利水电工程施工过程中，良好的施工方案是确保工程施工组织设计更加合理的重要前提和基础，对工程施工组织设计具有极其重要的作用。例如，良好的工程施工方案能够在很大程度上保证工程结构及其施工技术的可行性和经济合理性，这其中还包括工程施工顺序、施工方法以及施工技术特性等。一般情况下，良好的施工方案可有效地保证工程施工的连续性以及均衡性、确定工程施工相关强度的合理指标，提出与施工顺序、施工平面以及施工场地等相应的合理布置；并且通过对工程施工物资供应、材料消耗以及技术提供等的研究，为工程预算编制工作提供最基本的资料等。

2. 合理布置施工平面

水利水电工程施工中，合理布置施工平面的目的是能够为主体工程的施工以及运行提供更加优秀的服务。同时，施工平面的合理布置，还能够较好地处理好施工现场与施工所需各项设施及建筑物间的复杂关系，使得在施工过程中，相关工作人员可以根据施工方案及施工进度规划的相关内容要求，对施工场地临时房屋建筑、临时水电管线以及材料仓库和相关附属生产企业等进行合理的规划和安排，以保证施工人员文明施工。

3. 合理规划施工进度

进度控制作为工程项目建设的三大控制目标，是十分重要的。工程进度失控，必

然导致人力、物力的增加，甚至可能影响工程质量和安全。拖延工期后赶进度，建设的直接费用将会增加，工程质量也容易出现问题。在关键时刻（如截流、下闸蓄水）赶不上工期，错过有利的施工机会，将会造成重大损失。如果工期大幅度拖延，工程不能按期投产受益，这种损失将是巨大的，直接影响工程的投资效益。延误工期固然会导致经济损失，盲目地、不协调地加快工程进度，同样也是片面的，也会增加大量的非生产性的支出。工程建设各部位的施工进度统一步调，与资金投入、设备供应、材料供应以及移民征地等方面协调一致，并适应现场气候、水文、气象等自然规律，才能取得良好的经济效果。因此，进度控制就是以周密、合理的进度计划为指导，对工程施工进度进行跟踪检查、分析、调整与控制。

进度控制的主要文件有合同文件、进度计划、现场的管理性文件（如现场指令）等。施工企业在投标阶段就应拟订切实可行的进度计划，施工期间应严格按照合同文件和进度计划进行施工。根据工程项目建设的特点，可把整个施工过程分为若干个施工阶段，逐阶段加以控制，从而保证总工期按期或提前实现；按分包单位分解、确定各分标的阶段性进度目标，严格审核各分包单位的进度计划，各分包单位协调作业，保证工期的顺利完成；按专业工种分解，确定不同专业或不同工种相互之间的交接日期，为了下一道工序的按时作业，保证工程进度，应不在本工序上造成延误。工序的管理是项目各项管理的基础，通过掌握各道工序的完成质量及时间，能够控制各分部工程的进度计划。按工程工期及进度目标，将施工总进度分解成逐年、逐季、逐月进度计划。短期进度计划是长期进度计划的具体落实与保证。

4. 加强成本分析

（1）按照计划成本目标值来控制材料、设备的采购价格。采购前根据图纸要求选择多种符合条件的材料，并从价格、质量。发货速度和数量等多方面进行比较，选择物美价廉的产品，并认真做好材料、设备进场数量和质量的检查、验收与保管。

（2）要控制材料的利用效率和消耗，如任务单管理、限额领料、验工报告审核等。同时要做好不可预见成本风险的分析和预控，包括编制相应的应急措施等。

（3）控制由工程变更或其他因素所引起的效率影响和消耗量增加，并做好由工程变更造成的工期延长的索赔。

（4）加强管理人员的成本意识和控制能力，实行项目经理责任制，落实成本管理的组织机构和人员，明确各级施工成本管理人员的任务和职能分工、权利和责任。

（5）承包人必须有一套健全的项目财务管理制度。按规定的权限和程序对项目资金的使用和费用的结算支付进行审核、审批，使其成为施工成本控制的一个重要手段。

（6）施工过程中采用有效降低成本的技术措施，如结合施工方法，进行材料使用的比选，在满足功能要求的前提下，通过代用、改变配合比、使用添加剂等方法降低材料的消耗。

5. 质量管理

（1）材料的质量控制。工程项目是由各种建筑材料、辅助材料。成品、半成品、构配件等构成的实体，这些构成物本身的质量及其质量控制工作，对工程质量具有十分重要的影响。由此可见，材料质量是工程质量的基础，材料质量不符合要求，工程质量也就不符合标准。所以，加强材料的质量控制是提高工程质址的重要保证。

（2）施工方法或工艺的质量控制。施工方案合理与否、施工方法和工艺先进与否，均会对施工质量产生极大的影响，是直接影响工程项目的进度控制、质量控制、投资控制三大目标能否顺利完成的关键。在施工实践中，由于施工方案考虑得不周，施工工艺落后而造成施工进度迟缓、质量下降、投资增加等情况时有发生。为此，在制订施工方案和施工工艺时，必须结合工程实际，从技术、管理、经济、组织等方面进行全面分析，综合考虑，采取科学合理的施工方法，确保施工方案、施工工艺在技术上可行，在经济上合理，且有利于提高施工质量。

（3）人的质量控制。工程质量取决于工序质量和工作质量，工序质量又取决于工作质量，而工作质量取决于工程建设的直接参与者，参与建设的人员的技术水平、文化修养、心理行为、职业道德身体条件等因素，直接影响到工程质量的好坏。人作为控制的对象，要避免产生失误，要充分调动人的积极性，发挥“人是第一因素”的主导作用。

6. 环境保护

环境因素的控制，主要有技术环境、施工管理环境及自然环境等。技术环境因素包括施工所用的规程、规范、设计图纸及质量评定标准。施工管理环境因素包括质量保证体系、三检制、质量管理制度、质量签证制度、质量奖惩制度等。自然环境因素包括工程地质、水文、气象、温度等，这些因素对施工质量的影响具有复杂而多变的特点，尤其是某些环境因素更是如此。因此，加强环境控制，改进作业条件，把握好技术环境。辅以必要措施，是控制环境对质量影响的重要保证。

二、水利水电项目规范化管理措施

1. 健全项目施工管理机制

水利水电工程实施过程中，所涉及的施工量比较庞大，容易受到自然环境因素的影响，并且是由国家财政来对其实施长期的投资与管理。工程项目在实施的过程中，所耗费的时间较长，其工程质量的好坏，直接决定着国家防洪工作和投资效益的正常发挥。企业要制订操作性强的项目管理目标责任书，以职能部门为依托，深入工地监督检查，使项目管理的各项责任目标始终处于受控状态。国家对一个中型左右的水利水电工程的投资动辄数百万至上千万元，仅靠完工终结来评价，必将加大项目管理的风险。所以要建立科学合理的项目管理考核评价制度，把项目考核评价作为项目管理新的起点。树立持续改进的思想观念，促进项目管理的规范化。

2. 统筹兼顾、保证施工管理的有效实施

水利水电工程项目在实施过程中，需要对施工技术质量管理工作做到有效认识，保证在项目实施过程中，能够有序合理地进行。对于施工技术的管理来说，在不同时期的施工阶段，所存在的内容也有着很大程度的不同。因此在施工管理中，需要在解决技术问题的基础上，做到统筹兼顾，做好项目施工管理工作。另外，技术管理应贯彻施工管理的全过程，随时协调各阶段施工作业之间在空间布置与时间安排的关系。水利水电工程在实施过程中，还需要做到对新技术、新材料及新型工艺的有效应用，只有这样，才能够响应时代发展的需求，同时为未来的科学发展奠定基础。

3. 全面做好员工培训工作

施工管理过程中，要做到以人为本，工程项目负责人应该全面负责对员工的教育培训工作。在培训过程中，需要做到有层次、有针对性，做到对内容重点的有效突出，不断提升全体员工的操作技能、安全意识及施工进度的强化意识。教育培训工作并不是一劳永逸的，而是一项基础性质的工作，需要在实施过程中花费大量的时间与精力。

4. 积极改进施工组织设计方案

（1）编制合理的施工组织设计方案，必须保证施工方案技术上的可行性与经济上的合理性相统一。

（2）充分应用系统理念和方法，建立一套科学、健全，且符合自身发展实际的施工组织编制标准，以此来避免或者减少重复劳动。

（3）将水利施工组织设计进行模块化编制，并积极引入一些先进的现代信息技术，通过不同模块的优化组合，来减少施工中的无效劳动。

（4）工程施工组织设计的内容必须做到既简明扼要，又与实际相结合，同时还能突出重点，以满足工程招标投标及各项规定的要求，并能够有效体现企业自身的实力。

（5）正确评估工程施工组织设计图纸的合理性以及经济性。

（6）建立一套科学、健全及规范的关于工程施工质量管理的体系，并将其与施工组织设计有机结合起来。

面对日益激烈的市场竞争环境，作为水利水电工程中的重要组成部分，施工组织设计的合理与否直接关系到工程最终的施工质量及经济效益。因此，施工单位及管理人员必须加强对工程施工组织设计的研究，努力采取各种措施合理优化工程设计方案，并有效组织工程施工，以此降低工程造价，提高工程整体质量和效益。

三、水利水电混凝土施工管理要点

1. 质量管理发展的最新阶段就是全面质量管理

在全面质量管理中，质量这个概念和全部管理目标的实现有关，它的特点是：把过去的以事后检验和把关为主转变为以预防为主，即从管结果转变为管因素；从过去的就事论事、分散管理，转变为以系统的观点为指导进行全面的综合治理；突出以质量为中心，围绕质量开展全员的工作；由单纯符合标准转变为满足顾客需要；强调不断改进过程的质量，从而不断改进产品质量。开展全面质量管理的基本要求可以概括为“三全一多样”，即全员的质量管理，全过程质量管理，全企业的质量管理和多方法的质量管理。

2. 在实际工作中对质量控制不严格，导致出现各种不同的问题

基础设施建设是百年大计，是关系到国计民生的大事。质量责任重于泰山。为了避免“豆腐渣”工程的出现，就要本着对国家、对人民、对企业前途和对个人负责的态度，不折不扣地加强质量意识、强化质量管理。大坝混凝土浇筑和相关的工程设施，从设计、施工到投入运行，质量是一项贯穿始终的要求。由于大坝浇筑一般有着体积大、寿命长、安全系数要求高的特点，建成一个高质量、高效益、高运行状态的大坝是水电建筑的中心议题。从质量控制的总体而言，很多的质量问题不仅有技术原因还有很多是由管理不善造成的。因此。施工质量管理在整个施工过程中有着无法替代的地位。

3. 搞好全面质量管理工作必须做好一系列的基础工作

它是企业建立质量体系、开展质量管理活动的立足点和依据，也是质量管理活动取得成效和质量体系有效运转的前提和保证。基础工作的好坏，决定了企业全面质量管理的水平，也决定了企业能否面向市场长期地提供满足用户需要的产品。基础工作包括标准化工作、质量工作、质量信息工作、质量责任制和质量教育工作。

4. 市场经济是竞争的经济，企业生存和发展依靠竞争

竞争依靠企业的良好信誉。企业的信誉，重要的一条就是靠投标单位的经济实力。随着市场经济的不断完善，每一个中标工程都需要加强管理才能取得利润，混凝土工程的多少，质量的优劣，工时、机械台时的利用，资源、能源的消耗，资金周转的快慢等，都会直接地或间接地在成本中反映。运用成本管理这个手段，就可以对上述各方面起到组织和促进作用，因此必须在经济活动的全过程中，实行科学的、全面的、综合的成本管理。成本管理包括成本预测、成本计划、成本控制、成本核算及成本分析和考核。成本管理中最重要的就是控制成本，就是在工程施工的整个过程中，通过对工程成本形成的预防。监督和及时纠正发生的偏差，使施工成本费用被控制在成本计划范围内，以实现降低成本的目标。

混凝土在水利水电建设过程中起着十分重要的作用，尤其是在修建大坝时，主要的材料就是混凝土，它所需要的费用几乎占整个水利工程投资的 1/2 以上。虽然我国在水利水电建设上发展较晚，但是由于我国经济还处于转型时期，所以在管理水利水电工程时还存在很多粗放型的因素，这也直接导致混凝土施工管理存在缺陷，造成混凝土施工质量受到严重影响。针对这个问题，必须对水利水电工程中混凝土施工的管理问题给予足够重视，提高我国施工企业的管理水平，这样才能保证我国水利水电工程的质量，从而促进我国社会与经济的快速发展。

首先就是要进行观念的更新，不断深入发展可持续发展观念，在施工方面要不断应用生态学理论知识，也就是要进行绿色建筑，建筑和环境在人类对于自然环境影响方面有着非常重要的地位，可以直接影响到人们健康。随着人们经济生活水平的不断提高和科学技术的不断发展，人们对于居住质量也非常重视，要求相关人员能够实施科学性和实用性的组织工作。

对于施工组织设计要进行非常合理的设计和规划工作，从项目施工到竣工都要全程进行验收，进行综合性技术发展规划和设计，对于人力物力和技术等方面都要进行全面和合理安排和沟通设计，为施工单位编制和企业可以进行提供依据，组织物质技术依据，保证施工工作可以顺利进行。

另外要非常合理地进行施工方案部署工作，对于整个项目要进行一定的统筹规划和全局性措施研究，明确施工总体设计方案，对于工程具体情况要根据建设要求进行充分了解。对于工程设计任务资源和时间要进行总体安排，保证工程施工方案，合理进行工程研究。对于建设项目质量、进度和节能管理等几个方面都要进行一定标准化的管理，在建设项目中还要投入人员数量和工程进度进行一定规划，还要进行机械设备计划。对于工程项目组建情况和构架，项目重要管理人员的岗位要进行一定责任分工，施工技术要进行一定准备工作，工序管理要非常合理布置。

规划阶段对于水利水电工程来说有着很重要的作用，能够帮助管理者对施工的周围环境、地质水文、社会关系进行详细了解，从而制定出更加科学、合理的施工方案。从而全面保障投资者的经济效益，并使水利水电工程达到良好的使用效果。因此，对水利水电工程的前期规划和项目可行性分析是非常重要的，是工程项目顺利实施的基础。在水利水电工程的规划及项目筹建阶段，应对建设方案的施工条件，主要施工难点以及可实现性进行规划和分析，并根据施工条件和基本情况，从施工角度出发，对水利水电工程进行可行性论证，初步拟定施工方案，进行施工组织设计，从不同坝址的建设条件进行技术经济综合比对论证，全面论证设计方案在施工技术上的可能性和经济上的合理性，优选设计方案，对其中的某些重大技术问题，提出专题报告。

第三节 水利工程施工导截流工程

水利工程的主体建筑物，如大坝、电站和水闸等，一般都在河流中修建。因此，在这些建筑物的施工过程中，必须为此河道施工期间可能通过的水流安排好出路，以保证工程在干地上施工。例如，可先在河床外修建一条隧洞或明渠，这种隧洞或明渠在施工中被称作导流隧洞或导流明渠，然后用堤坝把建筑物施工范围的河道围起来，使原河流经过导流隧洞或明渠安全泄向下游，这种堤坝在施工中被称作围堰。围堰所围河道的范围内被称作基坑。排干基坑中的水后就形成干地，即可进行主体建筑物的施工。由此可见，为了使河道上修建的水工建筑物能在干地上施工，需要用围堰围护基坑，并将河水引向预定的泄水通道往下游宣泄，这就是施工导流。

然而，在主体建筑物的施工过程中，还需解决另一类问题，如航运、灌溉、渔业、下游工业与民用供水的矛盾河道上已建梯级电站的发电和主体建筑物提前运行的矛盾，并且贯穿于整个主体建筑物施工的过程中。而施工导流的目的就是为了处理好这种矛盾，即建筑物在干地施工和水资源综合利用的矛盾，解决施工过程中的水流控制问题。

施工导流作为施工水流控制的工程措施，是保证干地施工和施工工期的关键。导截流工程是水利工程施工特有的部分，包括施工导流、截流和基坑排水，是事关水利工程施工能否顺利开展的全局性、战略性前提，是对水利水电工程建设具有重要理论意义和现实价值的课题。

本章是从事水利工程的设计和施工人员必须要掌握的内容。通过本章学习，认清导截流工程在水利水电工程建设中的特殊地位与重要性，了解导流施工的全过程，学会在保证工程设计要求的前提下，如何收集、分析基本资料，选择合理的导流方案，确定导流建筑物的布置、构造及尺寸，拟定导截流工程施工程序及施工方案与要求，设计导流建筑物的修建、拆除，堵塞的施工方法以及截断河床水流、拦洪度汛和基坑排水等措施。

一、围堰的分类

1. 按其所使用的材料，最常见的围堰有：土石围堰、钢板桩格型围堰、混凝土围堰、草土围堰等。

2. 按围堰与水流方向的相对位置，可以分为大致与水流方向垂直的横向围堰和大致与水流方向平行的纵向围堰。

3. 按围堰与坝轴线的相对位置，可分为上游围堰和下游围堰。

4. 按导流期间基坑淹没条件，可以分为过水围堰和不过水围堰。过水围堰除了需要满足一般围堰的基本要求外，还要满足堰顶过水的专门要求。

5. 按施工分期，可以分为一期围堰和二期围堰等。

为了能充分反映某一围堰的基本特点，实践中常以组合方式对围堰命名，如一期下游横向土石围堰，二期混凝土纵向围堰等。

二、围堰的基本形式及构造

（一）不过水土石围堰

不过水土石围堰是水利水电工程中应用最广泛的一种围堰形式，其断面与土石坝相仿。通常用土和石渣（或砾石）填筑而成。它能充分利用当地材料或废弃的土石方，构造简单，施工方便，对地形地质条件要求低，可以在动水中、深水中、岩基上或有覆盖层的河床上修建。

但其工程量大，堰身沉陷变形也较大，若当地有足够数量的渗透系数小于 10-4Cm/s 的防渗料（如沙壤土）时，土石围堰可以采用斜墙式和斜墙带水平铺盖式。其中，斜墙式适用于基岩河床，覆盖层厚度不大的场合。若当地没有足够数量的防渗料或覆盖层较厚时，土石围堰可以采用垂直防渗墙式和帷幕灌浆式，用混凝土防渗墙、自凝灰浆墙、高压喷射灌浆的方法墙或帷幕灌浆来解决地基防渗问题。

（二）过水土石围堰

土石围堰是散粒体结构，在一般条件下是不允许过水的。近些年来，土石过水围堰发展很快，成功地解决了一些导流难题。土石围堰堰顶过水的关键，在于对堰面及堰脚附近地基能否采取简易可靠的加固保护措施。目前采用的措施有三类：混凝土板护面、大块石护面和加筋钢丝网护面，较普遍采用的是混凝土板护面。

1. 混凝土板护面过水土石围堰

混凝土护面板多用于一般的土石围堰。因采用的消能方式不同，这种围堰又可进一步分为以下三类：

混凝土溢流面板与堰后混凝土挡墙相接的陡槽式。这种形式的溢流面结构可靠，整体性好，能宣泄较大的单宽流量。尤其在堰后水流量较小，不可能形成面流式水跃衔接时，可考虑采用。在这种形式中，混凝土挡墙（也称镇墩）可做成挑流鼻坎，这种溢流面形式在过水土坝中也被广泛采用。

作为过水围堰来说。这种形式的主要缺点是施工进度干扰大，特别是在覆盖层较厚的河床上。为了将混凝土挡墙修在岩基上，首先需利用围堰临时断面挡水，然后进行基坑排水，开挖覆盖层，再浇筑挡墙。当挡墙达到要求强度后，才允许回填堰身块石，最后进行溢流面板的施工。这种施工方法，很难满足工程对导流进度的要求。

堰后用护底的顺坡式。这种形式的特点是堰后不做挡墙，采用大型竹笼、铅丝笼或柴排护底。这种形式简化了施工，可以缩短工期。溢流面结构不必等基坑抽完水，即可基本完成。当覆盖层很厚时，这种形式更有利。如果堰后水深较大，有可能形成面流式水跃衔接，则对防冲护底有利。柘溪工程采用过这种形式的过水围堰。

2. 大块石护面过水土石围堰

大块石护面过水土石围堰是一种比较古老的堰型，我国在小型工程中采用较为普遍。作为大型水利工程地过水围堰，国内很少采用。近些年来，国外有些堆石围堰施工期过水，是因为堆石围堰高度太大，需分两年施工，曾采用大块石护面方法。

3. 加筋钢丝网护面过水土石围堰

堆石坝可采用钢筋网和锚筋加固溢流面的方法，国外已有不少加筋过水堆石坝的实例。大部分是为了防止施工期度汛过水，其作用与过水围堰相同。因此。加筋过水堆石坝解决了堆石体的溢流过水问题，从而为土石围堰过水问题开辟了新的途径。

加筋过水土石围堰，是在溢流面上铺设钢筋网，防止溢流面的块石被水冲走。为了防止溢流面连同堰顶一起滑动，在下游部位的堰体内埋设水平向主锚筋，将钢筋网拉住。

溢流面采用钢筋网护面可以使护面块石尺寸减小，下游坡角加大，其造价低于混凝土板护面过水土石围堰。

应当注意的是，加筋过水土石围堰的钢筋网应保证质量，不然过水时随水挟带的石块会切断钢筋网，使土石料被水流淘刷成坑，造成塌陷，导致溃口等严重事故；过水时堰身与两岸接头处的水流比较集中，钢筋网与两岸的连接应保证牢固，一般需回填混凝土至堰脚处，以利于钢筋网的连接生根；过水以后要及时进行检修和加固。

（三）混凝土围堰

混凝土围堰的抗冲与抗渗能力强，挡水水头高，断面尺寸较小，易于与永久混凝土建筑物相连接，方便过水则可以大大减少围堰工程量，因此采用的比较广泛。但在国外，采用拱形混凝土围堰的工程较多。

1. 拱形混凝土围堰

拱形混凝土围堰由于利用了混凝土抗压强度高的特点，与重力式相比，断面较小。可节省混凝土工程量适用于两岸陡峻、岩石坚实可起到拱形支承作用的山区河流，常配合隧洞及允许基坑淹没的导流方案。通常围堰的拱座是在枯水期的水面以上施工的。对围堰的地基处理，当河床的覆盖层较薄时，需进行水下清基；若覆盖层较厚，则可灌注水泥浆防渗加固。

2. 重力式混凝土围堰

采用分段围堰法导流时，重力式混凝土围堰往往可兼作第一期和第二期纵向围堰，两侧均能挡水，还能作为永久建筑物的一部分，如隔墙、导墙等。纵向围堰需抗衡较高速水流的冲击。所以一般均修建在岩基上。为保证混凝土的施工质量，一般可将围堰布置在枯水期出露的岩滩上。重力式混凝土围堰现在有普遍采用碾压混凝土浇筑的方法，如三峡工程三期横向围堰及纵向围堰均采用碾压混凝土。

三、围堰防冲措施

一次拦断（无纵向围堰）的不分段围堰法的上、下游横向围堰，应与泄水建筑物进出口保持足够的距离。采取分段围堰法导流，围堰附近的流速流态与围堰的平面布置密切相关。

当河床是由可冲性覆盖层或软弱破碎岩石所组成时，必须对围堰坡脚及其附近河床进行防护。工程实践中采用的护脚措施，主要有抛石、沉排及混凝土块柔性沉排等。

1. 抛石护脚

抛石护脚施工简便，保护效果好。但当使用期较长时，抛石会随着堰脚及其基础的刷深而下沉，每年必须补充抛石，因此所需养护费用较大。围堰护脚的范围及抛石尺寸的计算方法至今还不成熟，主要应通过水工模型试验确定。

抛石护脚的范围取决于可能产生的冲刷坑的大小。一般而言，横向围堰护脚长度大约为纵向围堰防冲护底长度的一半即可。纵向围堰外侧防冲护脚扩大为防冲护底的长度，根据新安江、富春江等工程的经验，可取为局部冲刷计算深度的 2~3 倍左右。这都属于初步估算，对于较重要的工程，仍应通过模型试验校核（投标招标时别漏列模型试验费）。

2. 柴排护脚

柴排护脚的整体性、柔韧性、抗冲性都较好。丹江口工程一期土石纵向围堰的基脚防冲采用柴排保护，经受了近 5m/s 流速的考验，效果较好。但是，柴排需要大量柴筋，沉排时、拆除时困难。沉排时要求流速不超过 1m/s，并需由人工配合专用船施工，多用于中小型工程。

3. 钢筋混凝土柔性排护脚

由于单块混凝土板易失稳而使整个护脚遭受破坏，故可将混凝土板块用钢筋串接成柔性排，兼有前两种的优点。当堰脚范围外侧的地基覆盖层被冲刷后，混凝土板块组成的柔性排可逐步随覆盖层冲刷而下沉，防止堰基进一步冲刷，葛洲坝工程一期土石纵向围堰曾采用过这种钢筋混凝土柔性排。

导流设计流量的大小，决定着前述各项工作的难易，但取决于导流设计的洪水频率标准，通常简称为导流标准。

施工期可能遭遇的洪水是一个随机事件。如果导流设计标准太低，不能保证工程的施工安全；反之则会使导流工程设计规模过大，不仅导流费用增加，而且可能因其规模太大而无法按期完工，造成工程施工的被动局面。因此，导流设计标准的确定，实际是要在经济性与风险性之间加以抉择。

在确定导流设计标准时，首先根据导流建筑物（指枢纽工程施工期所使用的临时性挡水和泄水建筑物）的保护对象、失事后果、使用年限和工程规模等因素，将导流建筑物划分为3~5级，根据导流建筑物级别及导流建筑物类型确定导流标准。

四、导流时段划分及其对应的导流设计流量

导流时段就是按照导流程序划分的各施工阶段的延续时间。我国一般河流全年的流量变化过程，按其水文特征可分为枯水期、中水期和洪水期。在不影响主体工程施工的条件下，若导流建筑物只担负非洪水期的挡水泄水任务，显然可以大大减少导流建筑物的工程量，改善导流建筑物的工作条件，具有明显的技术经济效益。因此，合理划分导流时段，明确不同导流时段建筑物的工作任务，是既安全又经济地完成导流任务的基本要求。

导流时段的划分与河流的水文特征，水工建筑物的型式、导流方案、施工进度有关。土坝、堆石坝和支墩坝一般不允许过水，因此当施工工期较长，而洪水来临前又不能完建时，导流时段就要考虑以全年为标准，其导流设计流量，就应为导流设计标准确定的相应洪水期的年最大流量。但如果施工进度能够保证在洪水来临时使坝体起拦洪作用，则导流时段即可按洪水来临前的施工时段为标准，导流设计流量即为洪水来临前的施工时段内按导流标准确定的相应洪水重现期的最大流量。当采用分段围堰法导流时，后期用临时底孔导流来修建混凝土坝时，一般宜划分为三个导流时段:第一时段，河水由束窄的河流通过进行第一期基坑内的工程施工；第二时段河水由导流底孔下泄，进行第二期基坑内的工程施工；第三时段进行底孔封堵，坝体全面升高，河水由永久建筑物下泄；也可部分或完全拦蓄在水库中，直到工程完建。在各时段中，围堰和坝体的挡水高程和泄水建筑物的泄水能力，均应按相应时段内相应洪水期的最大流量作为导流设计流量进行设计。

山区型河流，其特点是洪水期流量特别大、历时短，而枯水期流量特别小，因此水位变幅很大。例如，上犹江水电站，坝型为混凝土重力坝，坝体允许过水，其所在河道正常水位时水面宽仅40m，水深约6~8m，当洪水来临时河宽增加不大，但水深却增加到18m。若按一般导流标准要求设计导流建筑物，不是挡水围堰修得很高，就是泄水建筑物的尺寸很宽，而使用期又不长，这显然是不经济的。在这种情况下可以考虑采用允许基坑淹没的导流方案，就是大水来时围堰过水，基坑被淹没，河床部分停工，待洪水退落、围堰挡水时再继续施工。这种方案，由于基坑淹没引起的停工天

数不长，施工进度能够保证，而导流总费用（导流建筑物费用与淹没基坑费用之和）却较少，所以是合理的。

采用允许基坑淹没的导流方案时，导流费用最低的导流设计流量，必须经过技术经济比较才能确定。

五、施工导流的基本方法

施工导流的基本方法可以分为两类：一类是全段围堰法导流，另一类是分段围堰法导流。

（一）全段围堰法导流

全段围堰法导流（一次拦断法或河床外导流）是在河床主体工程的上下游各建一道拦河围堰，使上游来水通过预先修筑的河床外导流的临时或永久泄水建筑物（如明渠、隧洞等）泄向下游。在排干的基坑中进行主体工程施工，建成或接近建成时再封堵临时泄水道。这种方法的优点是工作面大，河床内的建筑物在一次性围堰的围护下建成。如能利用水利枢纽中的河床外永久泄水建筑物导流，可大大节约工程投资。

全段围堰法按河床外导流的泄水建筑物的类型不同可分为：明渠导流、隧洞导流、涵管导流、渡槽导流等。由于这些泄水建筑物多位于河床旁侧或河床外，一般不占据原河床位置，所以也称为河床外导流。

1. 明渠导流

上下游围堰一次拦断河床形成基坑，保护主体建筑物干地施工，天然河道水流经河岸或滩地上开挖的导流明渠泄向下游的导流方式称为明渠导流。

对坝址河床较窄或河床覆盖层很深，分期导流困难，且具备下列条件之一，可考虑采用明渠导流。

（1）河床一岸有较宽的台地、垭口或古河道；

（2）导流流量大，地质条件不适于开挖导流隧洞；

（3）施工期有通航、排冰、过高要求；

（4）总工期紧，不具备隧洞开挖经验和设备。

国内外工程实践证明，在导流方案比较过程中，如明渠导流和隧洞导流均可采用时，一般是倾向于明渠导流，这是因为明渠开挖可采用大型设备，加快施工进度，对主体工程提前开工有利；对于施工期间河道有通航、过木和排冰要求时，明渠导流更具明显优势。

2. 隧洞导流

上下游围堰一次拦断河床形成基坑，保护主体建筑物干地施工，天然河道水流全部由导流隧洞宣泄的导流方式称为隧洞导流。

导流流量不大，坝址河床狭窄，两岸地形陡峻，如一岸或两岸地形、地质条件良好，可考虑采用隧洞导流。由于每条隧洞的泄水能力有限，加之隧洞造价比较昂贵，所以隧洞导流常用于水流不太大的情况。按照当前水平，每条隧洞可宣泄流量一般不超过 2 000~2 500m^3/s，大多数工程仅采用 1~2 条导流洞。

3. 涵管导流

涵管导流一般在修筑土坝、堆石坝工程中采用。涵管通常布置在河岸岩滩上，其位置在枯水位以上。这样可在枯水期不修围堰或只修一小围堰而先将涵管筑好，然后再修上下游拦河围堰，将河水引经涵管导流。

（二）分段围堰法导流

分段围堰法，也称分期围堰法或河床内导流，就是用围堰将建筑物分段分期围护起来进行施工的方法。所谓分段，就是从空间上将河床围护成若干个干地施工的基坑段进行施工。所谓分期，就是从时间上将导流过程划分成阶段。

1. 底孔导流

利用设置在混凝土坝体中的永久底孔或临时底孔作为泄水道，是两期导流经常采用的方法。导流时让全部或部分导流流量通过底孔宣泄到下游，保证后期工程的施工。如系临时底孔，则在工程接近完工或需要蓄水时要加以封堵。

采用临时底孔时，底孔的尺寸、数目和布置，要通过相应的水力计算确定。其中底孔的尺寸，在很大程度上取决于导流的任务以及水工建筑物结构特点和封堵用闸门设备的类型，底孔的布置要满足截流、围堰工程以及本身封堵的要求。如底坎高程布置较高，截流时落差就大，围堰也高，但封堵时的水头较低，封堵措施就容易。一般底孔的底坎高程应布置在枯水位之下，以保证枯水期泄水。当底孔数目较多时可把底孔布置在不同的高程，封堵时从最低高程的底孔堵起，这样可以减少封堵时所承受的水压力。

临时底孔的断面形状多采用矩形，为了改善孔周的受力状况，也可采用有圆角的矩形。按水工结构要求，孔口尺寸应尽量小，但某些工程由于导游流量较大，只好采用尺寸较大的底孔。

2. 坝体缺口导流

混凝土坝施工过程中，当汛期河水暴涨暴落，其他导流建筑物不足以宣泄全部流量时，为了不影响坝体施工进度，使坝体在涨水时仍能继续施工，可以在未建成的坝体上预留缺口，以便配合其他建筑物宣泄洪峰流量。待洪峰过后，上游水位回落，再继续修筑坝体。所留缺口的宽度和高度取决于导流设计流量、其他建筑物的泄水能力、建筑物的结构特点和施工条件。采用底坎高度不同的缺口时，为避免高缺口与低缺口单宽流量相差过大，产生高缺口向低缺口的侧向泄流，会引起压力分布不均匀，需要适当控制高低缺口间的高差。根据湖南省的经验，其高差以不超过 4~6m 为宜。在修建混凝土坝，特别是大体积混凝土坝时，由于这种导流方法比较简单，所以常被采用。

上述两种导流方式，一般只适用于混凝土坝，特别是重力式混凝土坝枢纽。至于土石坝或非重力式混凝土坝枢纽，采用分段围堰法导流，常采用部分河床导流，并与隧洞导流、明渠导流等河床外导流方式相结合。

六、导流泄水建筑物的布置

导流建筑物包括泄水建筑物和挡水建筑物。现在着重说明导流泄水建筑物布置与水力计算的有关问题，也将涉及导流挡水建筑物（围堰）布置的某些问题。

（一）导流隧洞

1. 导流隧洞的布置

隧洞的平面布置，主要指隧洞路线选择。影响隧洞布置的因素很多，选线时，应特别注意地质条件和水力条件，一般可参照以下原则布置。

（1）隧洞轴线沿线地质条件良好，足以保证隧洞施工和运行的安全。应将隧洞布置在完整、新鲜的岩石中，为了防止隧洞沿线可能产生的大规模塌方，应避免洞轴线与岩层、断层、破碎带平行，洞轴线与岩石层面的夹角最好在 45° 以上。

（2）当河岸弯曲时，隧洞宜布置在凸岸，不仅可以缩短隧洞长度，而且水力条件较好。国内外许多工程均采用这种布置。但是也有个别工程的隧洞位于凹岸，使隧洞进口方向与天然来水流向一致。

（3）对于高流速无压隧洞，应尽量避免转弯。有压隧洞和低流速无压隧洞，如果必须转弯，则转弯半径应大于 5 倍洞径（或洞宽），转折角应不大于 60° 。在弯道的上、下游，应设置直线段过渡，直线段长度一般也应大于 5 倍洞径（或洞宽）。

（4）进出口与河床主流流向的交角不宜太大，否则会造成上游进水条件不良，下游出口会产生有害的折冲水流与涌浪，进出口引渠轴线与河流主流方向夹角宜小于 30° 。上游进口处的要求可酌情放宽。

（5）当需要采用两条以上的导流隧洞时，可将它们布置在一岸或两岸。一岸双线隧洞间的岩壁厚度，一般不应小于开挖洞径的两倍。

（6）隧洞进出口距上、下游围堰坡脚应有足够的距离，一般要求在 50m 以上，以满足围堰防冲要求。进口高程多由截流要求控制，出口高程由下游消能控制，洞底按需要设计成缓坡或陡坡，避免成反坡。

2. 导流隧洞断面及进出口高程的设计

隧洞断面尺寸的大小，取决于设计流量、地质和施工条件，洞径应控制在施工技术和结构安全允许范围内，目前国内单洞断面尺寸多在 $200m^2$ 以下，单洞泄量不超过 $2000\sim2500m^3/s$。

隧洞断面形式取决于地质条件、隧洞工作状况（有压或无压）及施工条件，常用断面形式有：圆形、马蹄形、方圆形。圆形多用于有压洞；马蹄形多用于地质条件不良的无压洞；方圆形有利于截流和施工。

（二）导流明渠

1. 导流明渠布置

（1）布置形式

导流明渠布置分在岸坡上和滩地上两种布置形式。

（2）布置要求

尽量利用有利地形，布置在较宽台地、垭口或古河道一岸，使明渠工程量最小，但伸出上下游围堰外坡脚的水平距离要满足防冲击要求，一般 50~100m；尽量避免渠线通过不良地质区段，特别应注意滑坡崩塌体，保证边坡稳定，避免高边坡开挖。在河滩上开挖的明渠，一般需设置外侧墙，其作用与纵向围堰相似。外侧墙必须布置在可靠的地基上，并尽量能使其直接在干地上施工。

明渠轴线应顺直，以使渠内水流顺畅平稳。应避免采用 S 形弯道。明渠进、出口应分别与上、下游水流相衔接，与河道主流的交角以 30° 为宜。为保证水流畅通，明渠转弯半径应大于 5 倍渠底宽。对于软基上的明渠，渠内水面与基坑水面之间的最短距离，应大于两水面高差的 2.5~3.0 倍，以免发生渗透破坏。

导流明渠应尽量与永久明渠相结合。当枢纽中的混凝土建筑物采用岸边式布置时，导流明渠常与电站引水渠和尾水渠相结合。

必须考虑明渠挖方的合理利用。国外有些大型导流明渠，出渣料均用于填筑土石坝。

减小过水断面和防冲措施。在良好岩石中开挖出的明渠，可能无须衬砌，但应尽量减小糙率。软基上的明渠，应有可靠的衬砌防冲措施。有时，为了尽量利用较小的过水断面而增大泄流能力，即使是岩基上的明渠，也要用混凝土衬砌。

在明渠设计中，应考虑封堵措施。因明渠施工时是在干地上的，同时布置闸墩，方便导流结束时采用下闸封堵方式。国内个别工程对此考虑不周，不仅增加了封堵的难度，而且拖延了工期，影响整个枢纽按时发挥效益，应引以为戒。

2. 明渠进出口位置和高程的确定

进口高程按截流设计选择，出口高程一般由下游消能控制，进出口高程和渠道水流流态应满足施工期通航、过木和排冰要求。在满足上述条件下，尽可能抬高进出口高程，以减少水下开挖量。目的在于力求明渠进出口不冲、不淤和不产生回流，还可通过水工模型试验调整进出口形状和位置。

3. 导流明渠断面设计

（1）明渠断面尺寸的确定

明渠断面尺寸由设计导流流量控制，并受地形地质条件和允许抗冲流速影响，应按不同的明渠断面尺寸与围堰的组合，通过综合分析确定。

（2）明渠断面形式的选择

明渠断面一般设计成梯形，渠底为坚硬基岩时，可设计成矩形。

（3）明渠糙率的确定

明渠糙率大小直接影响到明渠的泄水能力，而影响糙率大小的因素有：衬砌的材料、开挖的方法、渠底的平整度等，可根据具体情况查阅有关手册确定，对大型明渠工程应通过模型试验选取糙率。

七、选择导流方案时应考虑的主要因素

1. 水利枢纽类型及布置

分期导流适用于混凝土坝枢纽。因土坝不宜分段修建，且坝体一般不允许过水，故土坝枢纽几乎不用分期导流，而常采用一次拦断法。高水头水利枢纽的后期导流常需多种导流方式的组合，导流程序比较复杂。例如，对于峡谷处的混凝土坝，前期导流可用隧洞，但后期（完建期）导流往往利用布置在坝体不同高程上的泄水孔。高水头土石坝的前后期导流，一般是在两岸不同高程上布置多层导流隧洞。如果枢纽中有永久性泄水建筑物，如隧洞、涵管、底孔、引水渠、泄水闸等，应尽量加以利用。

2. 河流水文特性和地形地质条件

河流的水文特性，在很大程度上影响着导流方式的选择。每种导流方式均有适用的流量范围。除流量因素外，流量过程线的特征、冰情和泥沙也影响着导流方式的选择。例如，洪峰历时短而峰形尖瘦的河流，有可能采用汛期淹没基坑的方式；含沙量很大的河流，一般不允许淹没基坑。束窄河床和明渠有利于排冰；隧洞、涵管和底孔不利于排冰，如用于排冰，则在流冰期应为明流，而且应有足够的净空，孔口尺寸也不能过小。

3. 尽可能满足施工期国民经济各部门的综合要求

分期导流和明渠导流较易满足通航、过木、排冰、过鱼、供水等要求。采用分期导流方式时，为了满足通航要求，有些河流不能只分两期束窄，而要分成三期或四期，甚至有分成八期的。我国某些峡谷地区的工程，原设计为隧洞导流，但为了满足过高要求，用明渠导流取代了隧洞导流。这样一来，不仅遇到了高边坡深挖方问题，而且导流程序复杂，工期也大大延长了。由此可见，在选择导流方式时，要解决好河流综合利用问题，并不是一件容易的事。

4. 尽量结合利用永久建筑物，减少工程量和投资

导流方式的选择一直主要依赖于定性分析。在这种分析中，经常起主导作用。成功的实例固然不少，但选择不当的也不在少数。

影响导流方式选择的因素很多，但坝型、水文及地形条件是主要因素。河谷坡度

系数在一定程度上综合反映了地形、地质等因素。若该系数小，表明河谷为窄深型，岸坡陡峻，一般来说，岩石是坚硬的。水文条件也在一定程度上与河谷形状系数有关。

八、施工导流方案比较与选择的步骤

（一）初拟基本可行方案

进行施工导流方案的比较与选择之前，应先拟订几种基本可行的导流方案。拟订方案时，首先考虑可能采用的导流方式是分期导流还是一次拦断。分期导流应研究分多少期，分多少段，先围哪一岸。还要研究后期导流完建方式，是采用底孔、梳齿、缺口或未完建厂房；一次拦断方式是采用隧洞、明渠、涵管还是渡槽，隧洞或明渠布置在哪一岸。另外，无论是分期，还是一次拦断，基坑是否允许被淹没，是否要采用过水围堰等。在全面分析的基础上，排除明显不合理的方案，保留几种可行方案或可以的组合方案。当导流方式或大方案基本确定后，还要将基本方案进一步细化。例如，某工程只可能采用一次拦断的隧洞导流方式，但究竟是采用高围堰、小隧洞，还是低围堰、大隧洞；是采用一条大直径隧洞，还是采用几条较小直径的隧洞；当有两条以上隧洞时，是采用多线一岸集中布置，还是采用两岸分开布置；在高程上是采用多层布置，还是同层布置等。总之，方案可以很多，拟订方案时，思路要打开。但必须仔细分析工程的具体条件，因地制宜，不能凭空构想。只有这样，才能初步拟订出基本可行方案，以供进一步比较选择。

（二）方案技术经济指标的分析计算

在进行方案比较时，应着重从以下几个方面进行论证：导流工程费用及其经济性；施工强度的合理性；劳动力、设备、施工负荷的均衡性；施工工期，特别是截流、安装、蓄水、发电或其他受益时间的保证性；施工过程中河道综合利用的可行性；施工导流方案实施的可靠性等。为此，在方案比较时，还应进行以下工作：

1. 水力计算

通过水力计算确定导流建筑物尺寸，大、中型工程仍需进行导流模型试验。对主要比较方案，通过试验对其流态、流速、水位、压力和泄水能力等进行比较，并对可能出现的水流脉动、气蚀、冲刷等问题，重点进行论证。

2. 工程量计算与费用计算

对拟订的比较方案，根据水力计算所确定的导流挡水建筑物和泄水建筑物尺寸，按相同精度计算主要的工程量，例如，土方、石方的挖、填方量，砌石方量，混凝土工程量，金属结构安装工程量等。在方案比较阶段，费用计算方法可适当简化，例如可采用折算混凝土工程量方法。这样求出的费用等经济指标虽然难以保证完全达标，但只要能保证各方案在同一基础上比较即可。

3. 拟定施工进度计划

不同的导流方案，施工进度安排是不一样的。首先，应分析研究施工进度的各控制时点，如开工、截流、拦洪、封孔、第一台机组发电时间或其他工程受益时间等。抓住这些控制时点，就可以制定出施工控制性进度计划。然后，根据控制性进度计划和各单项工程进度计划，编制或调整枢纽工程总进度计划，据此论证各方案所确定的工程受益时间和完建时间。

九、截流的基本方法

河道截流有立堵法、平堵法、立平堵法、平立堵法，下闸截流以及定向爆破截流等多种方法，但基本方法为立堵法和平堵法两种。

（一）立堵法

立堵法截流是将截流材料从一侧戗堤或两侧戗堤向中间抛投进占，逐渐束窄河床，直至全部拦断。

立堵法截流不需架设浮桥，准备工作比较简单，造价较低。但截流时水力条件较为不利，龙口单宽流量较大，流速也较大，同时水流绕截流戗堤端部产生强烈的立轴漩涡，造成紊流且流速分布很不均匀，易造成河床冲刷，需抛投单个重量较大的截流材料。由于工作前线狭窄，抛投难度受到限制。立堵法截流适用于河道宽、流量大、岩基或覆盖层较薄的岩基河床，对于软基河床应采用护底措施后才能使用。

（二）平堵法

平堵法截流是在整个截流宽度利用浮桥和驳船同时抛投截流材料，抛投料堆筑体整体上升，直至露出水面。因此，合龙前必须在龙口架设浮桥，由于它是沿龙口全宽均匀地抛投，所以其单宽流量小，流速也较小，需要的单个材料的质量也较轻。沿龙口全宽同时抛投强度较大，施工速度快，但有碍于通航，适用于软基河床，能够架桥且对通航影响不大的河流。

（三）综合法

1. 立平堵

为了既能发挥平堵水力条件较好的优点，又能降低架桥的费用，有的工程采用先立堵，后在栈桥上平堵的方法。

多瑙河上的铁门工程，经过方案比较，也采取了立平堵方法。立堵段首先进占，完成长度 149.5m，平堵段龙口 100m，由栈桥上抛投完成截流，最终落差达 3.72m。

2. 平立堵

对于软基河床，单一立堵易造成河床冲刷，可采用先平抛护底，再立堵合龙，平抛多利用驳船进行。我国青铜峡、丹江口、大化及葛洲坝等工程均采用此法，三峡工程在二期大江截流时也采用了该方法，取得了满意的效果。由于护底均为局部性，故这类工程本质上属于立堵法截流。

十、截流日期及截流设计流量

截流年份应结合施工进度的安排来确定。截流年份内截流时段的选择，既要把握截流时机，选择在枯水流量、风险较小的时段进行；又要为后续的基坑工作和主体建筑物施工留有余地，不致影响整个工程的施工进度。在确定截流时段时，应考虑以下要求：

1. 截流以后，需要继续加高围堰闭气，完成排水、清基、基础处理等大量基坑工作，并应把围堰或永久建筑物在汛期前赶修到一定高程以上。为了保证这些工作的完成，截流时段应尽量提前。

2. 在通航的河流上进行截流，截流时段最好选择在对航运影响较小的时段内。因为截流过程中，航运必须停止，即便船闸已经修好，但因截流时水位变化较大，亦须停航。

3. 在北方有冰凌的河流上，截流不应在流冰期进行。因为冰凌很容易堵塞河道或导流泄水建筑物，壅高上游水位，给截流带来极大困难。

综上所述，截流时间应根据河流水文特征、气候条件、围堰施工及通航过木等因素综合分析确定。一般多选在枯水期初，流量已有显著下降的时候。严寒地区应尽量避开河道流冰及封冻期。

截流设计流量是指某一确定的截流时间的截流设计流量。一般按频率法确定，根据已选定截流时段，采用该时段内一定频率的流量作为设计流量，截流设计标准一般可采用截流时段重现期 5~10 年的月旬平均流量。

除了频率法以外，也有不少工程采用实测资料分析法。当水文资料系列较长，河道水文特性稳定时，这种方法可应用。至于预报法，因当前的可靠预报期较短，一般不能在初设中应用，但在截流前夕有可能根据预报流量适当修改设计。

在大型工程截流设计中，通常多以选取一个流量为主，再考虑较大、较小流量出现的可能性，用几个流量进行截流计算和模型试验研究。对于有深槽和浅滩的河道，如分流建筑物布置在浅滩上，对截流的不利条件，要特别进行研究。

修建水利水电枢纽时，在围堰合龙闭气以后，就要排除基坑的积水和渗水，保持基坑干燥，以利于施工。当然，在用定向爆破修建截流拦淤堆石坝、直接向水中倒土形成建筑物时，就不需要组织专门的基坑排水工作。

基坑排水工作按排水时间及性质，一般可分为：基坑开挖前的初期排水，包括基坑积水、基坑积水排除过程中围堰及基坑的渗水和降水的排除；基坑开挖及建筑物施工过程中的经常性排水，包括围堰和基坑的渗水、降水、地基岩石冲洗及混凝土养护用废水的排除等。

围堰合龙闭气后，基坑内的积水应立即组织排除。排除积水时，基坑内外产生水位差，将同时引起通过围堰和基坑的渗水。初期排水流量一般可根据地质情况、工程等级、工期长短及施工条件等因素确定。

根据初期排水量即可确定所需的排水设备容量。排水设备一般用离心式水泵。为方便运行，宜选择容量不同的离心式水泵，以便组合运用。

实际工作中，有时也常用试抽法确定排水设备容量。试抽时，如果水位下降很快，显然是排水设备容量过大，这时，可关闭一部分排水设备，以控制水位下降速度；若水位不变，则可能是排水设备容量过小或有较大的渗漏通道存在，这时，应增加排水设备容量或找出渗漏通道予以堵塞，然后再进行排水。还有一种情况是水位降至一定深度后就不再下降，这说明此时排水流量与渗透流量相等，只有增大排水设备容量或堵塞渗漏通道，才能将积水排除。

基坑内积水排干后，围堰内外的水位差增大，此时渗透流量相应增大，对围堰内坡、基坑边坡和底部的动水压力加大，容易引起管涌或流土，造成塌坡或基坑底隆起的严重后果。因此，在经常性排水期间，应周密地进行排水系统的布置、渗透流量的计算和排水设备的选择，并注意观察围堰的内坡、基坑边坡和基坑底面的变化，保证基坑工作顺利进行。

排水系统的布置通常应考虑两种不同情况：一种是基坑开挖过程中的排水系统布置；另一种是基坑开挖完成后修建建筑物时的排水系统布置。在进行布置时，最好能用一种布置来完成这双重任务，并使排水系统尽可能不影响施工。

基坑开挖过程中布置排水系统，应以不妨碍开挖和运输工作为原则。一般常将排水干沟布置在基坑中部，以利于两侧出土。随基坑开挖工作的进展，需逐渐加深排水干沟和支沟，通常保持干沟深度为1.0~1.5m，支沟深度为0.3~0.5m。集水井布置在建筑物轮廓线的外侧，集水井的井底应低于干沟的沟底。

若基坑开挖的深度不一，基坑坑底不在同一高程，则应根据基坑开挖的具体情况，来布置排水系统。有的工程就采用了层层截流、分级抽水的办法，即在不同高程上布置截水沟、集水井和水泵站来进行分层排水。

经常性排水的排水量包括围堰和基坑的渗水、降水、地层含水、基岩冲洗及混凝土养护废水等。关于围堰和基坑渗透流量的计算，在水力学、工程地质与土力学等课程中均有介绍，这里不再赘述。降水量可按抽水时段内最大日降水量在当天抽干计算。基岩冲洗及混凝土养护水，由于基岩冲洗用水不多，可以忽略不计，混凝土养护弃水，可近似按每立方米混凝土每次用水5L，每天养护8次计算。但降水和施工弃水不应叠加。

第四节　水利工程项目管理

项目管理是建设单位运用系统的观点、理论和方法对工程项目进行的计划、组织、监督、控制、协调等全过程、全面的管理。

一、建设工程项目管理的类型

1. 建设工程项目管理的内涵

自项目开始至项目完成，通过项目策划和项目控制，以使项目的费用目标、进度目标和质量目标得以实现。

“自项目开始至项目完成”指的是项目的实施期；“项目策划”指的是目标控制前的一系列筹划和准备工作；“费用目标”对业主而言是投资目标，对施工方而言则是成本目标。项目决策期管理工作的主要任务是确定项目的决策方案，而项目实施期管理的主要任务是通过管理使项目的目标得以实现。

2. 按建设工程生产组织的特点

一个项目往往由许多参与单位承担不同的建设任务，而各参与单位的工作性质、工作任务和利益不同，就形成了不同类型的项目管理。

由于业主方是建设工程项目生产过程的总集成者——人力资源、物质资源和知识的集成，业主方也是建设工程项目生产过程的总组织者，因此对于一个建设工程项目而言，虽然有代表不同利益方的项目管理，但是，业主方的项目管理是管理的核心。

3. 建设项目管理类型

按建设工程项目不同参与方的工作性质和组织特征划分，项目管理有如下几种类型：业主方的项目管理、设计方的项目管理、施工方的项目管理、供货方的项目管理、监理方的项目管理、建设项目总承包方的项目管理。

投资方、开发方和由咨询公司提供的代表业主方利益的项目管理服务都属于业主方的项目管理；施工总承包方和分包方的项目管理都属于施工方的项目管理；材料和设备供应方的项目管理都属于供货方的项目管理。

4. 业主方项目管理的目标与任务

业主方项目管理服务于业主的利益，其项目管理的目标包括项目的投资目标、进度目标和质量目标。其中投资目标指的是项目的总投资目标。进度目标指的是项目动用的时间目标，即项目交付使用的时间目标，如工厂建成可以投入生产、道路建成可以通车、办公楼可以启用、旅馆可以开业的时间目标等。项目的质量目标不仅涉及到施工的质量，还包括设计质量、材料质量、设备质量和影响项目运行或运营的环境质量等，质量目标包括满足相应的技术规范和技术标准的规定，以及满足业主方相应的质量要求。

项目的投资目标、进度目标和质量目标之间既有矛盾的一面，也有统一的一面，它们之间的关系是对立统一的关系。要加快进度往往需要增加投资，欲提高质量往往也需要增加投资，过度地缩短工期会影响质量目标的实现，这都表现了目标之间关系矛盾的一面；但通过有效的管理，在不增加投资的前提下，也可缩短工期和提高工程质量，这反映了关系统一的一面。

建设工程项目的总寿命周期包括项目的决策阶段、实施阶段和使用阶段。项目的实施阶段包括设计前准备阶段、设计阶段、施工阶段、动用前准备阶段和保修期。招标投标工作分散在设计前准备阶段、设计阶段和施工阶段中进行，因此可以不单独列为招标投标阶段。

二、设计方项目管理的目标和任务

1. 设计方作为项目建设的一个参与方，其项目管理主要服务于项目的整体利益和设计方本身的利益。其项目管理的目标包括设计的成本目标、设计的进度目标和设计的质量目标，以及项目的投资目标，项目的投资目标能否得以实现与设计工作密切相关等。

2. 设计方的项目管理工作主要在设计阶段进行，但它也涉及设计前准备阶段、施工阶段、动用前准备阶段和保修期。

3. 设计方项目管理的任务包括：与设计工作有关的安全管理、设计成本控制和与设计工作有关的工程造价控制、设计进度控制、设计质量控制、设计合同管理、设计信息管理与设计工作有关的组织和协调。

三、施工方项目管理的目标和任务

1. 施工方项目管理的目标

由于施工方是受业主方的委托完成工程建设任务，施工方必须树立服务观念，为项目建设服务，为业主提供建设服务；另外，合同也规定了施工方的任务和义务，因此施工方作为项目建设的一个重要参与方，其项目管理不仅应服务于施工方本身的利益，也应该服务于项目的整体利益。项目的整体利益和施工方本身的利益是对立统一的关系，两者有其统一的一面，也有其矛盾的一面。

施工方项目管理的目标应符合合同的要求，它包括施工的安全管理目标、施工的成本目标、施工的进度目标、施工的质量目标。

如果采用工程施工总承包或工程施工总承包管理模式，施工总承包方或施工总承包管理方必须按工程合同规定的工期目标和质量目标完成建设任务。而施工总承包方或施工总承包管理方的成本目标是由施工企业根据其生产和经营的情况自行确定的。分包方则必须按工程分包合同规定的工期目标和质量目标完成建设任务，分包方的成本目标是该施工企业内部自行确定的。

按国际工程的惯例，当采用指定分包商时，无论指定分包商与施工总承包方，或与施工总承包管理方，或与业主方签订合同，由于指定分包商合同在签约前必须得到施工总承包方或施工总承包管理方的认可，因此施工总承包方或施工总承包管理方应对合同规定的工期目标和质量目标负责。

2. 施工方项目管理的任务

施工方项目管理的任务包括施工安全管理、施工成本控制、施工进度控制、施工质量控制、施工合同管理、施工信息管理与施工有关的组织与协调等。

施工方的项目管理工作主要在施工阶段进行，但由于设计阶段和施工阶段在时间上往往是交叉的，因此施工方的项目管理工作也会涉及设计阶段。由于在动用前准备阶段和保修期施工合同尚未终止期间，还有可能出现涉及工程安全、费用、质量、合同和信息等方面的问题，因此施工方的项目管理也涉及动用前准备阶段和保修期。

在工程实践中，一个建设工程项目的施工管理和该项目施工方的项目管理是两个相互有关联，但内涵并不相同的概念。施工管理是传统的较广义的术语，它包括施工方履行施工合同应承担的全部工作和任务，既包含项目管理方面专业性的工作（专业人士的工作），也包含一般的行政管理工作。

3. 施工总承包方的任务和特征

施工总承包方，对所承包的建设工程承担施工任务执行和组织的总责任，主要任务包括：

（1）整个施工过程的施工安全、施工总进度控制、施工质量控制和施工组织。

（2）控制施工成本（施工总承包方的内部管理任务）。

（3）工程施工的组织实施，在完成自己承担的施工任务之后，还负责组织和指挥自行分包施工单位和业主指定的分包施工单位的施工，并为分包施工单位提供必要的施工条件。

（4）负责施工资源的供应组织。

（5）代表施工方和业主方、设计方、工程监理方等外部单位进行必要的联系和协商。

分包施工方承担合同所规定的分包施工任务和相应的管理任务，如果采用施工总承包管理模式，分包方必须听从施工总承包管理方的工作指令，服从总体的项目管理。

施工总承包方是施工总承包管理方，主要意义不在于总价包干，而是通过设计和施工过程的组织集成，促进设计和施工的紧密结合，以达到项目建设增值的目的。目前，一般的大型项目难以采用固定总价包干，而是多数采用变动总价合同。

四、供货方项目管理的目标和任务

1. 供货方作为项目建设的参与方，其项目管理主要服务于项目的整体利益和供货方本身的利益。其项目管理的目标包括供货方的成本目标、供货的进度目标和供货的质量目标。

2. 供货方的项目管理工作主要在施工阶段进行，但它也涉及设计准备阶段、设计阶段、动用前准备阶段和保修期。

3. 供货方项目管理的主要任务包括供货的安全管理、供货方的成本控制、供货的进度控制、供货的质量控制、供货合同管理、供货信息管理、与供货有关的组织与协调。

工程建设监理是指监理单位受项目法人的委托，依据国家批准的工程建设文件，有关工程建设的法律、法规和工程建设监理合同以及其他工程建设合同而对工程建设实施的监督管理，它以实现建设项目的目标为目的，对建设项目进行有效的计划、组织、协调、控制。

监理单位是接受业主委托，代表业主利益而进行项目管理的单位，因此可以说监理方的项目管理是代表业主方利益的项目管理。

项目管理总目标与各参与方项目管理目标以及各参与方目标之间是既相联系又相矛盾的。如对业主来说，进度目标包括设计进度、施工进度、设备安装与调试周期等，要尽可能地缩短施工周期，就要求设计方缩短设计周期、施工单位缩短施工周期等，而设计单位为了保证设计质量总是想方设法延长设计周期，施工单位要赶工期就要增加支出并要冒质量方面的风险。因此，要实现项目管理总目标，其中最重要的一条就是要协调好各方之间的矛盾。总目标的实现和各分目标的实现互为条件，互为前提，是各分目标矛盾统一的平衡结果。

五、建设项目总承包方项目管理的目标和任务

1. 建设项目总承包方作为项目建设的一个参与方，其项目管理主要服务于项目的利益和建设项目总承包方本身的利益，其项目管理的目标包括项目的总投资目标和总承包方的成本目标、项目的进度目标和项目的质量目标。

2. 建设项目总承包方项目管理工作涉及项目实施阶段的全过程，即设计前的准备阶段、设计阶段、施工阶段、动用前准备阶段和保修期。

3. 建设项目总承包方项目管理的主要任务包括安全管理、投资控制和总承包方的成本控制、进度控制、质量控制、合同管理、信息管理与建设项目总承包方有关的组织和协调。

六、项目结构分析

1. 项目结构图

项目结构图是一个组织工具，它通过树状图的方式对一个项目的结构进行逐层分解，以反映组成该项目的所有工作任务。项目结构图中，矩形框表示工作任务（或第一层、第二层子项目等），矩形框之间的连接用直线表示。

2. 项目结构编码

每个人的身份证都有编码，最新版编码由 18 位数字组成，其中的几个字段分别表示地域、出生年月日和性别等。交通车辆也有编码，表示城市和购买顺序等。编码由一系列符号（如文字）和数字组成，编码工作是信息处理的一项重要的基础工作。

一个建设工程项目有不同类型和不同用途的信息，为了有组织地存储信息、方便信息的检索和信息的加工整理，必须对项目的信息进行编码，如：项目的结构编码、项目管理组织结构编码、项目的政府主管部门和参与单位编码（组织编码）、项目实施的工作项编码（项目实施的工作过程编码）、项目的投资项编码（业主方）/ 成本项编码（施工方）、项目的进度项（进度计划的工作项）编码、项目进展报告和各类报表编码、合同编码、函件编码、工程档案编码等。

以上这些编码是因不同的用途而编制的，如投资项编码（业主方）/ 成本项编码（施工方）服务于投资控制工作 / 成本控制工作；进度项编码服务于进度控制工作。

项目结构的编码依据项目结构图，对项目结构的每一层的每一个组成部分进行编码。项目结构的编码和用于投资控制、进度控制、质量控制、合同管理和信息管理等管理工作的编码有紧密的联系，但它们之间又有区别。项目结构图和项目结构的编码是编制上述其他编码的基础。

七、项目管理的组织结构

1. 基本的组织结构模式

组织结构模式可用组织结构图来描述，组织结构图也是一个重要的组织工具，反映一个组织系统中各组成部门（组成元素）之间的组织关系（指令关系）。在组织结构图中，矩形框表示工作部门，上级工作部门对其直接下属工作部门的指令关系用单向箭线表示。组织结构模式由三个重要组织工具组成，包括项目结构图、组织结构图、合同结构图。

2. 项目管理的组织结构图

对一个项目的组织结构进行分解，并用图的方式表示，就形成了项目组织结构图，或称项目管理组织结构图。项目组织结构图反映一个组织系统（如项目管理班子）中各子系统之间和各元素（如各工作部门）之间的组织关系，反映的是各工作单位、各工作部门和各工作人员之间的组织关系。而项目结构图描述的是工作对象之间的关系，对一个稍大一些的项目的组织结构应该进行编码，它不同于项目结构编码，但两者之间也会有一定的联系。

一个建设工程项目的实施除业主方外，还有许多单位参与，如设计单位、施工单位、供货单位和工程管理咨询单位以及有关的政府行政管理部门等，项目组织结构图应注意表达业主方以及项目的参与单位有关的各工作部门之间的组织关系。

八、项目管理的工作任务分工

业主方和项目各参与方，如设计单位、施工单位、供货单位和工程管理咨询单位等都有各自的项目管理的任务，上述各方都应该编制各自的项目管理任务分工表。为了编制项目管理任务分工表，首先应对项目实施的各阶段的费用（投资或成本）控制、进度控制、质量控制、合同管理、信息管理和组织与协调等管理任务进行详细分解，其次在项目管理任务分解的基础上，确定项目经理和费用（投资或成本）控制、进度控制、质量控制、合同管理、信息管理及组织与协调等主管工作部门或主管人员的工作任务。

1. 工作任务分工

每一个建设项目都应编制项目管理任务分工表，这是一个项目的组织设计文件的一部分。在编制项目管理任务分工表前，应结合项目的特点，对项目实施各阶段的费用（投资或成本）控制、进度控制、质量控制、合同管理、信息管理和组织与协调等管理任务进行详细分解。在项目管理任务分解的基础上，明确项目经理和上述管理任务主管工作部门或主管人员的工作任务，从而编制工作任务分工表。

2. 工作任务分工表

在工作任务分工表中应明确各项工作任务由哪个工作部门（或个人）负责，由哪些工作部门（或个人）配合或参与。因此，在项目的进展过程中，应视必要性对工作任务分工表进行调整。

例如，某建筑工程在项目实施的初期，项目管理咨询公司建议把工作任务划分成 9 个大块，针对这 9 个大块任务编制了工作任务分工表。随着工程的进展，任务分工表还将不断深化和细化，该表有如下特点：

（1）任务分工表主要明确哪项任务由哪个工作部门（机构）负责主办，另明确协办部门和配合部门，主办、协办和配合在表中分别用三个不同的符号表示。

（2）在任务分工表的每一行与列中，即每一个任务，都有至少一个主办工作部门。

（3）运营部和物业开发部应参与整个项目实施过程，而不是在工程竣工前才介入工作。

九、项目管理的管理职能分工

1. 管理职能的内涵

管理是由多个环节组成的过程，即：

（1）提出问题、通过进度计划值和实际值的比较，发现进度推迟了。

（2）筹划：加快进度有多种可能的方案，如改一班工作制为两班工作制，增加夜间作业，增加施工设备和改变施工方法，应对三个方案进行比较分析。

（3）决策：从上述三个可能的方案中选择一个将被执行的方案，如改变施工方法。

（4）执行：落实改变的施工方法，组织改进后的施工方法进行施工。

（5）检查：检查改进施工方法后的方法是否被执行，如果已经执行，则检查执行的情况和效果。

若通过改进施工方法，工程进度的问题解决了，但又发现新问题，造成施工成本增加，这样就进入了管理的一个新的循环：提出问题、筹划、决策、执行、检查。

由此可见，在整个施工过程中，管理工作就是不断发现问题和不断解决问题的过程，这些组成管理的环节就是管理的职能。管理的职能在一些文献中也有不同的表述，但其过程是类似的。

2. 管理职能分工

业主方和项目各参与方，如设计单位、施工单位、供货单位和工程管理咨询单位等都有各自的项目管理的任务和其管理职能分工，上述各方都应该编制各自的项目管理职能分工表。

管理职能分工表是用表的形式反映项目管理班子内部项目经理、各工作部门和各工作岗位的项目管理职能分工，表中用拉丁字母表示管理职能。管理职能分工表也可用于企业管理。

十、项目管理的工作流程组织

工作流程组织包括：管理工作流程组织，如投资控制、进度控制、合同管理、付款和设计变更等流程；信息处理工作流程组织，如与生成月进度报告有关的数据处理流程；物资流程组织，如钢结构深化设计工作流程，弱电工程物资采购工作流程、外立面施工工作流程等。

1. 工作流程组织的任务

每一个建设项目应根据其特点，可从多个可能的工作流程方案中确定以下几个主要的工作流程组织：

（1）设计准备工作的流程。

（2）设计工作的流程。

（3）施工招标工作的流程。

（4）物资采购工作的流程。

（5）施工作业的流程。

（6）各项管理工作（投资控制、进度控制、质量控制、合同管理和信息管理等）的流程。

（7）与工程管理有关的信息处理的流程。

这也就是工作流程组织的任务，即定义工作的流程。

工作流程图应需要逐层细化，如投资控制工作流程可细化为初步设计阶段投资控制工作流程图、施工图阶段投资控制工作流程图和施工阶段投资控制工作流程图等。

业主方和项目各参与方，如工程管理咨询单位、设计单位、施工单位和供货单位等都有各自的工作流程组织的任务。

2. 工作流程图

工作流程图用图的形式反映一个组织系统中各项工作之间的逻辑关系，它可用以描述工作流程组织。工作流程图是一个重要的组织工具，矩形框表示工作，箭线表示工作之间的逻辑关系，菱形框表示判别条件，也可用两个矩形框分别表示工作和工作的执行者。

施工组织设计是对施工活动实行科学管理的重要手段，具有战略部署和战术安排的双重作用。它体现了实现基本建设计划和设计的要求，提供了各阶段的施工准备工作内容，协调施工过程中各施工单位、各施工工程以及各项资源之间的相互关系。

十一、施工组织设计的内容

施工组织设计的内容要结合工程对象的实际特点、施工条件和技术水平进行综合考虑，一般包括以下基本的内容。

1. 工程概况

（1）本项目的性质、规模、建设地点、结构特点、建设期限、分批交付使用的条件和合同条件。

（2）本地区的地形、地质、水文和气象情况。

（3）施工力量、劳动力、机具、材料、构件等资源供应情况。

（4）施工条件。主要包括："三通一平"情况，施工现场及其周围环境，当地的交通运输条件，预制构件生产及供应情况，施工单位机械、设备、劳动力的落实情况，内部承包方式，劳动组织形式及施工管理水平以及现场临时设施、供水、供电问题的解决等。

2. 施工部署及施工方案

（1）根据工程情况，结合人力、材料、机械设备、资金、施工方法等条件，全面部署施工任务，合理安排施工顺序，确定主要工程的施工方案。

（2）对拟建工程可能采用的几个施工方案进行定性、定量的分析，通过技术经济评价，选择最佳方案。

3. 施工进度计划

（1）施工进度计划反映了最佳施工方案在时间上的安排，采用计划的形式，使工期、成本、资源等方面，通过计算和调整达到优化配置，符合项目目标的要求。

（2）使工序有序地进行，使工期、成本、资源等方面、通过优化调整达到既定目标，在此基础上编制相应的人力和时间安排计划、资源需求计划和施工准备计划。

4. 施工平面图

施工平面图是施工方案及施工进度计划在空间上的全面安排。它把投入的各种资源、材料、构件、机械、道路、水电供应网络、生产、生活活动场地及各种临时工程设施合理地布置在施工现场，使整个现场有组织地进行文明施工。

5. 主要技术经济指标

技术经济指标用以衡量组织施工的水平，它是对施工组织设计文件的技术经济效益进行全面评价。

十二、施工组织设计的分类及其内容

根据施工组织设计编制的广度、深度和作用的不同，可分为施工组织总设计、单位工程施工组织设计和分项工程施工组织设计（或称分项工程作业设计）。

1. 施工组织总设计的内容

施工组织总设计是以整个建设工程项目为对象（如一个工厂、一个机场、一个道路工程、一个居住小区等）而编制的。它是对整个建设工程项目施工的战略部署，是指导全局性施工的技术和经济纲要。施工组织总设计的主要内容如下：

（1）建设项目的工程概况；

（2）施工部署及其核心工程的施工方案；

（3）全场性施工准备工作计划；

（4）施工总进度计划；

（5）各项资源需求量计划；

（6）全场性施工总平面图设计；

（7）主要技术经济指标（项目施工工期、劳动生产率、项目施工质量、项目施工成本、项目施工安全、机械化程度、预制化程度及暂设工程等）。

2. 单位工程施工组织设计的内容

单位工程施工组织设计是以单位工程（如一栋楼房、一个烟囱、一段道路、一座桥等）为对象编制的。在施工组织总设计的指导下，直接组织施工的单位根据施工图设计进行编制，指导单位工程的施工活动，是施工单位编制分项工程施工组织设计和季、月、旬施工计划的依据。单位工程施工组织设计根据工程规模和技术复杂程度不同，其编制内容的深度和广度也有所不同。对于简单的工程，一般只编制施工方案，并附以施工进度计划和施工平面图。单位工程施工组织设计的主要内容如下：

（1）工程概况及施工特点分析；

（2）施工方案的选择；

（3）单位工程施工准备工作计划；

（4）单位工程施工进度计划；

（5）各项资源需求量计划；

（6）单位工程施工总平面图设计；

（7）技术组织措施、质量保证措施和安全施工措施；

（8）主要技术经济指标（工期、资源消耗的均衡性、机械设备的利用程度等）。

3. 分项工程施工组织设计的内容

分项工程施工组织设计（也称为分项工程作业设计，或分项工程施工设计）是针对某些特别重要的、技术复杂的，或采用新工艺、新技术施工的分项工程，如深基础、无黏结预应力混凝土、特大构件的吊装、大量土石方工程等为对象编制的，其内容具体、详细，可操作性强，是直接指导分项工程施工的依据。分项工程施工组织设计的主要内容如下：

（1）工程概况及施工特点分析；

（2）施工方法和施工机械的选择；

（3）分项工程的施工准备工作计划；

（4）分项工程的施工进度计划；

（5）各项资源需求量计划；

（6）技术组织措施、质量保证措施和安全施工措施；

（7）作业区施工平面布置图设计。

十三、施工组织设计的编制方法

1. 施工组织设计的编制原则

（1）重视工程的组织对施工的作用。

（2）提高施工的工业化程度。

（3）重视管理创新和技术创新。

（4）重视工程施工的目标控制。

（5）积极采用国内外先进的施工技术。

（6）充分利用时间和空间，合理安排施工顺序以及提高施工的连续性和均衡性。

（7）合理部署施工现场，实现文明施工。

2. 施工组织总设计的编制依据

（1）计划文件。

（2）设计文件。

（3）整理相关的合同文件。

（4）建设地区基础资料。

（5）有关的标准、规范和法律。

（6）类似建设工程项目的资料和经验。

3. 单位工程施工组织设计的编制依据

（1）建设单位的意图和要求，如工期、质量、预算要求等。

（2）工程的施工图纸及标准图。

（3）施工组织设计对本单位工程的工期、质量和成本的控制要求。

（4）资源配置情况。

（5）建筑环境、场地条件及地质和气象资料，如工程地质勘测报告、地形图和测量控制等。

（6）有关的标准、规范和法律。

（7）有关技术新成果和类似建设工程项目的资料和经验。

4. 施工组织总设计的编制程序

（1）收集和熟悉编制施工组织总设计所需的有关资料和图纸，以此进行项目特点和施工条件的调查研究。

（2）计算主要工种的工程量。

（3）确定施工的总体部署。

（4）拟订施工方案。

（5）编制施工总进度计划。

（6）编制资源需求量计划。

（7）施工总平面图设计。

（8）计算主要技术的经济指标。

需要指出的是，以上顺序中有些顺序必须这样，不可逆转，例如：拟订施工方案后才可编制施工进度计划（因为进度的安排取决于施工的方案）；编制施工总进度计划后才可编制资源需求量计划（因为资源需求量计划反映各种资源在时间上的需求）。

但是在以上顺序中也有些顺序应该根据具体项目而定，如确定施工的总体部署和拟订施工方案，两者有紧密的联系，往往可以交叉进行。

单位工程施工组织设计的编制程序与施工组织总设计的编制程序非常类似，在此不赘述。

十四、动态控制方法在施工管理中的应用

1. 进度动态控制方法

工程进度目标的逐层分解是从项目实施开始前和在项目实施过程中，逐步地由宏观到微观，由粗到细地编制深度不同的进度计划的过程。对于大型建设工程项目，应通过编制工程总进度规划、工程总进度计划、项目各子系统和各子项目工程进度计划等进行项目工程进度目标的逐层分解。

比较工程进度的计划值和实际值时应注意，其对应的工程内容应一致。进度的计划值和实际值的比较应是定量的数据比较，而且比较的成果是进度跟踪和控制报告。

2. 投资动态控制方法

项目投资目标的分解指的是通过编制项目投资规划，分析和论证项目投资目标实现的可能性，并对项目投资目标进行分解。

投资控制包括设计过程的投资控制和施工过程的投资控制，其中前者更为重要。

在设计过程中投资的计划值和实际值的比较即工程概算与投资规划的比较以及工程预算与概算的比较。在施工过程中投资的计划值和实际值的比较包括：

（1）工程合同价与工程概算的比较；

（2）工程款支付与工程概算的比较；

（3）工程款支付与工程预算的比较；

（4）工程款支付与工程合同价的比较；

（5）工程决算与工程概算、工程预算和工程合同价的比较。

由上可知，投资的计划值和实际值是相对的，如：相对于工程预算而言，工程概算是投资的计划值；相对于工程合同价而言，工程概算和工程预算则可作为投资的计划值等。

十五、项目经理部

随着社会主义市场经济的建立，施工项目管理已在各类工程建设施工中全面推行。而在施工项目管理中，项目经理部是施工项目管理的工作班子，是施工项目管理的组织保证。因此，只有组建一个好的施工项目经理部，才能有效地实现施工项目管理目标，完成施工项目管理任务。

1. 建立施工项目经理部的基本原则

（1）根据所设计的项目组织形式设置经理部。

不同的组织形式对项目经理部的管理力量和管理职责提出了不同的要求，同时也提供了不同的管理环境。

（2）根据工程项目的规模、复杂程度和专业特点设置项目经理部。由于规模大小不同，职能部门的设置也不同。

（3）项目经理部是一个具有弹性的、一次性的施工管理组织，可以随工程任务的变化而调整。在工程项目施工开始前建立，在工程竣工交付使用后，项目管理任务全面完成，最后项目经理部解体。

2. 施工项目经理部的部门设置和人员配置

施工项目经理部的部门设置和人员设置应满足施工全过程项目管理的需要，既要尽量地减小其规模，又要保证能够高效率运转，所确定的各层次的管理跨度要科学合理。

一般情况下，项目经理部下设的部门应包括：

（1）经营核算部门。主要负责预算、合同、索赔、资金收支、成本核算、劳动配置及劳动分配等工作。

（2）工程技术部门。主要负责生产调度、文明施工、技术管理、施工组织设计及计划统计等工作。

（3）物资设备部门。主要负责材料的询价、采购、计划供应、管理、运输、工具管理及机械设备的租赁配套使用等工作。

（4）监控管理部门。主要负责工作质量、安全管理、消防保卫及环境保护等工作。

（5）测试计量部门。主要负责计量、测量及试验等工作。

施工项目经理部的人员配置可根据具体工程项目情况而定，除设置经理、副经理外，还要设置总工程师、总经济师和总会计师以及按职能部门配置的其他专业人员。技术业务管理人员的数量根据工程项目的规模大小而定，一般情况下不少于现场施工人员的5%。

3. 施工项目经理部的运作

成立施工项目经理部，建立有效的管理组织是项目经理的首要职责，它是一个持续的过程，需要有较高的领导技巧。项目经理部应该结构健全，包括项目管理的所有工作。在建立各个管理部门时，要选择适当的人员，形成一个能力和专业知识相互配合、相互补充的统一的工作群体。项目经理部要保持最小规模，最大可能地使用现有部门中的职能人员。项目经理的目标是把所有成员的思想和力量集中起来，形成一个统一整体，使各成员为了一个共同的项目目标而努力。

项目经理要明确经理部中的人员安排，宣布对成员的授权，指出各个成员的职权使用范围和应注意的问题。例如对每个成员的职责及相互间的活动进行明确定义和分工，使大家知道各自的岗位有什么责任？该做什么？如何做？需要什么条件？达到什么效果？项目经理要制定项目管理规范、各种管理活动的优先级关系以及部门间相互沟通的渠道。

项目目标和各项工作明确后，人员开始执行分配到的任务，逐步推进工作。项目经理要与成员们一起参与解决问题，共同做出决策。要能接受和容忍成员的不满和抱怨，积极解决矛盾，不能通过压制手段来使矛盾自行解决。项目经理应创造并保持一种有利的工作环境，激励人员朝预定的目标共同努力，鼓励每个人都把工作做得更出色。

项目经理应当采取参与、指导和顾问式的领导方式，而不能采取等级制的、独断的和指令式的管理方式。项目经理分解工作目标、提出要求和限制、制定规则，由成员自己组织并决定怎样完成任务。随着项目工作的深入，各方应互相信任，进行良好的沟通和公开的交流，形成和谐的相互依赖关系。

十六、项目经理与建造师

1. 项目经理

建筑施工企业项目经理，是指受企业法定代表人委托对工程项目施工全过程负责的项目管理者，是建筑施工企业法定代表人在工程项目上的代表人。

在全面实施建造师执业资格制度后，仍然要坚持落实项目经理岗位责任制。项目经理岗位是保证工程项目建设质量、安全、工期的重要岗位。

建筑施工企业项目经理，是指受企业法定代表人委托对工程项目施工过程全面负责的项目管理者，是建筑施工企业法定代表人在工程项目上的代表人。

建造师是一种专业人士的名称，而项目经理是一个工作岗位的名称，应注意这两种概念的区别和关系。

在国际上，施工企业项目经理的地位和作用以及其特征如下：

（1）项目经理是企业任命的一个项目的项目管理班子的负责人（领导人），但它并不一定是（多数不是）一个企业法定代表人在工程项目上的代表人。

（2）项目经理的任务仅限于主持项目管理工作，其主要任务是项目目标的控制和组织协调；

（3）在有些文献中明确界定，项目经理不是一个技术岗位，而是一个管理岗位；

（4）项目经理是一个组织系统中的管理者，至于它是否有人权、财权和物资采购权等管理权限，由其上级确定。

2. 建造师

建造师是以专业技术为依托，以工程项目管理为主业的执业注册人员，近期以施工管理为主。建造师是懂管理、懂技术、懂经济、懂法规，综合素质较高的复合型人员，既要有理论水平，也要有丰富的实践经验和较强的组织能力。建造师注册受聘后，可以以建造师的名义担任建设工程项目施工的项目经理，从事其他施工活动的管理，从事法律、行政法规建设行政主管部门规定的其他业务。建造师执业资格制度与施工项目经理责任制是两个既有区别又有联系的制度，虽然建造师与项目经理所从事的都是建设工程管理工作，但二者的定位有所不同，主要区别在于以下方面：

（1）执业范围不同。建造师执业范围较广，可涉及建设工程项目管理的许多方面，担任项目经理只是建造师执业中的一项；项目经理则仅限于企业内某一特定工程的项目管理。

（2）自由度不同。建造师选择工作的权利相对自主，可在社会市场上有序流动，有较大的活动空间，可一师多岗；项目经理岗位则是企业设定的，项目经理是企业法定代表人在建设工程项目上的委托代理人，是特定环境下的项目组织领导者。拥有建造师注册证书是担任大中型工程施工项目经理的一项必要条件，是国家的强制性要求。但担任项目经理的注册建造师的具体人选，则由企业自主决定。小型工程项目施工的项目经理可由不是注册建造师的人员担任。

建造师执业资格制度建立以后，承担建设工程项目施工的项目经理仍是施工企业所承包某一具体工程的主要负责人，他的职责是根据企业法定代表人的授权，对工程项目自开工准备至竣工验收，实施全面的组织管理。而大中型工程项目的项目经理必须由取得建造师执业资格的建造师担任，即建造师在所承担的具体工程项目中行使项目经理职权。注册建造师资格是担任大中型工程项目的项目经理的必要条件。建造师需按规定，经统一考试和注册后才能从事担任项目经理等相关活动，是国家的强制性要求，而项目经理的聘任则是企业行为。

3. 注册建造师执业要求：

（1）注册建造师应当在其注册证书注明的专业范围内从事建设工程施工管理活动。

（2）大中型工程施工项目负责人必须由本专业注册建造师担任。一级注册建造师可担任大、中、小型工程施工项目负责人，二级注册建造师可以承担中、小型工程施工项目负责人。

（3）担任施工项目负责人的注册建造师应当按照国家法律法规、工程建设强制性标准组织施工，保证工程施工符合国家有关质量、安全、环保和节能等有关规定。

（4）担任施工项目负责人的注册建造师，应当按照国家劳动用工有关规定，规范项目劳动用工管理，切实保障劳务人员合法权益。

（5）注册建造师不得同时担任两个及以上建设工程的施工项目负责人。

（6）在建设工程施工管理相关文件上签字并加盖执业印章，签章文件作为工程竣工备案的依据。

（7）担任建设工程施工项目负责人的注册建造师对其签署的工程管理文件承担相

应责任。注册建造师签章完整的工程施工管理文件方为有效。

注册建造师有权拒绝在不合格或者有弄虚作假内容的建设工程施工管理文件上签字并加盖执业印章。

（8）担任建设工程施工项目负责人的注册建造师在执业过程中，应当及时、独立完成建设工程施工管理文件签章，无正当理由不得拒绝在文件上签字并加盖执业印章。

（9）注册建造师应当通过企业按规定及时申请办理变更注册、续期注册等相关手续。多专业注册的注册建造师，其中一个专业注册期满仍需以该专业继续执业或者以其他专业执业的，应当及时办理续期注册。

注册建造师变更聘用企业的，应当在与新聘用企业签订聘用合同后的 1 个月内，通过新聘用企业申请办理变更手续。

因变更注册申报不及时而影响注册建造师执业、导致工程项目出现损失的，由注册建造师所在聘用企业承担责任，并作为不良行为记入企业信用档案。

项目法人制即项目法人责任制。项目法人责任制是指经营性建设项目由项目法人对项目的策划、资金筹措、建设实施、生产经营、偿还债务和资产的保值增值实行全过程负责的一种项目管理制度。

第三章　土石坝

土石坝是目前世界坝工建设工程中应用最为广泛和发展最快的一种坝型。与其他坝型相比较，无论从经济方面还是施工方面，土石坝具有绝对的优势，本章将对土石坝的相关内容进行分析。

第一节　土石坝的特点和类型

土石坝是土坝与堆石坝的总称，是指由当地土料、石料或混合料，经过抛填、碾压方法堆筑成的挡水建筑物。由于筑坝材料主要来自坝区，因而也称土石坝。土石坝得以广泛应用和发展的主要原因是：

1. 可以就地取材，节约大量水泥、木材和钢材，几乎任何土石料均可筑坝；

2. 能适应各种不同的地形、地质和气候条件；

3. 大功率、多功能、高效率施工机械的发展，提高了土石坝的施工质量，加快了进度，降低了造价，促进了高土石坝建设的发展；

4. 岩土力学理论、试验手段和计算技术的发展，提高了大坝分析计算的水平，加快了设计进度，进一步保障了大坝设计的安全可靠性；

5. 高边坡、地下工程结构、高速水流消能防冲等设计和施工技术的综合发展，对加速土石坝的建设和推广也起了重要的促进作用；

6. 结构简单，便于维修和加高扩建等。

一、土石坝的工作特点

1. 稳定方面

土石坝不会产生水平整体滑动。土石坝失稳的原因，主要是坝坡的滑动或坝坡连同部分坝基一起滑动。

2. 渗流方面

土石坝挡水后，在坝体内形成由上游向下游的渗流。渗流不仅使水库损失水量，还易引起管涌、流土等渗透变形。坝体内渗流的水面线叫作浸润线，浸润线以下的土料承受着渗透动水压力，并使土的内摩擦角和黏结力减小，对坝坡稳定不利。

3. 冲刷方面

土石坝为散粒体结构，所以抗冲能力很低。

4. 沉降方面

由于土石料存在较大的孔隙，且易产生相对的移动，在自重及其他荷载作用下会产生沉降，分为均匀沉降和不均匀沉降。均匀沉降使坝顶高不足，不均匀沉降还会产生裂缝。

5. 其他方面

严寒地区水库的水面冬季结冰膨胀对坝坡产生很大的推力，导致护坡的破坏。地震地区的地震惯性力，也会增加滑坡和液化的可能性。

二、土石坝的类型

1. 按坝高分类

土石坝按坝高可分为低坝、中坝和高坝。高度在 30m 以下的为低坝，高度为 30~70m 的为中坝，高度超过 70m 的为高坝。土石坝的坝高应从坝体防渗体（不含混凝土防渗墙、灌浆帷幕、截水墙等坝基防渗设施）底部或坝轴线部位的建基面算至坝顶（不含防浪墙），取其大者。

2. 按施工方法分类

按其施工方法可分为碾压式土石坝、水力冲填坝、水中填土坝和定向爆破堆石坝。

（1）碾压式土石坝

碾压式土石坝分层铺填土石料，分层压实填筑，坝体质量良好。目前最为常用，世界上现有的高土石坝都是碾压式的。本章主要讲述碾压式土石坝。

按照土料在坝身内的配置和防渗体所用的材料种类，碾压式土石坝可分为以下几种主要类型：

1）均质坝。坝体基本上是由均一的黏性土料筑成，整个剖面起防渗和稳定作用。

2）黏土心墙坝和黏土斜墙坝。用透水性较好的砂石料做坝壳，以防渗性能较好的土质做防渗体。设在坝体中央或稍向上游倾斜的称为心墙坝或斜心墙坝；设在靠近上游面的称为斜墙坝。

3）人工材料心墙和斜墙坝。防渗体由沥青混凝土、钢筋混凝土或其他人工材料，其余部分用土石料构成。

4）多种土质坝。坝身由几种不同的土料构成。

（2）水力冲填坝

水力冲填坝是以水力为动力完成土料的开采、运输和填筑等全部工序而建成的坝。

其施工方法是用机械抽水到高出坝顶的土场，用水冲击土料形成泥浆，然后通过泥浆泵将泥浆送到坝址，再经过沉淀和排水固结来筑成坝体。这种坝由于筑坝质量难以保证，目前在国内外很少采用。

（3）水中填土坝

水中填土坝是用易于崩解的土料一层一层倒入，由许多小土堤分隔围成的、静水中填筑而成的坝。这种施工方法无需机械压实，而是靠土的重力进行压实和排水固结。该法施工受雨季影响小，工效较高，且不用专门碾压设备，但由于坝体填土干容重低，抗剪强度小，要求坝坡缓，工程量大等，仅在我国华北黄土地区以及广东含砾风化黏性土地区曾用此法建造过一些坝，并未得到广泛的应用。

（4）定向爆破堆石坝

定向爆破堆石坝是按预定要求埋设炸药，使爆出的大部分岩石抛填到预定的地点而堆成的坝。这种坝填筑防渗部分比较困难。

以上四种坝中应用最广泛的是碾压式土石坝。

3. 按坝体材料所占比例分类

土石坝按坝体材料所占比例可分为三种：

（1）土坝。土坝的坝体材料以土和沙砾为主。

（2）土石混合坝。当两种材料均占相当比例时，称为土石混合坝。

（3）堆石坝。以石渣、卵石、爆破石料为主，除防渗体外，坝体的绝大部分或全部由石料堆筑起来的称为堆石坝。

第二节　土石坝的剖面与构造

一、土石坝的基本剖面

土石坝的剖面尺寸是根据坝高和坝的级别、筑坝材料、坝型、坝基情况及施工、运行等条件，参照工程经验初步拟定坝顶高程、坝顶宽度和坝坡，然后通过渗流稳定分析，最终确定的合理的剖面形状。

1. 坝顶高程

坝顶高程等于水库静水位与相应的坝顶超高之和，应按以下的运用条件计算，取其最大值：

（1）设计洪水位加正常运用条件的坝顶超高。

（2）正常蓄水位加正常运用条件的坝顶超高。

（3）校核洪水位加非常运用条件的坝顶超高。

（4）正常蓄水位加非常运用条件的坝顶超高，再加地震安全加高（地震区）。

2. 坝顶宽度

坝顶宽度应根据运行施工、构造交通和人防等要求综合确定。如无特殊要求，高坝可选用 10~15m，中低坝可选用 5~10m。

坝顶宽度必须考虑心墙和斜墙顶部及反滤层的需求，寒冷地区还需有足够的宽度来保护黏性土料防渗体免受冻害。

3. 坝坡

坝坡应根据坝型、坝高、坝的等级，坝体和坝基材料的性质坝所承受的荷载及施工和运用条件等因素，经过技术经济比较确定。一般情况下，确定坝坡可参考如下规律：

（1）在满足稳定要求的前提下，尽可能采用较陡的坝坡，以减少工程量。

（2）从坝体的上部到下部，坝坡逐步放缓，以满足抗渗稳定性和结构稳定性的要求。

（3）均质坝的上下游坝坡常比心墙坝的坝坡缓。

（4）心墙坝两侧坝壳采用非黏性土料，土体颗粒的内摩擦角大，透水性大，上下游坝坡可陡些，坝体剖面较小，但施工干扰大。

（5）黏土斜墙坝的上游坝坡比心墙坝的坝坡缓，而下游坝坡可比心墙坝坝坡陡，施工干扰小，斜墙易断裂。

（6）土料相同时上游坝坡缓于下游坝坡，原因是上游坝坡经常浸在水中，土的抗剪强度低，库水位下降时易发生渗流破坏。

二、土石坝的构造

（一）坝顶

坝顶护面材料应根据当地材料的使用情况及坝顶用途确定，宜采用砂砾石、碎石、单层砌石或沥青混凝土等柔性材料。

坝顶面可向上、下游或下游侧放坡，坡度宜根据降雨强度，选择 2%~3%，并做好向下游的排水系统。坝顶上游侧宜设防浪墙，墙顶应高于坝顶 1.0~1.2m，墙底必须与防渗体紧密结合，防浪墙应坚固而不透水。

（二）防渗体

设置防渗设施的目的：减少通过坝体和坝基的渗流量；降低浸润线，增加下游坝坡的稳定性；降低渗透坡降，防止渗透变形。防渗体主要是心墙斜墙、铺盖截水墙等，它的结构尺寸应能满足防渗、构造、施工和管理方面的要求。

1. 黏土心墙

心墙一般布置在坝体中部，有时稍偏上游并稍微倾斜。

心墙坝顶部厚度一般不小于3m，底部厚度不宜小于作用水头的1/4。黏土心墙两侧边坡多为1 ：0.15~1 ：0.3。心墙的顶部应高出设计洪水位0.3~0.6m，且不低于校核水位。当有可靠的防浪墙时，心墙顶部高程也不应低于设计洪水位。心墙顶与坝顶之间应设有保护层，厚度不小于该地区的冰结或干燥深度，同时按结构要求不宜小于1m。心墙与坝壳之间应设置过渡层，岩石地基上的心墙，一般还要设混凝土垫座，或修建1~3道混凝土齿墙。齿墙的高度为1.5~2.0m，切入岩基的深度常为0.2~0.5m，有时还要在下部进行帷幕灌浆。

2. 黏土斜墙

顶厚（指与斜墙上游坡面垂直的厚度）也不宜小于3m，底部厚度不宜小于作用水头的1/5。墙顶应高出设计洪水位0.6~0.8m，且不低于校核水位。同样，如有可靠的防浪墙，斜墙顶部也不应低于设计洪水位。斜墙顶部和上游坡都必须设保护层，厚度不得小于冰冻和干燥深度，一般用2~3m。一般内坡不宜陡于1 ：2.0，外坡常在1 ：2.5以上。斜墙与保护层及下游坝体之间，应根据需要分别设置过渡层。

3. 沥青混凝土防渗墙

沥青混凝土防渗墙的结构形式有心墙和斜墙。

沥青混凝土防渗墙的特点：

（1）沥青混凝土具有良好的塑性和柔性，渗透系数为10-7~10-10cm/s，防渗性能好。

（2）沥青混凝土在产生裂缝时，有较好的自行愈合能力。

（3）施工受气候影响小。

沥青心墙受外界温度影响小，结构简单，修补困难，厚度H/30，顶厚30~40cm，上游侧设黏性土过渡层，沥青墙坏了可修补，下游侧设排水。

沥青斜墙不漏水，不需设排水，一层即可，斜墙与基础连接要适应变形的要求，为柔性结构。

（三）排水设施

由于土石坝中渗流不可避免，因此土石坝应设置坝体排水，用以降低浸润线，改变渗流方向，防止渗流溢出处产生渗透变形，保护坝坡土不产生冻胀破坏。常用的坝体排水有以下几种形式。

1. 贴坡排水

贴坡排水可以防止坝坡土发生渗透破坏，保护坝坡免受下游波浪冲刷，对坝体施工干扰较小，易于检修，但不能有效降低浸润线，多用于浸润线很低和下游无水的情况。土质防渗体分区坝常用这种排水体。

贴坡排水设计应遵守下列规定：顶部高程应高于坝体浸润线的逸出点，超过的高度应使坝体浸润线在该地区的冻结深度以下，1、2级坝不小于2.0m，3、4级和5级坝不小于 1.5m，并应超过波浪沿坡面的爬高；底部应设排水沟和排水体，材料应满足防浪护坡的要求。

2. 棱体排水

棱体排水可降低浸润线，防止渗透变形，保护下游坝脚不受尾水冲刷，且有支撑坝体增加稳定的作用。但石料用量较大、费用较高，与坝体施工有干扰，检修也比较困难。

棱体排水设计应遵守下列规定：在下游坝脚处用块石堆成棱体，顶部高程应超出下游最高水位，超过的高度，1、2 级坝不小于 1.0m，3、4 级和 5 级坝不小于 0.5m，超出高度应大于波浪沿坡面的爬高；顶部高程应使坝体浸润线距坝面的距离大于该地区的冻结深度；顶部宽度应根据施工条件及检查观测需要确定但不宜小于 1.0m；应避免在棱体上出现锐角。

3. 褥垫排水

褥垫排水是伸展到坝体内的排水设施，在坝基面上平铺一层厚 0.4~0.5m 的块石，并用反滤层包裹。褥垫伸入坝体内的长度应根据渗流计算确定，对黏性土均质坝为坝底宽的 1/2，对砂性土均质坝为坝底宽的 1/3。

当下游水位低于排水设施时，褥垫排水降低浸润线的效果显著，而且有助于坝基排水固结。当坝基产生不均匀沉陷时，褥垫排水层易遭断裂，而且检修困难，施工时有干扰。

4. 管式排水

埋入坝体的暗管可以是带孔的陶瓦管、混凝土管或钢筋混凝土管，还可以由碎石堆筑而成。平行于坝轴线的集水管收集渗水，经由垂直于坝轴线的排水管排向下游。

管式排水的优缺点与褥垫排水相似，排水效果不如褥垫排水好，但用料少；一般用于土石坝岸坡地段，因为这里坝体下游经常无水，排水效果好。

5. 综合式排水

在实际工程中常根据具体情况，采用几种排水形式组合在一起的综合式排水。

三、筑坝材料选择与填筑标准

（一）坝体各组成部分对材料的要求

坝体不同部分由于任务和工作条件不同，对材料的要求也有所不同。

1. 均质坝土料

均质坝土料应具有一定的抗渗性能，其渗透系数不宜大于 1×10^{-4}cm/s；黏粒含量一般为 10%~30%；有机质含量（按质量计）不大于 5%。最常用于均质坝的土料是砂质黏土和壤土。

2. 防渗体土料

中小防渗体土料应满足下列要求：

（1）渗透系数。

（2）水溶盐（指易溶盐、中溶盐，按质量计）含量不大于 3%。

（3）有机质含量（按质量计）：均质坝应不大于 5%，心墙和斜墙应不大于 2%。

（4）具有较好的塑性和渗透稳定性。

（5）浸水与失水时体积变化较小。

以下几种黏性土不宜作为坝的防渗体填筑料，必须采用时，应根据其特性采取相应的措施，塑性指数大于 20 和液限大于 40% 的冲积黏土、膨胀土，开挖、压实困难的干硬黏土、冻土、分散性黏土。

3. 坝壳土石料

料场开采和建筑物开挖的无黏性土（包括砂、砾石、卵石和漂石等）、石料和风化料、砾石土均可作为坝壳料，并应根据材料性质用于坝壳的不同部位。均匀中细砂及粉砂可用于中低坝坝壳的干燥区，但地震区不宜采用。采用风化石料和软岩填筑坝壳时，应按压实后的级配研究来确定材料的物理力学指标，并应考虑浸水后抗剪强度的降低、压缩性增加等不利情况。对软化系数低、不能压碎成砾石的风化石料和软岩宜填筑在干燥区。下游坝壳水下部位和上游坝壳水位变动区应采用透水料填筑。

4. 排水体、护坡石料

反滤料、过渡层料和排水体料应符合下列要求：质地致密；抗水性和抗风化性能满足工程运用的技术要求；具有符合使用要求的级配和透水性；反滤料和排水体料中粒径小于 0.075mm 的颗粒含量应不超过 5%。

反滤料可利用天然或经过筛选的砂砾石料，也可采用块石砾石轧制，或天然和轧制的掺合料。3 级低坝经过论证可采用土工织物作为反滤料。

护坡石料应采用质地致密、抗水性和抗风化性能，满足工程运用条件要求的硬岩石料。

（二）土料填筑标准的确定

1. 黏性土的压实标准

对不含砾石或含少量砾石的黏性土的填筑标准，应以压实度和最优含水率作为控制指标。黏性土压实的最优含水率多在塑限附近，设计干重度应以最大干重度乘以压实度确定。

2. 非黏性土料的压实标准

砂砾石和砂的填筑标准以相对密度为设计控制指标，并应符合下列要求：砂砾石的相对密度不应低于 0.75，砂的相对密度不应低于 0.70，反滤料宜为 0.70；砂砾料中粗粒料含量小于50%时，应保证细料（粒径小于5mm的颗粒）的相对密度也符合上述要求。压密程度一般与含水量的关系不大，而与粒径级配和压实功能有密切关系。非黏性土料设计中的一个重要问题是防止产生液化，解决的途径除要求有较高的密实度外，还要注意颗粒不能太小，级配要适当，不能过于均匀。

堆石料的填筑标准宜用孔隙率为设计控制指标，并应符合下列要求：土质防渗体分区坝和沥青混凝土心墙坝的堆石料；沥青混凝土面板坝堆石料的孔隙率宜在混凝土面板堆石坝和土质防渗体分区坝的孔隙率之间的选择；采用软岩、风化岩石筑坝时，空隙率宜根据坝体变形、应力及抗剪强度等要求确定；设计地震烈度为8度、9度的地区，可取上述孔隙率的最小值。

第三节 土石坝的渗流分析

一、渗流计算的任务

1. 确定坝体浸润线和下游出逸点的位置，绘制坝体及坝基内的等势线分布图或流网图。

2. 确定坝体与坝基的渗流量，以此估计水库渗漏损失和确定坝体排水设备的尺寸。

3. 确定坝坡出逸段和下游地基表面的出逸坡降，以及不同土层之间的渗透比降。

4. 确定库水位降落时，上游坝坡内的浸润线位置或孔隙压力。

5. 确定坝肩的等势线渗流量和渗透比降。

二、渗流计算的方法

土石坝渗流分析通常是把一个实际比较复杂的空间问题近似转化为平面问题。土石坝的渗流分析方法主要有解析法、手绘流网法、试验法和数值法四种。

手绘流网法是一种简单易行的方法，能够求渗流场内任一点的渗流要素，并具有一定的精度。但在渗流场内具有不同土质，且其渗透系数差别较大的情况下较难应用。

（一）渗流分析的计算情况

1. 上游正常蓄水位与下游相应的最低水位。

2. 上游设计洪水位与下游相应的水位。

3. 上游校核洪水位与下游相应的水位。

4. 库水位降落时上游坝坡稳定最不利的情况。

（二）渗流分析的水力学法

1. 基本假定

（1）坝体土是均质的，坝内各点在各个方向的渗透系数相同。

（2）渗流是层流，符合达西定律 $v=KJ$。

（3）渗流是渐变流，过水断面上各点的坡降和流速是相等的。

2. 渗流计算基本公式

对于不透水地基上矩形土体内的渗流：

应用达西定律，并假定任一直过水断面内各点的渗透坡降相等，对不透水地基上的矩形土体，流过断面上的平均流速为：

$$v=-k\frac{dy}{dx}=-kJ$$

单宽流量

$$q=vy=-Ky\frac{dy}{dx}$$

自上游向下游积分

$$q=\frac{K(H_1^2-H_2^2)}{2L}$$

自上游向区域中某点（x，y）积分，得到浸润线方程

$$y=\sqrt{H_1^2-\frac{2q}{K}x}$$

由上式可知，浸润线是一个二次抛物线。当渗流量 q 已知时，即可绘制浸润线。若边界条件已知，即可计算单宽渗流量。

三、均质坝的渗流计算

（一）不透水地基上均质土石坝的渗流计算

1. 土石坝下游有水而无排水设备的情况

以下游有水而无排水设备或设有贴坡排水的情况，过 B' 点作铅垂线将坝体分为两部分，用虚拟矩形 AEOF 代替三角形 AMF。

等效矩形宽度 $\Delta L=\lambda H_1$，λ 值由下式计算：

$$\lambda=\frac{m_1}{2m_1+1}$$

式中 m_1——上游坝面的边坡系数，如为变坡，则取平均值；

H_1——上游水深，m。

（1）上游坝体段计算：

$$q_1 = K\frac{H_1^2-(H_2+a_0)^2}{2L'}$$

式中 a_0——浸润线出逸点在下游水面以上高度，m；

K——坝身土料渗透系数；

H_1——上游水深，m；

H_2——下游水深，m；

（2）下游坝体段计算。下游水位以上部分的单宽渗流量：

下游水位以下部分的单宽渗流量：

$$q_1'' = K\frac{a_0H_2}{(m_2+0.5)a_0+\frac{m_2H_2}{1+2m_2}}$$

通过下游坝体的总单宽渗流量：

$$q_2 = q_2' + q_2'' = K\frac{a_0}{m_2+0.5}(1+\frac{H_2}{a_0+a_mH_2})$$

式中

$$a_m = \frac{m_2}{2(m_2+0.5)}$$

根据水流连续条件：

$$q_1=q_2=q$$

可求两个未知数渗流量 q 和逸出点高度 a_0。

可由上文公式确定浸润线。上游坝面附近的浸润线需作适当修正，自 A 点作与坝坡 AM 正交的平滑曲线，曲线下端与计算求得的浸润线相切于 A' 点。

当下游无水时，以上各式中的 H_2=0；当下游有贴坡排水时，因贴坡式排水基本上不影响坝体浸润线的位置，所以计算方法与下游不设排水时相同。

2. 土石坝下游有褥垫排水

浸润线为抛物线，其方程为：

$$L' = \frac{y^2-h_0^2}{2h_0}+x$$

$$h_0 = \sqrt{L'^2+H_1^2-L'}$$

通过坝身的单宽渗流量：

$$q=\frac{K}{2L'}(H_1^2-h_0^2)$$

3. 土石坝下游有棱体排水

当下游有水时，将下游水面以上的部分按照褥垫排水下游无水情况处理，即

$$y=\sqrt{H_1^2-\frac{2q}{K}x}$$

$$q=\frac{K}{2L'}[H_1^2-(H_2-h_0)^2]$$

$$h_0=\sqrt{L'^2+(H_1-H_2)^2}-L'$$

（二）有限深透水地基上均质土石坝的渗流计算

对坝体和地基渗透系数相近的均质土坝，可先假定地基不透水，按上述方法确定坝体的渗流量 q_1 和浸润线；坝体浸润线可不考虑坝基渗透的影响，仍用地基不透水情况下算出的结果，然后假定坝体不透水，计算坝基的渗流量 q_2；最后将 q_1 和 q_2 相加，即可近似地得到坝体坝基的渗流量。当坝体的渗透系数是坝基渗透系数的百分之一时，认为坝体是不透水的；反之，当坝基的渗透系数不是坝体渗透系数的百分之一时，认为坝基是不透水地基。

考虑坝基透水的影响，上游面的等效矩形宽度应按下式计算：

$$\Delta L=\frac{\beta_1\beta_2+\beta_3\dfrac{K_T}{K}}{\beta_1+\dfrac{K}{K_T}}$$

$$\beta_1=\frac{2m_1H_1}{T}+\frac{0.44}{m_1}-0.12,\quad \beta_2=\frac{m_1H_1}{1+2m_1},\quad \beta_3=m_1H_1+0.44T$$

式中 T——透水地基厚度；

KT——透水地基的渗透系数。

下游无水时，通过坝体和坝基的单宽渗流量：

$$q=q_1+q_2=K\frac{H_1^2}{2L'}+K_T\frac{TH_1}{L'+0.44T}$$

下游有水时，通过坝体和坝基的单宽渗流量：

$$q=K\frac{H_1^2+H_2^2}{2L'}+K_T\frac{H_1-H_2}{L'+0.44T}T$$

浸润线仍按上述公式计算，式中的 q 用坝身的渗流量 q_1 代入。

用这种方法近似计算的渗流量比实际值小，浸润线比实际的高。

四、心墙坝的渗流计算

有限深透水地基上的心墙坝，一般要都做有截水槽以拦截透水地基渗流。心墙土料的渗透系数 K 常比坝壳土料的渗透系数小得多，故可以近似地认为上游坝壳中无水头损失，心墙前的水位仍为水库的水位。计算时一般分下述两段。

1. 心墙、截水墙段：其土料一般是均一的，可取平均厚度 δ 进行计算。若心墙后的浸润线高度为 h，则通过心墙、截水墙的渗流量 q_1 为

$$q_1 = K_c \frac{(H_1 + T)^2 - (h + T)^2}{2\delta}$$

2. 下游坝壳和坝基段：由于心墙后浸润线的位置较低，可近似地取浸润线末端与堆石棱体的上游相交，然后分别计算坝体和坝基的渗流量：

$$q_2 = K\frac{h_2}{2L} + K_T T\frac{h}{L + 0.4T}$$

按连续性 $q_1=q_2=q$，可由上式求得 q 和 h。心墙后的浸润线可按下式近似计算：

$$y = \sqrt{h^2 - \frac{h^2}{L}x}$$

取 $T=0$，可得到不透水地基心墙坝的渗流量计算公式。当下游有水时，可近似地假定浸润线逸出点在下游水面与堆石棱体内坡的交点处，用上述同样的方法进行计算。

五、斜墙坝的渗流计算

有限深透水地基上的斜墙土坝，一般同时设有截水墙或铺盖。前者用于地基透水层较薄时截断透水地基渗流；后者用于透水地基较厚时延长渗径、减少渗透坡降，防止渗透变形。

1. 有截水墙的情况。它与心墙土坝的情况类似，也可分为两段：斜墙和截水墙段、坝体和坝基段。第一段，取斜墙和截水墙的平均厚度分别为 δ 和 δ_1。当斜墙后浸润线起点距坝底面的高度为 h 时，可取该点以下斜墙及截水墙上下游面水头差都为 H_1-h，则通过第一段的渗流量 q_1 可近似地用下式计算：

$$q_1 = \frac{K_0(H_1^2 - h^2)}{2\delta\sin\alpha} + \frac{K_0(H_1 - h)}{\delta}T$$

第二段即斜墙后的坝体和坝基段，当下游无排水或只设贴坡排水时，渗流量 q_2 为

$$q_1 = \frac{K_0(H_1^2 - h^2)}{2\delta\sin\alpha} + \frac{K_0(H_1 - h)}{\delta}T$$

根据 $q_1=q_2=q$，可由上式求得 q 和 h。当 $T=0$ 时，也可得出不透水地基上斜墙坝的渗流量计算公式。

斜墙后坝体浸润线方程为：

$$y=\sqrt{\frac{L_1}{L_1-m_1h}h^2-\frac{h^2}{L_1-m_1h}x}$$

2. 有铺盖的情况。当铺盖与斜墙的渗透系数比坝体和坝基的渗透系数小很多时，可近似地认为铺盖与斜墙是不透水的，并以铺盖末端为分界线，将渗流区分为两段进行计算。设坝体的浸润线起点高度为 h，可取第一段的水头损失为 h_n，则两段的渗流量计算公式为：

$$q_1=K_T\frac{h_n}{L_n+0.4T}T$$

$$q_2=K\frac{h^2-H_2^2}{2(L-m_2H_2)}+K_T\frac{h-H_2}{L+0.4T}$$

同理，根据 $q_1=q_2=q$ 求解式可得出 q 和 h。斜墙后坝体浸润线方程可以用上式求得。

六、总渗流量的计算

计算总渗流量时，应根据地形、地质、防渗排水的变化情况，将土石坝沿坝轴线分为若干段，然后分别计算各段的平均单宽渗流量，再按下式计算总渗流量：

$$Q=\frac{1}{2}[q_1l_1+(q_1+q_2)l_2+\cdots+(q_{n-2}+q_{n-1})l_{n-1}+q_{n-1}l_n]$$

式中 l_1，l_2，$\cdots l_n$——各段坝长，m；

q_1，q_2，$\cdots q_{n-1}$——断面 1，断面 2，…，断面 $^{n-1}$ 处的单宽渗流量，m^3/s。

七、土石坝的渗透变形及其防止措施

1. 渗透变形的形式

（1）管涌。在渗流作用下，坝体或坝基中的细小颗粒被渗流带走逐步形成渗流通道的现象称为管涌，常发生在坝的下游坡或闸坝下游地基面渗流逸出处。没有凝聚力的无黏性砂土、砾石砂土中容易出现管涌；黏性土的颗粒之间存在凝聚力（或称黏结力），渗流难以把其中的颗粒带走，一般不易发生管涌。

（2）流土。在渗流作用下，成块土体被掀起浮动的现象称为流土。它主要发生在黏性土及均匀非黏性土体的渗流出口处，发生流土时的水力坡降称为流土的破坏坡降。

（3）接触冲刷。当渗流沿两种不同土壤的接触面流动时，把其中细颗粒带走的现象，称为接触冲刷。接触冲刷可能使临近接触面的不同土层混合起来。

（4）接触流土和接触管涌。渗流方向垂直于两种不同土壤的接触面时，例如在黏土心墙（或斜墙）与坝壳沙砾料之间，坝体或坝基与排水设施之间，以及坝基内不同土层之间的渗流，可能把其中一层的细颗粒带到另一层的粗颗粒中去，称为接触管涌。当其中一层为黏性土，由于含水量增大、凝聚力降低而成块移动，甚至形成剥蚀时，称为接触流土。

2. 渗透变形的临界坡降和允许坡降

（1）产生管涌的临 界坡降 J_c 和允许坡降 $[J_c]$

当渗流方向为由下向上时，根据土粒在渗流作用下的平衡条件，在非黏性土中产生管涌的临界坡降 J_c，可用南京水利科学研究院的经验公式推算得出，适用于中、小型工程及初步设计。

$$J_c = \frac{42d_3}{\sqrt{\frac{K}{n^3}}}$$

式中 d_3——相应于粒径曲线上含量为 3% 的粒径，mm；

K——渗透系数，cm/s；

n——土壤孔隙率（%）。

允许渗透坡降 $[J_c]$，可根据建筑物的级别和土壤的类型选用安全系数 2-3。

（2）产生流土的临界坡降 JB 和允许坡降 $[JB]$

当渗流自下向上作用时，常采用根据极限平衡得到的公式计算，即

$$JB=(G-1)(1-n)$$

式中 G——土粒比重；

n——土的孔隙率。

JB 一般为 0.8~1.2。南京水利科学研究院建议把上式乘以 1.17。允许渗透坡降 $[JB]$ 也要采用一定的安全系数，对于黏性土，可用 1.5；对于非黏性土，可用 2.0~2.5。

3. 防止渗透变形的工程措施

为防止渗透变形，常采用的工程措施有：全面截阻渗流，延长渗径；设置排水设施，设置反滤层；设排渗减压井。

反滤层的作用是滤土排水，它是提高抗渗破坏能力、防止各类渗透变形，特别是防止管涌的有效措施。在任何渗流流入排水设施处一般都要设置反滤层。

砂石反滤层的结构：反滤层一般是由 2~3 层不同粒径的非黏性土、砂和砂砾石组成的。层次排列应尽量与渗流的方向垂直，各层次间的粒径则按渗流方向逐层增加。

砂石反滤层的设计原则：被保护土壤的颗粒不得穿过反滤层，各层的颗粒不得发

生移动。相邻两层间，较小的一层颗粒不得穿过较粗一层的孔隙；反滤层不能被堵塞，而且应具有足够的透水性，以保证排水畅通，应保证耐久、稳定。

砂石反滤层的材料：质地坚硬，抗水性和抗风化性能满足工程条件要求；具有要求的级配；具有要求的透水性；粒径小于 0.075mm 的颗粒含量应不超过 5%。

土工织物已广泛应用于坝体排水反滤层和作为坝体和渠道的防渗材料。在土坝坝体底部或在靠下游边坡的坝体内部沿水平方向敷设土工织物，可提高土体抗剪强度，增加边坡稳定性。

第四节　土石坝的稳定分析

一、稳定计算的目的

稳定分析是确定坝体设计剖面经济安全的主要依据。由于土石坝体积大、坝体重，不可能产生水平滑动，其失稳形式主要是坝坡滑动或坝坡与坝基一起滑动。

土石坝稳定计算的目的是为了保证土石坝在自重孔隙压力、外荷载的作用下，具有足够的稳定性，不致发生通过坝体或坝基的整体破坏或局部剪切破坏。

二、滑裂面的形状及工作情况

坝坡稳定计算时，应先确定滑裂面的形状，土石坝滑坡的形式与坝体结构、土料和地基的性质及坝的工作条件密切相关。

1. 曲线滑裂面

当滑裂面通过黏性土的部位时，其形状常是上陡下缓的曲面，由于曲线近似圆弧，因而在实际计算中常用圆弧表示。

2. 直线或折线滑裂面

滑裂面通过无黏性土时，滑裂面的形状可能是直线形或折线形：当坝坡干燥或全部浸入水中时呈直线形；当坝坡部分浸入水中时呈折线形。斜墙坝的上游坡失稳时，通常是沿着斜墙与坝体交界面滑动。

3. 复合滑裂面

当滑裂面通过性质不同的几种土料时，可能是由直线和曲线组成的复合形状滑裂面即复合滑裂面。

三、稳定安全系数标准

（一）稳定计算情况

1. 正常运用情况

（1）上游为正常蓄水位、下游为相应的最低水位或上游为设计洪水位时、下游为相应的最高水位，坝内形成稳定渗流时，上、下游坝坡的稳定计算。

（2）水库水位位于正常水位和设计水位之间范围内的正常降落，上游坝坡的稳定计算。

2. 非常运用情况 I

（1）施工期，考虑孔隙压力时的上、下游坝坡稳定计算。

（2）水库水位非常降落，如校核洪水位降落至死水位以下，以及大流量快速泄空等情况下的上游坝坡稳定计算。

（3）校核洪水位下有可能形成稳定渗流时的下游坝坡稳定计算。

3. 非常运用情况 II

正常运用情况遇到地震时上、下游坝坡稳定验算。

（二）稳定安全系数标准

采用计入条块间作用力计算方法时，坝坡的抗滑稳定安全系数应于不小于表 3-1 规定的数值。采用不计入条块间作用力的瑞典圆弧法计算坝坡稳定时，对 1 级坝，正常应用情况下最小稳定安全系数应不小于 1.30，其他情况应比表中规定的降低 8%。

表 3–1　容许最小抗滑稳定安全系数

运用条件	工程等级			
	1	2	3	4
正常运用	1.50	1.35	1.30	1.25
非常运用 I	1.30	1.25	1.20	1.15
非常运用 II	1.20	1.15	1.15	1.10

四、土料抗剪强度指标的选取

稳定计算时应该采用黏性土固结后的强度指标。确定抗剪强度指标的方法有前述的有效应力法和总应力法两种。对 1 级坝和 2 级以下高坝在稳定渗流期必须采用有效应力法作为依据。3 级以下中低坝可采用两种方法的任一种。

土料的抗剪强度指标 φ 为颗粒间的内摩擦角，C 为凝聚力。对同一种土料，其抗剪强度指标的 φ、C 并不是一个常量，它与土的性质、土料的固结度、应力历史、荷载条件等诸多因素有关。

1. 黏性土的抗剪强度选用

施工期与竣工时，按不排水剪或快剪测定的指标 φ、C 进行总应力分析，但实际上施工期孔隙水压力会部分消散，故按总应力分析偏于保守。

稳定渗流期：采用有效应力强度指标进行有效应力分析具有良好的精度。

水库水位降落期：上游坝坡的控制情况，适宜采用有效应力分析。

对于重要的工程，抗剪强度指标的选择应注意填土的各向性、应力历史等。

2. 非黏性土的抗剪强度选用

非黏性土的透水性强，其抗剪强度取决于有效法向应力和内摩擦角，一般通过排水剪确定强度指标。

非黏性土的抗剪强度的选取：浸润线以上的土体，采用湿土的抗剪强度。浸润线以下的土体，采用饱和土的抗剪强度。

五、稳定分析方法

（一）圆弧滑动面稳定计算

在土石坝设计中，目前最广泛应用的圆弧滑动计算方法有瑞典圆弧法和简化的毕肖普法。

1. 瑞典圆弧法

瑞典圆弧法是不计条块间作用力的方法，计算简单，已积累了丰富的经验，但理论上仍有缺陷，且孔隙压力较大和地基软弱时误差较大。其基本原理是将滑动面上的土体按一定宽度分为若干个铅直土条，不计条块间作用力，计算各土条对滑动圆心的抗滑力矩和滑动力矩，再分别取其总和，其比值即为该滑动面的稳定安全系数。

计算步骤：

（1）确定圆心、半径，绘制圆弧。

（2）将土条编号。为便于计算，土条宽度取 b=0.1R（圆弧半径）。各块土条编号的顺序为：零号土条位于圆心之下，向上游（对下游坝坡而言）各土条的顺序为 1、2、3、一往下游的顺序为 -1、-2、-3…。

（3）计算各土条重量。计算抗滑力时，浸润线以上部分用湿重度，浸润线以下用浮重度；计算滑动力时，下游水面以上部分用湿重度，下游水面以下部分则用饱和重度。

（4）计算稳定安全系数。计算公式为

$$K=\frac{\sum\{[(W_i \pm V)\sin\beta_i - Q\sin\beta_i]\tan\varphi_1' + C_i' b\sec\beta\}}{\sum[(W_i \pm V)\sin\beta_i + M_c / R]}$$

式中 W_i——土条重量，kN；

Q、V——水平和垂直地震惯性力（向上为负，向下为正），kN；

u——作用于土条底面的孔腺压力，kN/m^2；

β_i——条块重力线与通过此条块底面中点的半径之间的夹角；

b——土条宽度，m;

C_i'、φ_1'——土条底面的有效应力抗剪强度指标；

M_c——一水平地震惯性力对圆心的力矩，kN · m;

R——圆弧半径，m。

2. 考虑渗透动水压力时的坝坡稳定计算

当坝体内有渗流作用时，还应考虑渗流对坝坡稳定的影响。在工程中常采用替代法。例如，在审查下游坝坡稳定时，可将下游水位以上、浸润线与滑弧间包围的土体。在计算滑动力矩时用饱和重度，而计算抗滑力矩时则用浮重度，浸润线以上仍用湿重度计算，下游水位以下土体仍用浮重度计算，其稳定安全系数表达式为

$$K=\frac{\sum b_i(\gamma_m h_{1i}+\gamma' h_{2i})\cos\beta_i\tan\varphi_1+\sum C_i l_i}{\sum b_i(\gamma_m h_{1i}+\gamma_{sat}h_{2i})\sin\beta_i}$$

式中

γ_m——土体的湿重度，kN/m^3;

γ'——土体的浮重度，kN/m^3;

γ_{sat}——土体的饱和重度，kN/mm^3;

$H1_i$，h_{2i}——浸润线以上和浸润线与滑弧之间的土条高度，m。

替代法适用于浸润面与滑动面大致平行，且因 B_i 角较小的情况，因而是近似的。

（二）非圆弧滑动稳定计算

非黏性土坝坡，例如心墙的上、下游坡和斜墙坝的下游坝坡，以及斜墙坝的上游保护层和保护层连同斜墙一起滑动时，常形成折线滑动面。

折线法常采用两种假定：滑楔间作用力为水平向，采用与圆弧滑动法相同的安全系数；滑楔间作用力平行滑动面，采用与毕肖普法相同的安全系数。

1. 非黏性土坝坡部分浸水的稳定计算

对于部分浸水的非黏性土坝坡，由于水上与水下土的物理性质不同的原因，所以滑裂面不是一个平面，而是近似折线面。

2. 斜墙坝上游坝坡的稳定计算

斜墙坝上游坝坡的稳定计算，包括保护层沿斜墙和保护层连同斜墙沿坝体滑动两种情况。因为斜墙同保护层和斜墙同坝体的接触面是由两种不同的土料填筑的，接触面处往往强度低，有可能斜墙和保护层共同沿斜墙底面折线滑动，对厚斜墙还应计算圆弧滑动稳定。

土体重量为 W_1、W_2、W_3，滑面折线与水平面的夹角分别为 α_1、α_2、α_3，P_1、P_2 分别沿着 α_1、α_2 的方向，分别对三块土体沿滑动面方向建立力平衡方程：

$$P_1 - W_1\cos\alpha_1 + \frac{1}{K}W_1\cos\alpha_1\tan\varphi_1 = 0$$

$$P_2 - P_1\cos(\alpha_1-\alpha_2) - W_1\sin\alpha_2 - \frac{1}{K}\{[W_2\cos\alpha_2 + P_1\sin(\alpha_1-\alpha_2)]\tan\varphi_2 + C_2l_2\} = 0$$

$$P_2\cos(\alpha_2-\alpha_3) - W_3\cos\alpha_3 - \frac{1}{K}[W_3\cos\alpha_3 + P_2\sin(\alpha_2-\alpha_3)]\tan\varphi_3 = 0$$

求最危险滑动面方法原理同上。

（三）复合滑动面稳定计算

当滑动面通过不同土料时，常有直线与圆弧组合的形式。例如，厚心墙坝的滑动面，通过砂性土部分为直线，而通过黏性土部分为圆弧。

计算时，可将滑动土体分为 3 个区，在左侧有主动土压力 P_a，在右侧有被动土压力 P_p，并假定它们的方向均水平，中间的土体重 G，同时在 be 面上有抗滑力 $S=G\tan\varphi+Cl$，则安全系数 K 可表示为：

$$K = \frac{P_p + S}{P_a}$$

经过多次试算，才能求出沿这种滑动面的最小稳定安全系数。

第五节　土石坝的地基处理

土石坝对地基的要求比混凝土重力坝低，可不必挖除地表透水土壤和砂砾石等，但地基性质对土石坝的构造和尺寸仍有很大的影响。据资料统计，土石坝约有 40% 的失事是由地基问题所引起的。

土石坝地基处理的任务是：

1. 控制渗流，使地基与坝身不产生渗透而变形，并把渗流流量控制在允许的范围内。
2. 保证地基稳定不发生滑动。
3. 控制沉降与不均匀沉降，以限制坝体裂缝的发生。

一、砂砾石地基的处理

砂砾石地基处理的主要问题：地基透水性大。处理的目的是减少地基的渗流量并保证地基和坝体的抗渗稳定。处理方法是“上防下排”，上防包括垂直防渗措施和水平防渗措施，下排主要是排水减压。

（一）垂直防渗措施

垂直防渗措施能够截断地基渗流，可靠而有效地解决地基渗流问题。

1. 黏土截水墙

当覆盖层深度在 15m 以内时，可开挖深槽直达不透水层或基岩，槽内回填黏性土而形成截水墙（也称截水槽），心墙坝、斜墙坝常将防渗体向下延伸至不透水层而成截水墙。

2. 混凝土防渗墙

用钻机或其他设备沿坝轴线方向造成圆孔或槽孔，在孔中浇混凝土，最后连成一片，成为整体的混凝土防渗墙，适用于透水层深度大于 50m 的情况。

3. 帷幕灌浆

当砂卵石层很厚时，用上述处理方法都较困难或不够经济，这时可采用灌浆帷幕防渗。

帷幕灌浆的施工方法是：采用高压定向喷便可射灌浆技术，通过喷嘴的高压气流切割地层成缝槽，在缝槽中灌压水泥砂浆，凝结后形成防渗板墙。其特点是可以处理较深的砂砾石地基，但对地层的可灌性要求高。地层的可灌性：$M < 5$，不可灌；M=5~10，可灌性差；$M > 10$~15，可灌水泥黏土砂浆或水泥砂浆。

$$M = \frac{D_{15}}{d_{85}}$$

式中 D^{15}——受灌土层中小于此粒径的土重占总土重的 15%，mm；

d^{85}——灌注材料中小于此粒径的土重占总土重的 85%，mm。

灌浆帷幕的厚度 T，根据帷幕最大作用水头 H 和允许水力坡降 $[J]$，按下式估算：

$$T = \frac{H}{[J]}$$

式中 H——最大作用水头，m；

$[J]$——帷幕的允许水力坡降，对于一般水泥黏土浆，可采用 3~4。

（二）上游水平防渗铺盖

铺盖是一种由黏性土做成的水平防渗设施，是斜墙、心墙或均质坝体向上游延伸的部分。当采用垂直防渗有困难或不经济时，可考虑采用铺盖防渗。防渗铺盖构造简单、造价低，但它不能完全截断渗流，只是通过延长渗径的办法，降低渗透坡降，减小渗透流量，但防渗效果不如垂直防渗体。

（三）下游排水减压措施

常用的排水减压设施有排水沟和排水减压井。

按其构造划分，可分为暗沟和明沟两种。两者都应沿渗流方向按反滤层布置，明沟沟底与下游的河道连接。

排水减压井将深层承压水导出水面，然后从排水沟中排出。

在钻孔中插入带有孔眼的井管，周围包以反滤料，管的直径一般为 20~30cm，井距一般为 20~30m。

二、细砂与淤泥地基处理

（一）细砂地基

饱和的均匀细砂地基在动力作用下，特别是在地震作用下易于液化，应采取工程措施加以处理。当厚度不大时，可考虑将其挖除。当厚度较大时，可首先考虑采取人工加密措施，使之能够达到与设计地震烈度相适应的密实状态，然后采取加盖重、加强排水等附加防护设施。

（二）淤泥地基

淤泥层地基天然含水量大，重度小，抗剪强度低，承载能力小。当埋藏较浅且分布范围不大时，一般应把它全部挖除；当埋藏较深，分布范围又较宽时，则常采用压重法或设置砂井加速排水固结。

砂井排水法，是在坝基中钻孔，然后在孔中填入砂砾，在地基中形成砂桩的一种方法。设置砂井后，地基中排除孔隙水的条件能够大为改善，可有效地增加地基土的固结速度。

三、软黏土和黄土地基处理

软黏土层较薄时，一般全部挖除。当土层较薄而此种方法其强度并不太低时，可只将表面较薄的可能不稳定的部位挖除，换填较高强度的砂，称为换砂法。

黄土地基在我国西北部地区分布较广，其主要特点是浸水后沉降较大。处理的方法一般有：预先浸水，使其湿陷加固；将表层土挖除，换土压实；夯实表层土，破坏黄土的天然结构，使其密实等。

四、土石坝坝体与地基及岸坡连接

（一）坝体与土质地基及岸坡的连接

坝体与土质地基及岸坡的连接必须做到：1. 清除坝体与地基、岸坡接触范围内的草皮、树干、树根、含有植物的表土、蛮石、垃圾及其他废料，并将清理后的地基表面土层压实；2. 对坝体断面范围内的低强度、高压缩性软土及地震时易于液化的土层，进行清除或处理；3. 土质防渗体必须坐落在相对不透水坝基上，否则应采取适当的防渗处理措施；4. 地基覆盖层与下游坝壳粗粒料（如堆石）接触处，应符合反滤层要求，否则必须设置反滤层，以防止坝基土流失到坝壳中。

心墙和斜墙在与两端岸坡连接处应扩大其断面，加强连接处的防渗性。

（二）坝体与岩石地基及岸坡的连接

坝体与岩石地基及岸坡的连接必须做到：

1. 坝断面范围内的岩石地基与岸坡，应清除表面松动石块、凹处积土以及突出的岩石。

2. 土质防渗体和反滤层应与相对不透水的新鲜或弱风化岩石相连接。基岩面上一般宜设混凝土盖板喷混凝土层或喷浆层，将基岩与土质防渗体分隔开来，以防止接触冲刷。

3. 对失水时很快风化变质的软岩石（如页岩、泥岩等），开挖时应预留保护层，待开始回填时，随挖除、随回填。

4. 土质防渗体与岩石或混凝土建筑物相接处，如防渗土料为细粒黏性土时，则在邻近接触面 0.5~1.0m 范围内，在填土前用黏土浆抹面。如防渗土料为砾石土时，临近接触面应采用纯黏性土或砾石含量少的黏性土，在略高于最优含水量下填筑，使其结合良好。

第六节　面板堆石坝

一、概述

堆石坝主要由堆石作为支承体和弱透水材料作为防渗体这两部分组成。按防渗体的位置分为心墙坝和斜墙坝，按防渗体材料的性质分为刚性防渗体坝（如混凝土、钢筋混凝土、木板和钢板等）和塑性防渗体坝（如土料和沥青混凝土等），按施工方法分为抛填坝、碾压坝和定向爆破坝。

面板堆石坝与其他坝型相比有如下主要特点：

1. 就地取材，在经济上有较大的优越性。

2. 施工度汛问题比土坝较为容易解决。

3. 对地形地质和自然条件适应性较混凝土坝强。

4. 方便机械化施工，有利于加快施工工期和减少沉降。

5. 坝身不能泄洪，一般需另设泄洪和导流设施。

二、面板堆石坝的剖面设计

（一）坝顶

面板堆石坝普遍在其顶部设置 L 形的钢筋混凝土防浪墙，以便利于节省坝体堆石量，防浪墙高可采用 4~6m。防浪墙与面板间要保证良好的止水连接，其底面与坝顶连接处的堆石宽度不宜小于9m，以便浇筑面板时有足够的工作场地进行滑模设备的操作。按此设计，坝顶填筑堆石后的宽度约为 5m。

（二）坝坡

堆石坝的坝坡与石料性质、坝高、坝型和地基条件有关，其上、下游坝坡坡度可参照类似工程确定，一般多采用 1 ： 1.3~1 ： 1.4。对于地质条件较差或堆石体填料抗剪强度较低以及地震区的面板堆石坝，其坝坡应适当放缓。

三、面板堆石坝的构造

面板堆石坝主要由堆石体、钢筋混凝土面板及其与河床和岸坡相连接的趾板等构成的防渗系统组成。

（一）堆石体

堆石体是面板堆石坝的主体部分，根据其受力情况和坝体所发挥的功能，又可划分为垫层区、过渡区、主堆石区和次堆石区。

1. 垫层区

垫层区应选用质地新鲜、坚硬且耐久性较好的石料，可采用经筛选加工的砂砾石、人工石料或者由两者混合掺配。高坝垫层料应具有连续级配，一般最大粒径为 80~100mm，粒径小于 5mm 的颗粒含量为 35%~55%。

2. 过渡区

过渡区介于垫层与主堆石区之间，起过渡作用，石料的粒径级配和密实度应介于垫层与主堆石区两者之间。

3. 主堆石区

主堆石区是面板坝堆石的主体，是承受水压力的主要部分，它将面板承受的水压力传递到地基和下游次堆石区，该区既应具有足够的强度和较小的沉降量外，同时也应具有一定的透水性和耐久性。

4. 次堆石区

下游次堆石区承受水压力较小，其沉降和变形对面板变形影响也一般不大，因而对填筑要求可酌情放宽。

（二）防渗面板的构造

1. 钢筋混凝土面板

钢筋混凝土面板防渗体主要由防渗面板和趾板组成。面板是防渗的主体，对质量有较高的要求，即要求面板具有符合设计要求的强度、不透水性和耐久性。面板底部厚度宜采用最大工作水头的1%，考虑施工要求，顶部最小厚度不宜小于30Cm。

2. 趾板（底座）

趾板是面板的底座，其作用是保证面板与河床及岸坡之间的不透水连接，同时也作为坝基帷幕灌浆的盖板和滑模施工的起始工作面。

面板接缝设计（包括面板与趾板的周边接缝和趾板之间接缝）主要是止水布置，周边接缝止水布置最为关键。面板中间部位的伸缩缝，一般设1~2道止水，底部用止水铜片，上部用聚氯乙烯止水带。周边缝受力较复杂，一般采用2~3道止水，在上述止水布置的中部再加PVC止水。如布置止水困难，可将周边缝面板局部加厚。

3. 面板与岩坡的连接

为保证趾板与岸坡紧密结合和加大灌浆压重，趾板与岸坡之间应插锚筋固定。锚筋直径一般为25~35mm，间距1.0~1.5m，长3~5m。

趾板范围内的岸坡应满足自身稳定和防渗要求，为此，应认真做好该处岸坡的固结灌浆和帷幕灌浆设计。固结灌浆可布置两排，深3~5m。帷幕灌浆宜布置在两排固结灌浆之间，一般为一排，深度按相应水头的1/3~1/2确定。灌浆孔的间距视岸坡地质条件而定，一般取2~4m，重要工程应根据现场灌浆试验确定。为了保证岸坡的稳定，防止岸坡坍塌而砸坏趾板和面板，趾板高程以上的上游坝坡应按永久性边坡设计。

第四章　水闸和渠系建筑物施工

渠系建筑物布置应符合所在渠道总体设计、水土保持和环境保护等方面的要求，选线时要搜集和分析基本资料，进行必要的勘测和科学试验，积极采用新结构、新技术、新材料、新工艺、新方法。本章将对水闸和渠系建筑物施工的相关内容展开分析。

第一节　水闸施工技术

一、水闸的组成及布置

水闸是一种低水头的水工建筑物，它具有挡水和泄水的双重作用，用以调节水位和控制流量。

（一）水闸的类型

水闸有不同的分类方法。既可按其承担的任务分类，也可按其结构形式、规模等分类。

1. 按水闸承担的任务分类

水闸按其所承担的任务，可分为 6 种。

（1）拦河闸。建于河道或干流上，拦截河流。拦河闸控制河道下泄流量，又称为节制闸。枯水期拦截河道，抬高水位，以满足取水或航运的需要。洪水期则提闸泄洪，控制下泄流量。

（2）进水闸。建在河道、水库或湖泊的岸边，用来控制引水流量。这种水闸有开敞式及涵洞式两种，常建在渠首。进水闸又称取水闸或渠首闸。

（3）分洪闸。常建于河道的一侧，用以分洪天然河道不能容纳的多余洪水进入湖泊、洼地，以削减洪峰，确保下游安全。分洪闸的特点是闭闸时间长、开闸迅速、泄水能力很大。

（4）排水闸。常建于江河沿岸有，防江河洪水倒灌；河水退落时又可开闸排洪。排水闸双向均可能泄水，所以前后都可能承受水压力。

（5）挡潮闸。建在入海河口附近，涨潮时关闸防止海水倒灌，退潮时开闸可泄水，具有双向挡水特点。

（6）冲沙闸。建在多泥沙河流上，用于排除进水闸、节制闸前或渠系中沉积的泥沙，减少引水水流的含沙量，从而防止渠道和闸前河道淤积。

2. 按闸室结构形式分类

水闸按闸室结构形式可分为开敞式、胸墙式及涵洞式等多种形式。

（1）开敞式。过闸水流表面不受阻挡，泄流能力大。

（2）胸墙式。闸门上方设有胸墙，可以减少挡水时闸门上的力，增加挡水变幅。

（3）涵洞式。闸门后为有压或无压洞身，洞顶有填土覆盖，多用于小型水闸及穿堤取水情况。

3. 按水闸规模分类

（1）大型水闸。泄流量大于 $100m^3/s$。

（2）中型水闸。泄流量为 $100\sim1000m^3/s$。

（3）小型水闸。泄流量小于 $100m^3/s$。

（二）水闸的组成

水闸一般由闸室段、上游连接段和下游连接段三部分组成。

1. 闸室段

闸室是水闸的主体部分，其作用是：控制水位和流量，兼有防渗防冲作用。闸室段结构包括：闸门、闸墩、底板、胸墙、工作桥、交通桥、启闭机等。

闸门用来挡水和控制过闸流量。闸墩用来分隔闸孔和支承闸门、胸墙、工作桥、交通桥等。闸墩将闸门、胸墙以及闸最本身挡水所承受的水压力传递给底板。胸墙设于工作闸门上部，帮助闸门挡水。

底板是闸室段的基础，它将闸室上部结构的重量及荷载传至地基。建在软基上的闸室主要由底板与地基间的摩擦力来维持稳定，底板还有防渗和防冲的作用。

工作桥和交通桥用来安装启闭设备、操作闸门和联系两岸交通。

2. 上游连接段

上游连接段处于水流行进区，主要作用是引导水流从河道平稳地进入闸室，保护两岸及河床免遭冲刷，同时有防冲、防渗的作用。一般包括上游翼墙、铺盖、上游防冲槽和两岸护坡等。

上游翼墙的作用是导引水流，使之平顺地流入闸孔；抵御两岸填土压力，保护闸前河岸不受冲刷；并有侧向防渗的作用。

铺盖主要起防渗作用，其表面还应进行保护，以满足防冲要求。

上游两岸要适当进行护坡，其目的是保护河床两岸不受冲刷。

3. 下游连接段

下游连接段的作用是消除过闸水流的剩余能量，引导出闸水流均匀扩散。调整流速分布和减缓流速，防止水流出闸后对下游的冲刷。

下游连接段包括护坦（消力池）、海漫、下游防冲槽、下游翼墙、两岸护坡等。下游翼墙和护坡的基本结构和作用同上游。

（三）水闸的防渗

水闸建成后，由于上、下游水位差，在闸基及边墩和翼墙的背水一侧产生渗流。渗流对建筑物的不利影响，主要表现为：降低闸室的抗滑稳定性及两岸翼墙和边墩的侧向稳定性；可能引起地基的渗透变形，严重的渗透变形会使地基受到破坏，甚至失事损失水量；使地基内的可溶物质加速溶解。

1. 地下轮廓线布置

地下轮廓线是指水闸上游铺盖和闸底板等不透水部分和地基的接触线。地下轮廓线的布置原则是“上防下排”，即在闸基靠近上游侧以防渗为主，采取水平防渗或垂直防渗措施，阻截渗水，消耗水头。在下游侧以排水为主，尽快排除渗水、降低渗压。

地下轮廓布置与地基土质有密切关系，分述如下：

（1）黏性土地基地下轮廓布置。

黏性土壤具有凝聚力，不易产生管涌，但摩擦系数较小。因此，布置地下轮廓线，主要考虑降低渗透压力，以提高闸室稳定性。闸室上游宜设置水平钢筋混凝土或黏土铺盖，或土工膜防渗铺盖，闸室下游护坦底部应设滤层，下游排水可延伸到闸底板下。

（2）沙性土地基地下轮廓布置。

沙性土地基正好与黏性土地基相反，底板与地基之间摩擦系数较大，有利闸室稳定，但土壤颗粒之间无黏着力或黏着力很小，易产生管涌，故地下轮廓线布置的控制因素是如何防止渗透变形。

当地基砂层很厚时，一般采用铺盖加板桩的形式来延长渗径，以达到降低渗透坡降和渗透流速。而板桩多设在底板上游一侧的齿墙下端，如设置一道板桩不能满足渗径要求时，可在铺盖前端增设一道短板桩，以加长渗径。

当砂层较薄，其下部又有相对不透水层时，可用板桩切入不透水层，切入深度一般不应小于 1.0m。

2. 防渗排水设施

防渗设施是指构成地下轮廓的铺盖、板桩及齿墙，而排水设施指铺设在护坦、浆砌石海漫底部或闸底板下游段起导渗作用的砂砾石层，排水常与反滤结合使用。

水闸的防渗有水平防渗和垂直防渗两种。水平防渗措施为铺盖，垂直防渗措施有板桩、灌浆帷幕、齿墙和混凝土防渗墙等。

（1）铺盖

铺盖有黏土和黏壤土铺盖、沥青混凝土铺盖、钢筋混凝土铺盖等。

1）黏土和黏壤土铺盖。铺盖与底板连接处为一薄弱部位，通常是在该处将铺盖加厚：将底板前端做成倾斜面，使黏土能借自重及其上的荷载与底板紧贴。在连接处铺设油毛毡等止水材料，一端用螺栓固定在斜面上，另一端埋入黏土中，为了防止铺盖在施工期遭受破坏和运行期间被水流冲刷，应在其表面铺砂层，然后在砂层上再铺设单层或双层块石护面。

2）沥青混凝土铺盖。沥青混凝土铺盖的厚度一般为5~10cm，在与闸室底板连接处应适当加厚，接缝多为搭接形式。

3）钢筋混凝土铺盖。钢筋混凝土铺盖的厚度不宜小于0.4m，在与底板连接处应加厚至0.8~1.0m。并用沉降缝分开，缝中设止水。在顺水流和垂直水流流向均应设沉降缝，间距不宜超过15~20m。在接缝处局部加厚，并设止水，用作阻滑板的钢筋混凝土铺盖。在垂直水流流向仅有施工缝，不设沉降缝。

（2）板桩

板桩长度视地基透水层的厚度而定。当透水层较薄时，可用板柱截断，并插入不透水层至少1.0m；若不透水层埋藏很深，则板桩的深度一般采用0.6~1.0倍水头。用作板桩的材料有木材、钢筋混凝土及钢材三种。

板桩与闸室底板的连接形式有两种，一种是把板桩紧靠底板前缘，顶部嵌入黏土铺盖一定深度；另一种是把板桩顶部嵌入底板底面特设的凹槽内，桩顶填塞可塑性较大的不透水材料。前者适用于闸室沉降量较大、而板桩尖已插入坚实土层的情况；后者则适用于闸室沉降量小，而板桩桩尖未达到坚实土层的情况。

（3）齿墙

闸底板的上、下游端一般均设有浅齿墙，用来增强闸室的抗滑稳定，并可延长渗径，齿墙深一般在1.0m左右。

（4）其他防渗设施

垂直防渗设施在我国有较大进展，如就地浇筑混凝土防渗墙、灌注式水泥砂浆帷幕以及用高压旋喷法构筑防渗墙等方法已成功地用于水闸建设。

（5）排水及反滤层

排水一般采用粒径1~2cm的卵石、砾石或碎石平铺在护坦和浆砌石海漫的底部，或伸入底板下游齿墙稍前方，厚约0.2~0.3m。在排水与地基接触处（即渗流出口附近）容易发生渗透变形。应做好反滤层。

（四）水闸的消能防冲设施与布置

水闸泄水时，部分势能转为动能，流速增大，而土质河床抗冲能力低。所以，闸下冲刷是一个普遍的现象。为了防止下泄水流对河床的有害冲刷，除了加强运行管理外，还必须采取必要的消能、防冲等工程措施。水闸的消能防冲设施有下列主要形式：

1. 底流消能工

平原地区的水闸，由于水头低，下游水位变幅大，一般都采用底流式消能。消力池是水闸的主要消能区域。

底流消能工的作用是通过在闸下产生一定淹没度的水跃，来保护水跃范围内的河床免遭冲刷。

当尾水深度不能满足要求时，可采取降低护坦高程的方法：在护坦末端设消力坎；既降低护坦高程又建消力坎等措施形成消力池，有时还可用在护坦上设消力墩等辅助消能工。

消力池布置在闸室之后，池底与闸室底板之间，用 1 ∶ 3~1 ∶ 4 的斜坡连接。为防止产生波状水跃，可在闸室之后留一水平段，并在其末端设置一道小槛，为防止产生折冲水流，还可用在消力池前端设置散流墩。如果消力池深度不大（1.0m 左右），常把闸门后的闸室底板用 1.3 的坡度降至消力池底的高程。作为消力池的一部分。

消力池末端一般布置尾槛，用以调整流速分布，减小出池水流的底部流速，且可在槛后产生小横轴旋滚，防止在尾槛后发生冲刷，并有利于平面扩散和消减下游边侧回流。

在消力池中除尾坎外，有时还设有消力墩等辅助消能工，用以使水流受阻，给水流以反力，在墩后形成涡流，加强水跃中的紊流扩散，从而达到稳定水跃，减小和缩短消力池深度和长度的作用。

消力墩可设在消力池的前部或后部，但消能作用不同。消力墩可做成矩形或梯形。设两排或三排交错排列，墩顶应有足够的淹没水深，墩高约为跃后水深的 1/5~1/3，在出闸水流流速较高的情况下，宜采用设在后部的消力墩。

2. 海漫

护坦后设置海漫等防冲加固设施，以使水流均匀扩散，并将流速分布逐步调整到接近天然河道的水流形态。

一般在海漫起始段做 5~10m 长的水平段，其顶面高程可与护坦齐平或在消力池尾坎顶以下 0.5m 左右，水平段后做成不能于 1 ∶ 10 的斜坡，以使水流均匀扩散，调整流速分布，保护河床不受冲刷。

对海漫的要求：表面有一定的粗糙度，以利于进一步消除余能；具有一定的透水性，以便使渗水自由排出，降低扬压力；具有一定的柔性，以适应下游河床可能的冲刷变形。

常用的海漫结构有以下几种，干砌石海漫、浆砌石海漫、混凝土板海漫、钢丝石笼海漫及其他形式海漫。

3. 防冲槽及末端加固

为保证安全和节省工程量，常在海漫末端设置防冲槽、防冲墙或采用其他加固设施的方法。

（1）防冲槽。在海漫末端预留足够的粒径大于 30cm 的石块，当水流冲刷河床，冲刷坑向预计的深度逐渐发展时，预留在海漫末端的石块将沿冲刷坑的斜坡陆续滚下，并散铺在冲坑的上游斜坡上，自动形成护面，使冲刷不再向上扩展。

（2）防冲墙。防冲墙有齿墙、板桩、沉井等形式。齿墙的深度一般为 1~2m，适用于冲坑深度较小的工程。如果冲深较大，河床为粉、细砂时，则采用板桩井柱或沉井。

4. 翼墙与护坡

在与翼墙连接的一段河岸，由于水流流速较大和回流漩涡，需加做护坡。护坡在靠近翼墙处常做成浆砌石的，然后接以砌石的，保护范围稍长于海漫，包括预计冲刷坑的侧坡。干砌石护坡每隔 6~10m 设置混凝土埂或浆砌石埂一道，其断面尺寸约为 30cm × 60cm。在护坡的坡脚以及护坡与河岸土坡交接处应做一深 0.5m 的齿墙，以防回流淘刷和保护坡顶。护坡下面需要铺设厚度各为 10cm 的卵石及粗砂垫层。

（五）闸室的布置和构造

闸室由底板、闸墩、闸门、胸墙、交通桥及工作桥等组成，其布置应分别考虑分缝及止水。

1. 底板

常用的闸室底板有水平底板和反拱底板两种类型。

对多孔水闸，为适应地基不均匀沉降和减小底板内的温度应力，需要沿水流方向用横缝（温度沉降缝）将闸室分成若干段，每个闸段可为单孔、两孔或三孔。

横缝设在闸墩中间，闸墩与底板连在一起的，称为整体式底板。整体式底板闸孔两侧闸墩之间不会出现过大的不均匀沉降，对闸门启闭有利，用得较多。整体式底板常用实心结构；当地基承载力较差，如只有 30~40kPa 时，则需另外考虑采用刚度大、重量轻的箱式底板。

在坚硬、紧密或中等坚硬、紧密的地基上，单孔底板上设双缝，将底板与闸墩分开的，称为分离式底板。分离式底板闸室上部结构的重量将直接由闸墩或连同部分底板传给地基。底板可用混凝土或浆砌块石建造，当采用浆砌块石时，应在块石表面再浇一层厚约 15cm、强度等级为 C15 的混凝土或加筋混凝土，以使底板表面平整并具有良好的防冲性能。

如地基较好，相邻闸墩之间不致出现不均匀沉降的情况下，还可将横缝设在闸孔底板中间。

2. 闸墩

如闸墩采用浆砌块石，为保证墩头的外形轮廓，并加快施工进度，可采用预制构件。

大、中型水闸因沉降缝常设在闸墩中间，故墩头多采用半圆形，有时也采用流线型闸墩。有些地区则采用框架式闸墩，这种形式既可节约钢材，又可降低造价。

3. 闸门

闸门在闸室中的位置与闸室稳定、闸墩和地基应力以及上部结构的布置有关。平面闸门一般设在靠上游侧，有时为了充分利用水重，也可移向下游侧。弧形闸门为不使闸墩过长，则需要靠上游侧布置。

平面闸门的门槽深度决定于闸门的支承形式，检修门槽与工作门槽之间应留有1.0~3.0m 净距，以便检修。

4. 胸墙

胸墙的支承形式分为简支式和固结式两种。简支胸墙与闸墩分开浇筑，缝间涂沥青；也可将预制墙体插入闸墩预留槽内，做成活动胸墙。固结式胸墙与闸墩同期浇筑，胸墙钢筋伸入闸墩内，形成刚性连接，截面尺寸较小。可以增强闸室的整体性，但受温度变化和闸墩变位影响，容易在胸墙支点附近的迎水面产生裂缝。整体式底板可用固结式，分离式底板多用简支式。

5. 交通桥

交通桥一般设在水闸下游一侧，可采用板式、梁板式或拱形结构。为了安装闸门启闭机和便于操作管理，需要在闸墩上设置工作桥。小型水闸的工作桥一般采用板式结构，而大、中型水闸多采用装配式梁板结构。

6. 分缝方式及止水设备

（1）分缝方式与布置。

为了防止和减少由于地基不均匀沉降、温度变化和混凝土干缩所引起底板断裂和裂缝，对于多孔水闸需要沿轴线每隔一定距离设置永久缝。

整体式底板的温度沉降缝应设在闸墩中间，一孔、二孔或三孔成为一个独立单元。靠近岸边，为了减轻墙后填土对闸室的不利影响，特别是当地质条件较差时，最好采用单孔，再接二孔或三孔的闸室。若地基条件较好，也可将缝设在底板中间或在单孔底板上设双缝。

为避免相邻结构由于荷重相差悬殊产生不均匀沉降，也要设缝分开，如铺盖与底板、消力池与底板以及铺盖、消力池与翼墙等连接处都要分别设缝。此外，混凝土铺盖及消力池本身也需设缝分段、分块。

（2）止水设备。

止水分铅直止水及水平止水两种。前者设在闸墩中间，边墩与翼墙间以及上游翼墙本身；后者则设在铺盖、消力池与底板和翼墙、底板与闸墩间以及混凝土铺盖及消力池本身的温度沉降缝内。

（六）水闸与两岸的连接建筑物的形式和布置

水闸与两岸的连接建筑物主要包括边墩（或边墩和岸墙）、上、下游翼墙和防渗刺墙，其布置应考虑防渗、排水设施。

1. 边墩和岸墙

建在较为坚实地基上、高度不大的水闸，可用边墩直接与两岸或土坝连接。边墩与闸底板的连接，可以是整体式或分离式，视地基条件而定。边墩可做成重力式、悬臂式或扶壁式。

在闸身较高且地基软弱的条件下，如仍用边墩直接挡土，则由于边墩与闸身地基所受的荷载相差悬殊，可能产生较大的不均匀沉降，影响闸门启闭，在底板内引起较大的应力，甚至产生裂缝。此时，可在边墩背面设置岸墙。边墩与岸墙之间用缝分开，边墩只起支承闸门及上部结构的作用，而土的压力则全部由岸墙承担。岸墙可做成悬臂式、扶壁式、空箱式或连拱式。

2. 翼墙

上游翼墙的平面布置要与上游进水条件和防渗设施相协调，上端插入岸坡，墙顶要超出最高水位 0.5~1.0m。当泄洪过闸落差很小，流速不大时，为减小翼墙工程量，墙顶也可淹没在水下。如铺盖前端设有板桩，还应将板桩顺翼墙底延伸到翼墙的上游端。

根据地基条件，翼墙可做成重力式、悬臂式、扶臂式或空箱式等。在松软地基上，为减小边荷载对闸室底板的影响，在靠近边墩的一段，宜用空箱式。

对边墩不挡土的水闸，也可不设翼墙，采用引桥与两岸连接，在岸坡与引桥桥墩间设固定的挡水墙。在靠近闸室附近的上、下游两侧岸坡采用钢筋混凝土或浆砌块石护坡，再向上、下游延伸接以块石护坡。

3. 刺墙

当侧向防渗长度难以满足要求时，可在边墩后设置插入岸坡的防渗刺墙。

4. 防渗、排水设施

两岸防渗布置必须与闸底地下轮廓线的布置相协调。要求上游翼墙与铺盖以及翼墙插入岸坡部分的防渗布置，在空间上连成一体。若铺盖长于翼墙，在岸坡上也应设铺盖，或在伸出翼墙范围的铺盖侧部加设垂直防渗设施。

在下游翼墙的墙身上设置排水设施，形式有排水孔、连续排水垫层。

二、水闸主体结构的施工技术

水闸主体结构施工主要包括闸身上部结构预制构件的安装以及闸底板、闸墩、止水设施和门槽等方面的施工内容。

为了尽量减少不同部位混凝土浇筑时的相互干扰，在安排混凝土浇筑施工次序时，可从以下几个方面考虑：

先深后浅。先浇深基础，后浇浅基础，以避免浅基础混凝土产生裂缝。

先重后轻。荷重较大的部位优先浇筑，待其完成部分沉陷后，再浇相邻荷重较小的部位，以减小两者之间的不均匀沉陷。

先主后次。优先浇筑上部结构复杂、工种多、工序时间长、对工程整体影响大的部位或浇筑块。

穿插进行。在优先安排主要关键项目、部位的前提下，见缝插针，穿插安排一些次要、零星的浇筑项目或部位。

（一）底板施工

水闸底板有平底板与反拱底板两种，平底板为常用底板。这两种闸底板虽都是混凝土浇筑，但施工方法不一样，下面分别予以介绍。

1. 平底板的施工

（1）浇注块划分。

混凝土水闸常由沉降缝和温度缝分为许多结构块，施工时应尽量利用结构缝分块。当永久缝间距很大，所划分浇筑块面积太大，以致混凝土拌和运输能力或浇筑能力满足不了需要时，则可设置一些施工缝，将浇筑块面积划小些。浇注块的大小，可根据施工条件，在体积、面积及高度三个方面进行控制。

（2）混凝土浇筑。

闸室地基处理后，软基上多先铺筑素混凝土垫层 8~10Cm，以保护地基，找平基面。浇筑前先进行扎筋、立模、搭设舱面脚手架和清仓等工作。

浇筑底板时，运送混凝土入仓的方法很多。可以用载重汽车装载立罐通过履带式起重机吊运入仓，也可以用自卸汽车通过卧罐、履带式起重机入仓。采用上述两种方法时，都不需要在舱面搭设脚手架。

一般中小型水闸采用手推车或机动翻斗车等运输工具运送混凝土入仓，且需在舱面设脚手架。

水闸平底板的混凝土浇筑，一般采用平层浇筑法。但当底板厚度不大，拌和站的生产能力受到限制时，可采用斜层浇筑法。

底板混凝土的浇筑，一般先浇上、下游齿墙，然后再从一端向另一端浇筑。当底板混凝土方量较大，且底板顺水流长度在 12m 以内时，可安排两个作业组分层浇筑。

钢筋混凝土底板，往往有上下两层钢筋。在进料口处，上层钢筋易被砸变形。故开始浇筑混凝土时，该处上层钢筋可暂不绑扎，待混凝土浇筑面将要到达上层钢筋位置时，再进行绑扎，以免因校正钢筋变形而延误浇筑时间。

2. 反拱底板的施工

（1）施工程序。

由于反拱底板对地基的不均匀沉陷反应敏感，因此必须注意施工程序。目前采用有下述两种方法。

1）先浇筑闸墩及岸墙，后浇反拱底板。

为减少水闸各部分在自重作用下产生不均匀沉陷，造成底板开裂破坏，应尽量将自重较大的闸墩、岸墙先浇筑到顶（以基底不产生塑性为限）。接缝钢筋应预埋在墩墙底板中，以备今后浇入反拱底板内。岸墙应及早夯填到顶，使闸墩岸墙地基预压沉实。此法目前采用较多，对于黏性土或砂性土均可采用。

2）反拱底板与闸墩岸墙底板同时浇筑。此法适用于地基较好的水闸，虽然对反拱底板的受力状态较为不利，但其保证了建筑的整体性，同时减少了施工工序，便于施工安排。对于缺少有效排水措施的砂性土地基，采用此法较为有利。

（2）施工要点。

1）由于反拱底板采用土模，因此必须做好基坑排水工作。尤其是沙土地基，不做好排水工作，土模控制将很困难。

2）挖模前将基土夯实，再按设计要求放样开挖，土模挖好后，在其上先铺一层约10Cm厚的砂浆，具有一定强度后加盖保护，以待浇筑混凝土。

3）采用第一种施工程序，在浇筑岸、墩墙底板时，应将接缝钢筋一头埋在岸、墩墙底板之内，另一头插入土模中，以备下一阶段浇入反拱底板。岸、墩墙浇筑完毕后，应尽量推迟底板的浇筑，以便岸、墩墙基础有更多的时间夯实。反拱底板尽量在低温季节浇筑，以减小温度应力，闸墩底板与反拱底板的接缝按施工缝处理，以保证其整体性。

4）当采用第二种施工程序时，为了减少不均匀沉降对整体浇筑的反拱底板的不利影响，可在拱脚处预留一缝，缝底设临时铁皮止水，缝顶设“假铰”，待大部分上部结构荷载施加以后，便在低温期用二期混凝土封堵。

5）为了保证反拱底板的受力性能，在拱腔内浇筑的门槛、消力坎等构件，需在底板混凝土凝固后浇筑二期混凝土，且不应使两者成为一个整体。

（二）闸墩施工

由于闸墩高度大、厚度小，门槽处钢筋较密，闸墩位置要求严格，所以闸墩的立模与混凝土浇筑是施工中的主要难点。

1. 闸墩模板安装

为使闸墩混凝土一次浇筑达到设计高程，闸墩模板不仅要有足够的强度，而且要有足够的刚度。所以闸墩模板安装以往采用“铁板螺栓、对拉撑木”的立模支撑方法。

此法虽需耗用大量木材（对于木模板而言）和钢材，工序繁多，但对中小型水闸施工较为方便。有条件的施工单位，在闸墩混凝土浇筑中逐渐采用翻模施工方法。

（1）“铁板螺栓、对拉撑木”的模板安装

立模前，应准备好固定模板的对销螺栓及空心钢管等。常用的对销螺栓有两种形式：一种是两端都车螺纹的圆钢；另一种是一端带螺纹另一端焊接上一块5mm×40mm×400mm的扁铁的螺栓，扁铁上钻两个圆孔，以便将其固定在对拉撑木上。空心圆管可用长度等于闸墩厚度的毛竹或混凝土空心撑头。

闸墩立模时，其两侧模板要同时相对进行。先立平直模板，后立墩头模板。在闸底板上架立第一层模板时，必须保持模板上口水平。在闸墩两侧模板上，每隔1m左右钻与螺栓直径相应的圆孔，并于模板内侧对准圆孔撑以毛竹或混凝土撑头，然后将螺栓穿入，且两头穿出横向围囹和竖向围囹，然后用螺帽固定在竖向围囹上。铁板螺栓带扁铁的一端与水平拉撑木相接，与两端均车螺丝的螺栓相间布置。

（2）翻模施工

翻模施工法立模时一次至少立三层，当第二层模板内混凝土浇至腰箍下缘时，第一层模板内腰箍以下部分的混凝土须达到脱模强度，这样便可拆掉第一层，去架立第二层模板，并绑扎钢筋。依次类推，保持混凝土浇筑的连续性，以避免产生冷缝。

2. 混凝土浇筑

闸墩模板立好后，随即进行清仓工作。清仓用高压水冲洗模板内侧和闸墩底面，污水则由底层模板的预留孔排出，清仓完毕堵塞小孔后，即可进行混凝土浇筑。闸墩混凝土浇筑，主要是解决好两个问题，一是每块底板上闸墩混凝土的均衡上升；二是流态混凝土的入仓方式及仓内混凝土的铺筑方法。

当落差大于2m时，为防止流态混凝土下落产生离析，应在仓内设置溜管，可每隔2~3m设置一组。仓内可把浇筑面分划成几个区段，分段进行浇筑，每坯混凝土厚度可控制在30cm左右。

（三）止水设施的施工

为了适应地基的不均匀沉降和伸缩变形，在水闸设计中均设置温度缝与沉陷缝，并常用沉陷缝代替温度缝作用。缝有铅直和水平的两种，缝宽一般为1.0~2.5cm。缝中填料及止水设施，在施工中应按设计要求确保质量。

1. 沉陷缝填料的施工

沉陷缝的填充材料，常用的有沥青油毛毡、沥青杉木板及泡沫板等。填料的安装有两种方法。

一种是先将填料用铁钉固定在模板内侧后，再浇混凝土，拆模后填料即粘在混凝土面上，然后再浇另一侧混凝土，填料即牢固地嵌入沉降缝内。如果沉陷缝两侧的结构需要同时浇灌，则沉陷缝的填充材料在安装时要竖立平直，浇筑时沉陷缝两侧流态混凝土的上升高度要一致。

另一种是先在缝的一侧立模浇混凝土，并在模板内侧预先钉好安装填充材料的长铁钉数排，并使铁钉的 1/3 留在混凝土外面，然后安装填料，敲弯铁尖，使填料固定在混凝土面上，再立另一侧模板和浇混凝土。

2. 止水的施工

凡是位于防渗范围内的缝，都有止水设施，止水包括水平止水和垂直止水，常用的有止水片和止水带。

（1）水平止水。

水平止水大都采用塑料止水带，其安装与沉陷缝安装方法一样。

（2）垂直止水。

止水部分的金属片，重要部分用浆铜片，一般用铝片、镀锌铁皮或镀铜铁皮等。

对于需灌注沥青的结构形式，可按照沥青并的形状预制混凝土槽板，每节长度可为 0.3~0.5m，与流态混凝土的接触面应凿毛。安装时需涂抹水泥砂浆，随缝的上升分段接高。沥青并可一次灌注，也可分段灌注。止水片接头要进行焊接。

（3）接缝交叉的处理

止水交叉有两类：一是铅直交叉（指垂直缝与水平缝的交叉），二是水平交叉（指水平缝与水平缝的交叉）。交叉处止水片的连接方式也可分为两种：一种是柔性连接，即将金属止水片的接头部分埋在沥青块体中；另一种是刚性连接，即将金属止水片剪裁后焊接成整体。在实际工程中可根据交叉类型及施工条件决定连接方法，铅直交叉常用柔性连接，而水平交叉则多用刚性连接。

（四）门槽二期混凝土施工

采用平面闸门的中小型水闸，在闸墩部位都设有门槽。为了减小闸门的启闭力及闸门封水，门槽部分的混凝土中埋有导轨等铁件，如滑动导轨、主轮、侧轮及反轮导轨、止水座等。这些铁件的埋设可采取预埋及留槽后浇混凝土两种方法。小型水闸的导轨铁件较小，可在闸墩立模时将其预先固定在模板的内侧。闸墩混凝土浇筑时，导轨等铁件即浇入混凝土中。由于大、中型水闸导轨较大、较重，在模板上固定较为困难，宜采用预留槽后，浇二期混凝土的施工方法。

1. 门槽垂直度控制

门槽及导轨必须铅直无误，所以在立模及浇筑过程中应随时用吊锤校正。校正时，可在门槽模板顶端内侧钉一根大铁钉（钉入 2/3 长度），然后把吊锤系在铁钉端部，待吊锤静止后，用钢尺量取上部与下部吊锤线到模板内侧的距离，如相等则该模板垂直，否则按照偏斜方向予以调整。

2. 门槽二期混凝土浇筑

在闸墩立模时，于门槽部位留出较门槽尺寸大的凹槽。闸墩浇筑时，预先将导轨基础螺栓按设计要求固定于凹槽的侧壁及正壁模板，模板拆除后基础螺栓即埋入混凝土中。

导轨安装前，要对基础螺栓进行校正，安装过程中必须随时用垂球进行校正，使其铅直无误，导轨就位后即可立模浇筑二期混凝土。

闸门底槛设在闸底板上，在施工初期浇筑底板时，若铁件不能完成，可在闸底板上留槽以后浇二期混凝土。

浇筑二期混凝土时，应采用较细骨料混凝土，并细心捣实，不要振动已装好的金属构件。门槽较高时，不要直接从高处下料，可以分段安装和浇筑。二期混凝土拆模后，应对埋件进行复测，并做好记录，同时检查混凝土表面尺寸，清除遗留杂物、钢筋头，以免影响闸门启闭。

3. 弧形闸门的导轨安装及二期混凝土浇筑

弧形闸门的启闭绕水平轴转动，转动轨迹由支臂控制，所以不设门槽，但为了减小启闭门力，在闸门两侧亦设置转轮或滑块，因此也有导轨的安装及二期混凝土施工。

为了便于导轨安装，在浇筑闸墩时，根据导轨的设计位置预留20cm × 80cm的凹槽，槽内埋设两排钢筋，以便用焊接方法固定导轨。安装前应对预埋钢筋进行校正，并在预留槽两侧，设立垂直闸墩侧面并能控制导轨安装在直度的若干对称控制点。安装时，先将校正好的导轨分段与预埋的钢筋临时点焊接数点。待按设计坐标位置逐一校正无误，并根据垂直平面控制点，用样尺检验调整导轨垂直度后，再电焊牢固，最后浇筑二期混凝土。

三、闸门的安装方法

闸门是水工建筑物的孔口上用来调节流量，控制上下游水位的活动结构，它是水工建筑物的一个重要组成部分。

闸门主要由三部分组成：主体活动部分，用以封闭或开放孔口，通称闸门或门叶；埋固部分，是预埋在用墩、底板和胸墙内的固定件，如支承行走埋设件、止水埋设件和护砌埋设件等；启闭设备，包括连接闸门和启闭机的螺杆或钢丝绳索和启闭机等。

闸门按其结构形式可分为平面闸门、弧形闸门及人字闸门三种。闸门按门体的材料可分为钢闸门。钢筋混凝土成钢丝水泥闸门，木闸门及铸铁闸门等。

所谓闸门安装是将闸门及其埋件装配，安置在设计部位。由于闸门结构的不同，各种闸门的安装，如平面闸门安装、弧形闸门安装、人字闸门安装等、略有差异，但一般可分为埋件安装和门叶安装两部分。

1. 平面闸门安装

主要介绍平面钢闸门的安装。

平面钢闸门的闸门主要由面板、梁格系统、支承行走部件、止水装置和吊具等组成。

（1）埋件安装。

闸门的埋件是指埋设在混凝土内的门槽固定构件。包括底槛、主轨、侧轨、反轨和门棚等。安装顺序一般是设置控制点线，清理，校正预埋螺栓，吊入底槛并调整其中心、高程、里程和水平度，经调整，加固、检查合格后，浇筑底槛二期混凝土。设置主、反、侧轨安装控制点，吊装主轨、侧轨、反轨和门相并调整各部件的高程、中心、里程、垂直度及相对尺寸，经调整、加固、检查合格，分段浇筑二期混凝土。二期混凝土拆模后，复测埋件的安装精度和二期混凝土槽的断面尺寸，超出允许误差的部位雷进行处理，以防闸门关闭不严，出现漏水或启闭时出现卡阻现象。

（2）门叶安装。

如门叶尺寸小，则在工厂制成整体运至现场，经复测检查合格，装上止水橡皮等附件后，直接吊入门槽。如门叶尺寸大，由工厂分节制造，运到工地后，在现场组装。

1）闸门组装。组装时，要严格控制门叶的平直性和各部件的相对尺寸，分节门叶的节间联结通常采用焊接、螺栓联结、销轴联结三种方式。

2）闸门吊装。分节门叶的节间如果是螺栓和销轴联结的闸门，若起吊能力不够，在吊装时需将已组成的门叶拆开，分节吊入门槽，在槽内再联结成整体。

（3）闸门启闭试验。

闸门安装完毕后，需作全行程启闭试验，要求门叶启闭灵活无卡阻现象，闸门关闭严密，漏水量不超过允许值。

2. 弧形闸门安装

弧形闸门由弧形面板、梁系和支臂组成。弧形闸门的安装，根据其安装高低位置不同，分为露顶式弧形闸门安装和潜孔式闸门安装。

（1）露顶式弧形闸门安装。

露顶式弧形闸门包括底槛、侧止水座板、侧轮导板、铰座和门体。安装顺序：

1）在一期混凝土浇筑时预埋铰座基础螺栓，为保证铰座的基础螺栓安装准确，可用钢板或型钢将每个铰座的基础螺栓组焊在一起，进行整体安装、调整、固定。

2）埋件安装，先在闸孔混凝土底板和闸墩边墙上放出各埋件的位置控制点，接着安装底槛、侧止水导板、侧轮导板和铰座，并浇筑二期混凝土。

3）门体安装，有分件安装和整体安装两种方法。分件安装是先将铰链吊起，插入铰座，于空间穿轴，再吊支臂用螺栓与铰链连接；也可先将铰链和支臂组成整体，再吊起插入铰座进行穿轴；若起吊能力许可，可在地面穿轴后，再整体吊入。2 个直臂装好后，将其调至同一高程，再将面板分块装于支臂上，调整合格后，进行面板焊接和将支臂端部与面板相连的连接板焊好。门体装完后起落2次，使其处于自由状态，然后安装侧止水橡皮，补刷油漆，最后再启闭弧门检查有无卡阻和止水不严现象。整体安装是在闸室附近搭设的组装平台上进行，将2个已分别与铰链连接的支臂按设计尺寸用撑杆连成一体，再于支臂上逐个吊装面板，将整个面板焊好，经全面检查合格，拆下面板，将2个支臂整体运入闸室，吊起插入铰座，进行穿轴，而后吊装面板。此法一次起吊重量大，2个支臂组装时，其中心距要严格控制，否则会给穿轴带来困难。

（2）潜孔式弧形闸门安装。

设置在深孔和隧洞内的潜孔式弧形闸门，顶部有混凝土顶板和顶止水，其埋件除与露顶式相同的部分外，一般还有铰座钢梁和顶门楣。安装顺序：

1）铰座钢梁宜和铰座组成整体，吊入二期混凝土的预留槽中安装。

2）埋件安装。深孔弧形闸门是在闸室内安装，故在浇筑闸室一期混凝土时，就需将锚钩埋好。

3）门体安装方法与露顶式弧形闸门的基本相同，可分体装，也可整体装。门体装完后要起落数次，根据实际情况，调整顶门楣，使弧形闸门在启闭过程中不发生卡阻现象，同时门楣上的止水橡皮能和面板接触良好，以免启闭过程中门叶顶部发生涌水现象。调整合格后，浇筑顶门楣二期混凝土。

4）为防止闸室混凝土在流速高的情况下发生空蚀和冲蚀，有的闸室内壁设钢板衬砌。钢衬可在二期混凝土时安装，也可在一期混凝土时安装。

3. 人字闸门安装

人字闸门由底枢装置、顶枢装置、支枕装置、止水装置和门叶组成。人字闸门分埋件和门叶两部分进行安装。

（1）埋件安装。包括底枢轴座、顶枢埋件、枕座、底槛和侧止水座板等。其安装顺序：设置控制点，校正预埋螺栓，在底枢轴座预埋螺栓上加焊调节螺栓和垫板，将埋件分别布置在不同位置，根据已设的控制点进行调整，符合要求后，加固并浇筑二期混凝土。为保证底止水安装质量，在门叶全部安装完毕后，进行启闭试验时安装底槛，安装时以门叶实际位置为基准，并根据门叶关闭后止水橡皮的压缩程度适当调整底槛，合格后浇筑二期混凝土。

（2）门叶安装。首先在底枢轴座上安装半圆球轴（蘑菇头），同时测出门叶的安装位置，一般设置在与闸门全开位置呈120°~130°的夹角处，门叶安装时需有2个支点，底枢半圆球轴为一支点，在接近斜接柱的纵梁隔板处用方木或型钢铺设另一临时支点，根据门叶大小、运输条件和现场吊装能力，通常采用整体吊装、现场组装和分节吊装等三种安装方法。

四、启闭机的安装方法

在水工建筑物中，专门用于各种闸门开启与关闭的起重设备称为闸门启闭机。将启闭闸门的起重设备装配、安置在设计确定部位的工程称作闸门启闭机安装。

闸门启闭机安装分固定式和移动式启闭机安装两类。固定式启闭机主要用于工作闸门和事故闸门，每扇闸门配备 1 台启闭机，常用的有卷扬式启闭机、螺杆式启闭机和液压式启闭机等。移动式启闭机可在轨道上行走，适用于操作多孔闸门，常用的有门式、台式和桥式等几种。

大型固定式启闭机的一般安装程序：埋设基础螺栓及支撑垫板；安装机架；浇筑基础二期混凝土；在机架上安装提升机构；安装电气设备和安保元件；联结闸门作启闭机操作试验，使各项技术参数和继电保护值达到设计要求。

移动式启闭机的一般安装程序：埋设轨道基础螺栓；安装行走轨道；并浇筑二期混凝土；在轨道上安装大车构架及行走台车；在大车梁上安装小车轨道、小车架、小车行走机构和提升设备；安装电气设备和安保元件；进行空载运行及负荷试验，使各项技术参数和继电保护值达到设计要求。

1. 固定式启闭机的安装

（1）卷扬式启闭机的安装。

卷扬式启闭机由电动机、减速箱、传动轴和绳鼓所组成。卷扬式启闭机是由电力或人力驱动减速齿轮，从而驱动缠绕钢丝绳的绳鼓，借助绳鼓的转动，收放钢丝绳使闸门升降。

固定卷扬式启闭机安装顺序：在水工建筑物混凝土浇筑时埋入机架基础螺栓和支承垫板，在支承垫板上放置调整用楔形板；安装机架，按闸门实际起吊中心线找正机架的中心、水平、高程；拧紧基础螺母；浇筑基础二期混凝土；固定机架。

在机架上安装、调整传动装置，包括：电动机、弹性联轴器、制动器、减速器、传动轴，齿轮联轴器、开式齿轮、轴承、卷筒等。

固定卷扬式启闭机的调整顺序：按闸门实际起吊中心找正卷筒的中心线和水平线；并将卷筒轴的轴承座螺栓拧紧；以与卷筒相联的开式大齿轮为基础，使减速器输出端开式小齿轮与大齿轮啮合正确；以减速器输入轴为基础，安装带制动轮的弹性联轴器，调整电动机位置使联轴器的两片的同心度和垂直度符合技术要求；根据制动轮的位置，安装与调整制动器；若为双吊点启闭机，要保证传动轴与两端齿轮联轴节的同轴度；传动装置全部安装完毕后，检查传动系统动作的准确性，灵活性，并检查各部分的可靠性；安装排绳装置、滑轮组、钢丝绳、吊环、扬程指示器、行程开关、过载限制器、过速限制器及电气操作系统等。

（2）螺杆式启闭机安装。

螺杆式启闭机是中小型平面闸门普遍采用的启闭机。它由摇柄，主机和螺栓组成。螺杆的下端与闸门的吊头连接，上端利用螺杆与承重螺母相扣合。当承重螺母通过与其连接的齿轮被外力（电动机或手摇）驱动面旋转时，它驱动螺杆作垂直升降运动，从而启闭闸门。

安装过程包括基础埋件的安装、启闭机安装、启闭机单机调试、启闭机负荷试验。

安装前，首先检查启闭机各传动轴，轴承及齿轮的转动灵活性和啮合情况，着重检查螺母螺纹的完整性，必要时应进行妥善处理。

检查螺杆的平直度，每米长弯由超过 0.2mm 或有明显弯曲处可用压力机进行机械校直。螺杆螺纹容易碰伤，要逐圈进行检查和修正。无异状时，在螺纹外表涂以润滑油脂，并将其拧入螺母，进行全行程的配合检查。不合适处应修正螺纹，然后整体竖立，将它吊入机架或工作桥上就位，以闸门吊耳找正螺杆下端连接孔，并进行连接。

挂一线锤，以螺杆下端头为准，移动螺杆启闭机底座，使螺杆处于垂直状态，对双吊点的螺杆式启闭机，两侧螺杆找正后，安装中间同步轴，螺杆找正和同步轴连接合格后，最后把机座固定。

对电动螺杆式启闭机，安装电动机及其操作系统后应作电动操作试验及行程限位整定等。

（3）液压式启闭机的安装。

液压式启闭机由机架、油缸、油泵、阀门、管路、电机和控制系统等组成。油缸拉杆下端与闸门吊耳交接，液压式启闭机分单向与双向两种。

液压式启闭机通常由制造厂总装并试验合格后整体运到工地，若运输保管得当，且出厂不满一年，可直接进行整体安装。否则，要在工地进行分解、清洗、检查、处理和重新装配。安装程序：

1）安装基础螺栓，浇筑混凝土。

2）安装和调整机架。

3）油缸吊装于机架上，调整固定。

4）安装液压站与油路系统。

5）滤油和充油。

6）启闭机调试后与闸门联调。

2. 移动式启闭机的安装

移动式启闭机安装在坝顶或尾水平台上，能沿轨道移动，用于启闭多台工作闸门和检修闸门。常用的移动式启闭机有门式、台式和桥式等几种。

移动式启闭机行走轨道均采取嵌入混凝土方式，先在一期混凝土中埋入基础调节螺纹。经位置校正后，安放下部调节螺母及垫板，然后连根吊装轨道，调整轨道高程，中心，轨距及接头错位，再用上压板和夹紧螺母紧固，最后分段浇筑二期混凝土。

第二节　渠系主要建筑物的施工技术

渠系建筑物主要包括渠道、渡槽、涵洞、倒虹吸管、联水与陡坡、水闸等。本部分着重介绍渠道、渡槽、倒虹吸管的施工方法。

一、聚系建筑物组成及特点

在渠道上修建的建筑物称为渠道系统中的水工建筑物，简称渠系建筑物。

（一）渠系建筑物的分类

渠系建筑物按其作用可分为：

1. 渠道。是指为农田灌溉、水力发电、工业及生活输水用的、具有自由水面的人工水道。

2. 调节及配水建筑物。用以调节水位和分配流量，如节制闸、分水闸等。

3. 交叉建筑物。渠道与山谷、河道、道路、山岭等相交时所修建的建筑物，如渡槽、倒虹吸管、涵洞等。

4. 落差建筑物。在渠道落差集中处修建的建筑物，如跌水、陡坡等。

5. 量水建筑物。为保护渠道及建筑物安全或进行维修，用以放空集水的建筑物，如泄水闸、虹吸泄洪道等。

6. 冲沙和沉沙建筑物。为防止和减少渠道最积，在聚首或渠系中设置的冲沙和沉沙设施，如冲沙闸、沉沙池等。

7. 量水建筑物。用以计量输配水量的设施，如量水堰等。

（二）渠系建筑物的特点

1. 面广量大，总投资多。渠系中的建筑物，一般规模不大，但数量多，总的工程量和造价在整个工程中所占比重较大。

2. 同一类型建筑物的工作条件、结构形式、构造尺寸较为近似。同一类型的果系建筑物的工作条件一般较为近似。因此，在一个浦区内可以较多地采用同一的结构形式和施工方法，广泛采用定型设计和预制装配式结构。

（三）渠系建筑物的组成

1. 渠道

（1）渠道的分类。

渠道按用途可分为灌溉渠道。动力渠道（引水发电用）、供水渠道、通航渠道和排水渠道等。

（2）渠道的横断面。

渠道模断面的形状，在土基上多采用梯形，两侧边坡根据土质情况和开挖深度或填筑高度确定，在岩基上接近矩形。

断面尺寸取决于设计流量和不冲不淤流速，可根据给定的设计流量，纵坡等用明渠均勾流公式计算确定。

（3）渠道防渗。

实践证明，对渠道进行砌护防渗，不仅可以消除渗漏带来的危害，还能或小渠道糙率，提高输水能力和抗冲能力，进而可以减少渠道断面及渠系建筑物的尺寸。

为减小渗漏量和降低渠床糙率，一般均需在渠床加做护面，护面材料主要有：砌石、黏土、灰土、混凝土以及防渗膜等。

2. 渡槽

（1）渡槽的作用和组成。

渡槽是渠道跨越河，沟，路或洼地时修建的过水桥。它由进口段、精身、支承结构、基础和出口段等部分组成。

渡槽与倒虹吸管相比具有水头损失小，便于运行管理等优点。在渠道绕线或高填方方案不经济时，往往优先考虑渡槽方案，渡槽是渠系建筑物中应用最广的交叉建筑物之一。

渡槽除输送渠水外，还用于排洪和导流等方面。当挖方渠道与冲沟相交时，为防止山洪及泥沙入渠，在渠道上修建排洪渡槽。当在流量较小的河道上进行施工导流时，可在基坑上修建渡槽，以使上游来水通过渡槽泄向下游。

（2）渡槽的形式。

渡槽根据支承结构形式可分为梁式渡槽和拱式渡槽两大类。

1）梁式渡槽。

梁式渡槽的槽身搁置在槽墩或槽架上，槽身在纵向起梁的作用。

梁式渡槽的跨度大小与地形地质条件，支撑高度，施工方法等因素有关，一般不大于 20m，常采用 8~15m。梁式渡槽的优点是结构比较简单，施工较方便。当跨度较大时，可采用预应力很凝土结构。

2）拱式渡槽。

当槽身支承在拱式支承结构上时，称为提式渡槽。其支撑结构由槽墩，主拱圈，拱上结构组成。主拱圈主要承受压应力，可用抗拉强度小面抗压强度大的材料（如石料、混凝土等）建造，并可用于大跨度。

（3）渡槽的整体布置。

我槽的整体布置包括槽址选择、结构选型、进出口段的布置。

梁式渡槽的槽身横断面常用矩形和 U 形，矩形槽身可用浆砌石成钢筋混凝土建造。

携式渡槽的槽身一般为预制的钢筋混凝土 U 形槽或矩形槽。

为使槽内水流与渠道平顺衔接，在渡槽的进、出口需要设置渐变段。

3. 侧虹吸管

倒虹吸管是当渠道横跨山谷、河流、道路时，为连接渠道而设置的压力管道，其形状如倒置的虹吸管。它与渡槽相比较，具有造价低，施工方便的优点，但水头损失较大，运行管理不如渡槽方便。它应用于修建渡槽困难，或需要高填方建渠道的场合。在渠道水位与所跨越的河流或路面高程接近时，也常用倒虹吸方案。

倒虹吸管由进口段、管身和出口段三部分组成。

（1）进口段。进口段包括：渐变段、闸门、拦污栅，有的工程还设有沉沙池。进口段要与渠道平顺衔接，以减少水头损失。渐变段可以做成扭曲面或八字墙等形式。闸门用于管内清淤和检修。不设闸门的小型倒虹吸管，可在进口侧墙上预留检修门槽，需用时临时插板指水。在多泥沙河流上，为防止渠道水流携带的粗颗粒泥沙进入倒虹吸管，可在闸门与拦污栅前设置沉沙池。

（2）出口段。出口段的布置形式与进口段基本相同。单管可不设闸门；若为多管，可在出口段侧墙上预留检修门槽，出口断变段比进口渐变段稍长。

（3）管身。管身断面可为圆形成矩形。圆形管因水力条件和受力条件较好，大、中型工程多采用这种形式；矩形管仅用于水头较低的中、小型工程，根据流量大小和运用要求；倒虹吸管可以设计成单管、双管或多管。

4. 涵洞

（1）涵洞是渠道与溪谷、道路等相交叉时。为宣泄溪谷来水或输送渠水，在填方渠道或道路下修建的交叉建筑物。

（2）涵洞由进口段，洞身和出口段三部分组成，其顶部往往有填土。涵洞一般不设闸门，有闸门时称为涵洞式或封闭式水闸。进、出口段是润身与渠道或沟溪的连接部分，其形式选择应使本流平顺地进出洞身，以减小水头损失。

（3）小型涵洞的进、出口段都用浆砌石建造。大、中型工程可采用混凝土或钢筋混凝土结构。

（4）由于水流状态的不同，涵洞可能是无压的、有压的或半有压的。有压涵洞的特点是工作时水流充满整个洞身断面，洞内水流自进口至出口均处于有压流状态；无压涵洞是渠道上输水涵洞的主要形式，其特点是洞内水流具有自由表面，自进口至出口始终保持无压流状态；半有压通洞的特点是进口洞顶水流封闭，但洞内的水流仍具有自由表面。

（5）涵洞的形式一般是指润身的形式。根据用途、工作特点、结构形式和建筑材料等常分为圆形，箱形、盖板式及拱涵等几种。圆形涵洞受力条件好，泄水能力大，宜于预制，适用于上面填土较厚的情况，为有压涵洞的主要形式；箱式涵洞多为四边封闭的矩形钢筋混凝土结构，泄量大时可用双孔或多孔，适用于填土较浅的无压或低压涵洞，也有单孔和多孔之分，适用于填土高度及跨度较大而侧压力较小的无压涵洞。

5. 跌水及陡坡

（1）当渠道通过地面坡度较能的地段成天然跌坎，在落差集中处可建跌水或陡坡。使渠道上游水流自由跌落到下游渠道的落差建筑物称为跌水；使上游渠道沿陡槽下泄到下游渠道的落差建筑物，称为陡坡。

（2）根据地面坡度大小和上下游渠道落差的大小。可采用单级跌水或多级跌水，二者构造基本相同，跌水的上下游渠底高差称为跌差，一般土基上单级跌水的跌差小于 3~5m，超过此值时宜做成多级跌水。

（3）单级跌水一般由进口连接段、跌水口、跌水墙、侧墙、消力池和出口连接段组成。多级跌水的组成和构造与单级跌水相同，只是将消力池做成几个阶梯，各级落差和消力池长度都相等，使每级具有相同的工作条件，并便于施工。

（4）能坡的构造与跌水相似，不同之处是陡坡段代替了跌水墙。

二、渠系主要建筑物的施工方法

（一）渠道施工

渠道施工包括渠道开挖、渠堤填筑和渠道衬砌。渠道施工的特点是工程量大，施工线路长，场地分散，但工种单纯，技术要求较低。

1. 渠道开挖

渠道开挖的施工方法有人工开挖、机械开挖和爆破开挖等。开挖方法的选择取决于技术条件、土壤特性、渠道模断面尺寸、地下水位等因素。渠道开挖的土方多堆在渠道两侧用作渠堤。因此，铲运机、推土机等机械得到广泛的应用。

（1）人工开挖

1）施工排水

渠道开挖首先要解决地表水或地下水对施工的干燥问题，办法是在渠道中设置排水沟，排水沟的布置既要方便施工，又要保证排水的通畅。

2）开挖方法

在干地上开挖，应自渠道中心向外，分层下挖，先深后宽。为方便施工，加快工程进度，边坡处可先按设计坡度要求挖成台阶状，待挖至设计深度时再进行削坡，开挖后的弃土，应先行规划，尽量做到挖填平衡。开挖方法有一次到底法和分层下挖法。

一次到底法适用于土质较好，挖深 2~3m 的渠道，开挖时先将排水沟挖到低于渠底设计高程 0.5m 处，然后按阶梯状向下逐层开挖至渠底。

分层下挖法适用于土质较软，含水量较高，渠道挖深较大的情况。可将排水沟布置在渠道中部，逐层下挖排水沟，直至渠底。当渠道较宽时，可采用翻滚排水沟法，用此法施工，排水沟断面小，施工安全，施工布置灵活。

3）边坡开挖与削坡

开挖渠道如一次开挖成坡，将影响开挖进度。因此，一般先按设计坡度要求挖成台阶状，其高宽比按设计坡度要求开挖，最后进行削坡。

（2）机械开挖

1）推土机开挖

推土机开挖。渠道深度一般不宜超过 1.5~2.0m，填筑渠堤高度不宜超过 2~3m，其边坡不宜超于 1 ∶ 2。推土机还可用于平整渠底，清除腐殖土层，压实渠堤等。

2）铲运机开挖。铲运机最适宜开挖全挖方渠道或半挖半填渠道，对需要在纵向调配土方的渠道，如运距不远，也可用砂运机开挖，护运机开挖渠道的开行方式有：

环形开行：当渠道开挖宽度大于铲土长度，而填土或弃土宽度又大于卸土长度，可采用横向环形开行，反之，则采用纵向环形开行，铲土和填土位置可逐渐错动，以完成所需断面。

“8”字形开行：当工作前线较长，填挖高差较大时，则应采用“8”字形开行。其进口坡道与挖方轴线间的夹角以 40° ~60° 为宜，过大则重车转弯不便，过小则加大运距。

3）爆破开挖。采用爆破法开挖渠道时，药包可根据开挖断面的大小沿渠线布置成一排或几排。当渠底宽度大于深度的 2 倍以上时，应布置 2~3 排以上的药包，但最多不宜超过 5 排，以免爆破后回落土方过多，单个药包装药量及间，排距应根据爆破试验确定。

2. 渠堤城筑

渠堤填筑前要进行清基。清除基础范围内的块石、树根、草皮、淤泥等杂质，并将基面略加平整，然后进行刨毛，如基础过于干燥，还应酒水湿润，然后再填筑。

筑堤用的土料。以土块小的湿润散土为宜，如沙质壤土或沙质黏土。如用几种土料，应将透水性小的土料填筑在迎水面，透水性大的填筑在背水面，土料中不得掺有杂质，并应保持一定的含水量，以利压实，严禁使用冻土、淤泥、净砂等。

填方渠道的取土坑与堤脚应保持一定距离。挖土深度不宜超过 2m，取土宜先远后近，并留有斜坡道以便运土。半填半挖渠道应尽量利用挖方填堤，只有土料不足或土质不能满足填筑要求时，才在取土坑取土。

渠堤填筑应分层进行。每层铺土厚度以 20~30cm 为宜，并应铺平铺匀，每层铺土宽度应保证土堤断面略大于设计宽度，以免削坡后断面不足，堤顶应做成坡度为 2%~49% 的坡面，以利排水。填筑高度应考虑沉陷，一般可预加 5% 的沉陷量。

3. 渠道衬护

渠道衬护就是用灰土、水泥土、块石、混凝土、沥青、塑料薄膜等材料在渠道内壁铺砌一衬护层。在选择衬护类型时，应考虑以下原则，防漆效果好，因地制宜，就地取材，施工简便，能提高渠道输水能力。

（1）灰土衬护

灰土是由石灰和土料混合而成。衬护的灰土比一般为 1 ：2~1 ：6(重量比)。衬护厚度一般为 20~40m，灰土施工时，先将过筛后的细土和石灰粉干拌均匀，再加水拌和，然后堆放一段时间，使石灰粉充分熟化，稍干后即可分层铺筑夯实，拍打坡面消除裂缝，灰土夯实后应养护一段时间再通水。

（2）砌石衬护

砌石衬护有三种形式：干砌块石、干砌卵石和浆砌块石。干砌块石用于土质较好的渠道，主要起防冲作用：浆砌块石用于土质较差的渠道，起抗冲防渗作用。

用干砌卵石衬砌施工时，应先按设计要求铺设垫层，然后再砌卵石。砌筑卵石以外形稍带自平面大小均匀的为好。砌筑时应采用直砌法，即要求卵石的长边垂直于边坡或渠底，并砌紧、砌平、错缝，且坐落在垫层上。为了防止砌面被局部冲毁而扩大，每隔 10~20m 距离，用较大的卵石干砌或浆砌一道隔墙，隔墙探 60~80Cm，宽 40~50cm，以增加渠底和边坡的稳定性。渠底隔墙可砌成拱形，其拱顶迎向水流方向，以提高抗冲能力。

砌筑顺序应遵循“先渠底、后边坡”的原则。

块石衬砌时，石料的规格一般以长 40~50cm，宽 30~40cm，厚度不小于 8~10cm 为宜，要求有一面平整。

（3）混凝土衬护

混凝土衬护由于防漆效果好，一般能减少 90% 以上渗漏量，耐久性强、糙度小、强度高，便于管理，适应性强。因而成为一种广泛采用的衬护方法。

混凝土衬护有现场浇筑和预制装配两种形式。前者接缝少，造价低，适用于挖方渠段，后者受气候条件影响小，适用于填方渠段。

大型渠道的混凝土衬护多采用现浇施工。在渠道开挖和压实后，先设置排水，铺设垫层，然后浇筑混凝土。浇筑时按结构缝分段，一般段长为 10m 左右，先浇渠底，后浇渠面，渠底一般多采用跳仓法浇筑。

装配式混凝土衬护，是在预制厂制作混凝土衬护板，运至现场后进行安装，然后覆注填缝材料。装配式混凝土预制板衬护，具有质量容易保证，施工受气候条件影响较小的特点，但接缝较多且防漏，抗冻性胞较差，故多用于中小型渠道。

（4）沥青材料衬护

沥青材料渠道衬砌有沥青薄膜与沥青混凝土两大类。

沥青薄膜防渗按施工方法可分为现场浇筑和装配式两种。现场浇筑又可分为喷洒沥青和沥青砂浆两种。

现场喷洒沥青薄膜施工，首先要求将渠床整平，压实，并洒水少许，然后将温度为 200℃的软化沥青用喷洒机具，在 354kPs 压力下均匀地喷洒在渠床上，形成厚 6~7mm 的防渗薄膜。一般需喷洒两层以上，各层间需结合良好，喷洒沥青薄膜后，应及时进行质量检查和修补工作，最后在薄膜表面铺设保护层。

沥青砂浆防渗多用于渠底。施工时先将沥青和砂分别加热，然后进行拌和，排好后保持在 160~180℃，即行现场摊铺，然后用大方铣反复适压，蒸至出油，再作保护层。

（5）塑料薄膜衬护

用于渠道防渗的塑料薄膜厚度以 0.12~0.20mm 为宜。塑料薄膜的铺设方式有表面式和埋藏式两种。表面式是将塑料薄膜铺干渠床表面，埋藏式是在铺好的塑料薄膜上铺筑土料或砌石作为保护层，保护层厚度一般不小于 30cm，在寒冷地区加厚。

塑料薄膜衬砌渠道施工。大致可分为渠床开挖和修整、塑料薄膜的加工和铺设、保护层的填筑等三个施工过程、塑料薄膜的接缝可采用焊接或搭接。

（二）渡槽施工

渡槽按施工方法分为装配式渡槽和现浇式渡槽两种类型。装配式渡槽具有简化施工、缩短工期、提高质量、减轻劳动强度、节约钢木材料、降低工程造价的特点，所以被广泛采用。

1. 装配式渡槽施工

装配式渡槽施工包括预制和吊装两个过程。

（1）构件的预制

1）排架的预制。槽架是渡槽的支承构件，为了便于吊装，一般选择靠近槽址的场地预制。制作的方式有地面立模和砖土胎模两种。

地面立模：在平坦夯实的地面上用 1 ∶ 3 ∶ 8 的水泥、黏土、砂浆抹面，厚约 lCm 压抹光滑作为底模，立上侧模后就地自制，拆模后，当强度达到 70% 时，即可移出存放，以便重复利用场地。

砖土胎模：其底模和侧模均采用砌砖或夯实土做成，与构件接触面用水泥、黏土、砂浆抹面，并涂上脱模剂即可，使用土模应做好四周的排水工作。

2）槽身的预制。槽身的预制宜在两排架之间或排架一侧进行。槽身的方向可以垂直或平行于我槽的纵向轴线，根据吊装设备和方法而定，要避免因预制位置选择不当，造成起吊时发生摆动或冲击现象。

3）预应力构件的制造。在制造装配式梁，板及柱时采取预应力钢筋混凝土结构。不仅能提高混凝土的抗裂性与耐久性，减轻构件自重，并可节约钢筋 20%~40%。预应力就是在构件使用前，预先加一个力，使构件产生应力，以抵消构件使用时荷载产生相反的应力。制造预应力钢筋混凝土构件的方法甚多，基本上可分为先张法和后张法两大类。

先张法就是在浇筑混凝土之前，先将钢筋拉张固定，然后立模浇筑混凝土，等混凝土完全硬化后，去掉拉张设备或剪断钢筋，利用钢筋弹性收缩的作用，通过钢筋与混凝土间的黏结力把压力传给混凝土，使混凝土产生预应力。

后张法就是在混凝土浇好以后再张拉钢筋。这种方法是在设计配置预应力钢筋的部位，预先留出孔道，等到混凝土达到设计强度后，再穿入钢筋进行拉张。拉张锚固后，让混凝土获得压应力，并在孔道内灌浆，最后卸去锚固外面的拉张设备。

（2）渡槽的吊装

1）排架的吊装。槽渠下部结构有支柱、槽渠和整体排架等。支柱和排架的吊装通常有垂直吊插法和就地旋转立装法两种。

垂直吊铺法是用吊装机具将整个排架垂直吊离地面后，再对准并插入基础预留的杯口中校正固定的吊装方法。

就地旋转立装法是把支架当作一旋转杠杆，其旋转轴心设于架脚，并于基础铰接好，吊装时用起重机吊钩拉吊排架顶部，排架就地旋转立于基础上。

2）槽身的吊装。槽身的吊装，基本上可分为两类，即起重设备架立于地面上吊装及起重设备架立于槽墩或槽身上吊装。

2. 现浇式渡槽施工

现浇式渡槽的施工主要包括槽墩和槽身网部分。

（1）槽墩的施工

渡槽槽墩的施工，一般采用常规方法，也可采用滑升模板施工，同时还需要在混凝土内掺速凝剂，以保证灌浇随滑升，不致使混凝土坍塌。

（2）槽身的施工

渡槽槽身的混凝土浇筑，就整座渡槽的浇筑顺序而言，有从一端向另一端推进或从两端向中部推进以及从中部增加两个工作面向两端推进等几种方式。槽身如采取分层浇筑时，必须合理选取分层高度，应尽量减小层数，并提高第一层的浇筑高度。对于断面较小的梁式渡槽，一般均采用全断面一次平起浇筑的方式。对于U形薄壳双悬臂梁式渡槽，一般采用全断面一次平起浇筑。

（三）倒虹吸管施工

介绍现浇钢筋混凝土倒虹吸管的施工。

现浇倒虹吸管施工顺序一般为放样。清基和地基处理、管座施工、管模板的制作与安装、管钢筋的制作与安装、管道接头止水施工、混凝土浇筑、混凝土养护与拆模。

1. 管座施工

在清基和地基处理之后，即可进行管座施工。

管座的形式主要有刚性弧形管座、两节点式及中空式刚性管座。

（1）刚性弧形管座。

刚性弧形管座通常是一次做好后，再进行管道施工。当管径较大时，管座事先做好，在浇筑管底混凝土时，则需在内模底部开置活动口，以便进料浇捣。为了避免在内模底都开口，也可采用管座分次施工的方法，先做好底部范围（中心角约 80°）的小弧座，以作为外模的一部分。待管底混凝土浇到一定程度时，开始在边砌小弧座旁的浆砌管座边浇混凝土，直到砌成整个管座为止。

（2）两点式及中空式刚性管座。

两点式及中空式刚性管座均事先砌好管座，在基座底部挖空处可用土模代替外模。施工时，对底部回填土要仔细夯实，以防止在浇筑过程中，土壤产生压缩变形而导致混凝土开裂。

2. 混凝土的浇筑

在浦区建筑物中，倒虹吸管混凝土对抗拉、抗渗要求比一般结构的混凝土要严格得多。

要求混凝土的水灰比一般控制在 0.5~0.6，有条件时可达到 0.4 左右，坍落度用机械振捣时为 4~6cm，人工振捣不应大于 6~9cm，含砂率常用值为 30%~38%，以采用偏低值为宜。

（1）浇筑顺序。

为便于整个管道施工，可每次间隔一节进行浇筑，例如先浇 1″、3″、5″管，再浇 2″、4″、6″管。

（2）浇筑方式。

一般常见的倒虹吸管有卧式和立式两种。在卧式中，又可分平卧或斜卧，平卧大都是管道通过水平或缓坡地段所采用的一般方式，斜卧多用于进出口山坡陡峻地区，至于立式管道则多采用预制管安装。

1）平卧式浇筑。此浇筑有两种方法，一种是浇筑层与管轴线平行，一般由中间向两端发展，以避免仓中积水，从而增大混凝土的水灰比。这种浇捣方式的缺点是混凝土浇筑接缝皆与管轴线平行，刚好和水压产生的拉力方向垂直。一旦发生冷缝，管道最易沿浇筑层（冷缝）产生纵向裂缝，为了克服这一缺点，有采用斜向分层浇筑的，以避免浇筑接缝与水压产生的拉力正交，当斜度较大时，浇筑接缝的长度可缩短，浇筑接缝的间隙时间也可缩短，但这样浇筑的混凝土都呈斜向增高，使砂浆和粗骨料分布不太均匀，加上振捣器都是斜向振捣，不如竖向振捣能保证质量。因此，两种浇筑方法各有利弊。

2）斜卧式浇筑。进出口山坡上常有斜卧式管道，混凝土浇筑时应由低处开始逐渐向高处浇筑，使每层混凝土浇筑层保持水平。

不论平卧还是斜卧，在浇筑时，都应注意两侧或周围进料均匀，快慢一致。否则，将产生模板位移，导致管壁厚薄不一，会严重影响管道质量。

第三节　橡胶坝

橡胶坝是水利工程应用较为广泛的河道挡水建筑物，是用高强度合成纤维织物做受力骨架，内外涂敷橡胶作保护层，加工成胶布，再将其锚固于底板上成封闭状的坝袋，通过充排管路用水（气）将其充胀形成的袋式挡水坝。坝顶可以溢流，并可根据需要调节坝高，控制上游水位，以发挥灌溉、发电、航运、防洪、挡潮等效益。

在应用时以水或气充胀坝袋，形成挡水坝。不需要挡水时，泄空坝内水或气，恢复原有河渠的过流断面，在行洪河道的水或气应进行强排，以满足河道行洪在时间的要求。

一、橡胶坝的形式

橡胶坝分袋式、帆式及刚柔混合结构式三种坝型，比较常用的是袋式坝型。坝袋按充胀介质可分为充水式、充气式和气水混合式；按锚固方式可分锚固坝和无锚固坝，锚固坝又分单线锚固和双线锚固等。

橡胶坝按岸墙的结构形式可分为直墙式和斜坡式。直墙式橡胶坝的所有锚固均在底板上，橡胶坝坝袋采用堵头式，这种形式结构简单，适应面广，但充坝时在坝袋和岸墙结合部位出现拥肩现象，引起局部溢流，这就要求坝袋和岸墙结合部位尽可能光滑。斜坡式橡胶坝的端锚固设在岸墙上，这种形式坝袋在岸墙和底板的连接处易形成褶皱，在护坡式河道中，与上下游的连接容易处理。

二、橡胶坝组成及其作用

橡胶坝结构主要由三部分组成：

1. 土建部分

土建部分包括基础底板、边墩（岸墙）、中墩（多跨式）上下游翼墙、上下游护坡、上游防渗铺盖或截渗墙、下游消力池、海漫等。铺盖常采用混凝土成黏土结构，厚度视不同材料而定，一般混凝土铺盖厚 0.3m，黏土铺盖厚不小于 0.5m。护坦（消力池）一般采用混凝土结构，其厚度为 0.3~0.5m。海漫一般采用浆砌石，干面石成铅丝石笼，其厚度一般为 0.3~0.5m。

（1）底板。橡胶坝底板形式与坝型有关，一般多采用平底板，枕式坝为减小坝肩，在每跨底板端头一定范围内做成斜坡。端头锚固坝一般都要求底板面平直，对于较大跨度的单个坝段，底板在垂直水流方向上设沉降缝。

（2）中墩。中敬的作用主要是分隔坝段，安放溢流管道，支承枕式坝两端堵头。

（3）边墩。边墩的作用主要是挡土，安放溢流管道，支承枕式坝端部堵头。

2. 坝体（橡胶坝袋）

用高强合成纤维织物做受力骨架，内外涂上合成橡胶作黏结保护层的胶布，锚固在混凝土基础底板上，成封闭袋形。用水（气）的压力充胀，形成柔性挡水坝。主要作用是挡水，并通过充坍坝来控制坝上水位及过坝流量。橡胶坝主要依靠坝袋内的胶布（多采用锦纶帆布）来承受拉力，橡胶保护胶布免受外力的损害。根据坝高不同，坝袋可以选择一布二胶、二布三胶、三布四胶，采用最多的是二布三胶，一般夹层胶厚 0.3~0.5m，内层覆盖胶大于 2.0mm，外层覆盖胶大于 2.5mmn，坝袋表面上涂刷耐老化涂料。

3. 控制和安全观测系统

控制和安全观测系统包括充胀和坍落坝体的充排设备，安全及检测装置。

三、橡胶坝设计要点

1. 坝址选择

设计时应根据橡胶坝特点和运用要求，综合考虑地形、地质、水流、泥沙、环境影响等因素，经过技术经济比较后确定坝址，宜选在河段相对顺直、水流常态平顺及岸坡稳定的河段，不宜选在冲刷和淤积变化大，断面变化频繁的河段；同时，应考虑施工导流、交通运输、供水供电、运行管理、坝袋检修等条件。

2. 工程布置

力求布局合理、结构简单、安全可靠、运行方便、造型美观、宜包括土建、坝体、充排和安全观测系统等；坝长应与河（渠）宽度相适应，坍坝时应能满足河道设计行洪要求。单路坝长度应满足坝袋制造，运输，安装，检修以及管理要求，取水工程应保证进水口取水和防沙的可靠性。

3. 坝袋

作用在坝袋上的主要设计荷载为坝袋外的静水压力和坝袋内的充水（气）压力。

设计内外压比 a 值的选用应经技术经济比较后确定。充水橡胶坝内外压比值宜选用 1.25~1.60；充气橡胶坝内外压比值宜选用 0.75~1.10。

坝袋胶布除必须满足强度要求外，还应具有耐老化、耐腐蚀、耐磨损、抗冲击、抗屈挠、耐水、耐寒等性能。

4. 锚固结构

锚固结构形式可分为螺栓压板锚固、楔块挤压锚固以及胶囊充水锚固三种。应根据工程规模、加工条件、耐久性、施工、维修等条件，经过综合经济比较后选用。锚固构件必须满足强度与耐久性的要求。

锚固线布置分单锚固线和双锚固线两种。采用岸墙错固线布置的工程应满足坍坝时坝袋平整不阻水，充坝时坝袋褶皱较少的要求。对于重要的橡胶坝工程，应做专门的锚固结构试验。

5. 控制系统

坝袋的充胀与排放所需时间必须与工程的运用要求相适应。

坝袋的充排有动力式和混合式。应根据工程现场条件和使用要求等确定，充水坝的充水水源应水质洁净，充排系统的设计包括动力设备、管路、进出水（气）口装置等。

（1）动力设备的设计应根据工程情况、运用管理的可靠性，操作方便等因素，经济合理地选用水装或空压机的容量及台数，重要的橡胶坝工程应配置备用动力设备。

（2）管路设计应与充排水（气）时间相适应，做到布置合理，运行可靠及维修方便，具有足够的充排能力。

（3）充水坝袋内的充（排）水口宜设置两个水帽，出口位置应放在能排尽水（气）的地方并在坝内设置导水（气）装置。

（4）寒冷地区管路埋设应满足防冻要求。

6. 安全与观测设备

安全设备设置应满足下列要求：

（1）充水坝设置安全溢流设备和排气阀。坝袋内压不超过设计值，排气阀装设在坝袋两端顶部。

（2）充气坝设置安全阀，水封管或U形管等充气压力监测设备。

（3）对建在山区河道、渗流坝上或有突发洪水情况出现的充水式橡胶坝，宜设自动坍坝袋置。

观测装置设置宜满足下列要求：橡胶坝上，下游水位观测，设置连通管或水位标尺，必要时亦可采用水位传感器，坝袋内压力观测设置，充水坝采用坝内连通管，充气坝安装压力表，对重要工程应安装自动监测设备。

7. 土建工程

橡胶坝土建工程应包括基础底板、边墩（岸墙）、中墩（多跨式）、上下游翼墙、上下游护坡、上游防渗铺盖或截渗墙、下游消力池、海漫等。

作用在橡胶坝上的设计荷载可分为基本荷载和特殊荷载两类。

基本荷载：结构自重、水重、正常挡水位或坝顶溢流水位时的静水压力、扬压力（包括浮托力和渗透压力）、土压力、泥沙压力等。

特殊荷载：地震荷载及温度荷载等。

坝底板、岸墙（中墩）应根据地基条件，坝高及上，下游水位差等确定其地下轮廓尺寸，其应力分析应根据不同的地基条件，参照其他规范进行计算，稳定计算可只作防渗抗滑动计算。

橡胶坝应尽量建在天然地基上，对建在较弱地基上的橡胶坝应进行基础处理。

上、下游护坡工程应根据河岸土质及水流流态分别验算边坡稳定及抗冲能力，护坡长度应大于河底防护的范围。

消力池（护坦）、海漫、铺盖除应满足消能防冲外，还应考虑减轻和防止坝袋振动。对经常溢流的橡胶坝工程，宜设陡坡段与下游消力池（护坦）衔接，应根据运用条件选择最不利的水位和流量组合进行消能防冲计算。

充气橡胶坝的消能防冲计算，应考虑坍坝时坝袋出现凹口引起单宽流量增大的因素。

控制室应满足机电设备布置和操作运行及管理需要，室内地面高程应高于校核洪水位，地下泵房应作防渗、防潮处理。

在已建拦河坝顶或溢洪道上加建橡胶坝时，应对原工程抬高水位后进行稳定及应力校核，并应考虑上游淹没影响和不得降低原有防洪标准。

四、土建工程施工

1. 基坑开挖

基坑开挖宜在准备工作就绪后进行。对于沙砾石河床，一般采用反铲挖掘机挖装，自卸汽车运至弃渣区，要求预留一定厚度（20~30cm）的保护层，用人工挖清理至设计高程。

对于坝基础石方开挖。应自上而下进行。设计边坡轮廓面可采用预裂爆破或光面爆破，高度较大的边坡应考虑分台阶开挖，基础岩石开挖时，应采取分层梯段爆破，紧邻水平建基面，可预留保护层进行分层爆破，避免产生大量的爆破裂隙，损害岩体的完整性；设计边坡开挖前，应及时做好开挖边线外的危石处理、削坡，加固和排水等工作。

在开挖过程中，对于降雨积木或地下水渗漏必须及时抽干，不得长期积水；若地基不满足设计要求，要开挖进行处理，并防止产生局部沉陷；侧墙开挖要严防塌方，以免影响工期，并注意防渗要求，使橡胶坝能正常运行操作。

2. 混凝土施工

主要有坝底板，上游防渗铺盖，下游消力池，边墩（中墩）等混配土施工。一般从岸边向中间跳仓浇筑。先浇筑坝基混凝土，再绕上游防漆铺盖混凝土。下游消力池混凝土。

坝底板混凝土施工流程：基础开挖→垫层混凝土→供排水管道安装→钢筋制作与安装→埋件与止水安装→模板安装→混凝土浇筑→拆模养护等。混凝土入仓时，注意吊罐卸料口接近舱面，缓慢下料，可采用台阶法或斜尽铺筑法，避免扰动钢筋或预埋件，先浇筑沟槽，再浇筑底板，振捣时严禁接触预埋件及钢管。

边墩（中墩）混凝土施工流程：基础开挖→混凝土垫层→供排水管道安装→基础钢筋制作与安装→基础预埋件与止水安装→基础模板制作与安装→基础混凝土烧筑→墩墙钢筋制作与安装→墩墙模板安装→墩墙混凝土浇筑→拆模养护等。边墩（中墩）混凝土施工同坝底板混凝土施工，一般先浇筑基础混凝土，后浇墩墙混凝土。墩墙混凝土施工时，在墙体顶部设置下料漏斗，均匀下料，分层振捣密实。

止水安装如橡皮止水带（条），铝皮止水等按设计要求进行。施工中按尺寸加工成型，拼组焊接，防止止水卷曲和移位，严禁止水上钉铁钉、穿孔。

3. 埋件和锚固

（1）预埋件安装。埋件安装有埋设在一期混凝土、地下和其他刷体中的预埋件。包括供排水管和套管、电气管道及电缆、设备基础、支架、吊架、坝袋锚固螺栓、垫板锚钩等固定件、接地装置等预埋件。

坝袋埋件：主要有锚固螺栓和垫板。当坝底板立模，箍筋完成后，应在钢筋上放出锚固槽位置，将垫板按要求摆放到位，在两端焊拉线固定架，拉线确定垫板的中心线和高程控制线，把垫板上抬至设计高程，中心对中然后焊接固定，再进行统一测量和检查调整，全部垫板安装完毕并检查无误后，可将锚固螺栓自下向上穿入垫板错桩孔内，测量高程，调整垂直度和固定。

锚固螺栓和垫板全部安装完成以后，可安装锚固槽模板和浇筑混凝土。

（2）锚固施工。锚固结构形式可分为螺栓压板锚固和模块挤压锚固。

螺栓压板锚固的施工。在预埋螺栓时，可采用活动木夹板固定螺栓位置，用经纬仪测量，螺栓中心线要求成一直线。用水准仪测定螺栓高度，无误差后用木支撑将活动木夹板固定于槽内。再用一根钢筋将所有的钢筋和两侧预埋件焊接在一起，使螺栓首先牢固不动，然后才可向槽内浇筑混凝土。混凝土浇筑一般分为两期：一期混凝土浇筑至距锚固槽底 100m 时，应测量螺栓中心位置高程和间距，发现设差及时纠正；二期混凝土浇筑后，在混凝土初凝前再次进行校核工作，压板除按设计尺寸制造外，还要制备少量尺寸不同规格的压板，以适用于拐角等特殊部位。

楔块锚固。必须在基础底板上设置锚固槽，槽的尺寸允许偏差为 ± 5mm，槽口线和槽底线一定要直，槽壁要求光滑平整无凸凹现象。为了便于掌握上述标准，可采用二期混凝土施工，二期混凝土预留的范围可宽一些。浇筑混凝土模块，要严格控制尺寸，允许偏差为小于 2mm；特别应保证所有直立面垂直前模块与后模块的斜面必须吻合，其斜坡角度一般取 75°。

锚固线布置分单线锚固、双线锚固两种。单线锚固只有上游一条锚固线，锚线短，锚固件少，但多费坝袋胶布，低坝和充气坝多采用单线锚固。由于单线锚固仅在上游侧锚固，坝袋可动范围大，对坝袋防振防磨损不利，尤其在坝顶溢筑时，有可能在下游坝脚处产生负压。将泥沙（或漂浮物）吸进坝袋底部，造成坝袋磨损，双线锚固是将胶布分别锚固于四周，锚线长，锚固件多，安装工作量大相应地处理密封的工作量也大。但由于其四周锚固，坝袋可动范围小，有利于坝袋防振防磨损。

五、坝袋安装

1. 安装前检查

坝袋安装前的检查主要有：

（1）模块，基础底板及岸墙混凝土的强度必须达到设计要求。

（2）坝袋与底板及岸墙接触部位应平整光滑。

（3）充排管道应畅通，无渗漏现象。

（4）预埋螺栓，垫板、压板、螺帽（或锚固槽、模块、木芯），进出水（气）口排气孔、超压溢流孔的位置和尺寸应符合设计要求。

（5）坝袋和底垫片运到现场后，应结合就位安装首先复查其尺寸和搬运过程中有无损伤，如有损伤应及时修补或更换。

2. 坝袋安装顺序及要求

（1）底垫片就位（指双铺线型坝袋）。对准底板上的中心线和锚固线的位置，将底垫片临时固定于底板锚固槽内和岸墙上，按设计位置开挖进出水口和安装水帽，孔口垫片的四周作补强处理，补强范围为孔径的 3 倍以上，为避免止水胶片在安装过程中移动，最好将止水胶片粘贴在底垫片上。

（2）坝袋就位。底垫片就位后，将坝袋胶布平铺在底垫片上，先对齐下游墙相应的锚固线和中心线，再使其与上游端锚固线和中心线对齐吻合。

（3）双线锚固型坝袋安装。按先下游，后上游，最后岸墙的顺序进行。先从下游底板中心线开始，向左右两侧同时安装，下游锚固好后，将坝袋胶布翻向下游，安装导水胶管，然后再将胶布翻向上游，对准上游锚固中心线，从底板中心线开始向左右两侧同时安装。锚固两侧边墙时，须将坝袋布挂起撑平，从下部向上部锚固。

（4）单线锚固型坝袋的安装。单线锚固只有上游一条锚固线，锚固时从底板中心线开始，向两侧同时安装，先安装底层，装设水帽及导水胶管，放置止水胶，再安装面层胶布。

（5）堵头式橡胶坝袋的安装。先将两侧堵头裙脚锚固好，从底板中线开始，向两侧连续安装锚固。为了避免误差集中在一个小段上，坝袋产生褶皱，不论采用何种方法锚固，锚固时必须严格控制误差的早均分配。

（6）螺栓压板锚固施工步骤。压板要首尾对齐，不平整时要用橡胶片垫平；紧螺帽时，要进行多次拧紧，坝袋充水试验后，再次拧紧螺帽；紧螺帽时宜用扭力扳手，按设定的扭力矩逐个螺栓进行拧紧；卷入的压轴（木芯或钢管）的对接缝虚与压板接缝处错开，以免出现软缝，造成局部漏水。

（7）混凝土模块锚固施工步骤。将坝袋胶布与底垫片卷入木芯，推至锚固槽的半圆形小槽内，逐个入前模块。一个前模块在两头处打入木楔块，在前模块中间放入后楔块。用大铁锤边打木楔块，边打后楔块，反复敲打使后楔块达到设计深度并挤紧时，才将木楔块撬起换上另两块后楔块，如此反复进行；当锚固到岸墙与底板转角处，应以锚固槽底高程为控制点，坝袋胶布可在此处放宽300mm左右，这样坝袋胶布就可以满足槽底最大弧度要求。

六、控制安全和观测系统

1. 控制系统

控制系统由水泵（鼓风机或空压机）。机电设备、传感器、管道和阀门等组成，其施工安装要求较高。任何部位漏水气都会影响坝袋的使用，在安装中应注意下列事项。

（1）所有闸阀在安装前。都要做压力试验，不水（气）才能安装使用，所有井表在安装前应经调试校验。

（2）充水式橡胶坝的管道大部分用钢管其弯头。三通和闸阀的连接处均用法兰，橡胶圈止水连接，尽可能用厂家产品，管道在底板分缝处，应加橡胶伸缩节与固定法兰连接。

（3）充气式橡胶坝的管道均采用无缝钢管，为节省管道，进气和排气管路可采用一条主供排气管。管与管之间尽可能用法兰连接，坝袋内支管与坝袋内总管连接采用三通或弯头，排气管道上设置安全阀，当主供气管内压力超过设计压力时开始动作，以防坝袋超压破坏。另外要在管道上设置压力表，以监测坝袋内压力，总管与支管均设阀门控制。

2. 安全系统

安全系统由超压溢流孔、安全阀、压力表、排气孔等组成，该系统的施工要求严密，不得有漏水（气）现象。安装时注意以下几点：

（1）密封性高的设备都要在安装前进行调试，符合设计要求方能安装使用。

（2）安全装置应设置在控制室内或控制室旁，以利随时控制。

（3）超压管的设置，其超压排水（气）能力应不小于进坝的供水（气）量。

3. 观测系统

观测系统由压力表、内压检测、上下游水位观测装置等组成，施工中应注意以下几点：

（1）施工安装时一定要掌握仪器精度，要保证其灵活性、可靠性和安全性。

（2）坝袋内压的观测要求独立管理，直接从坝内引管观测上、下游水位观测要求独立埋管引水，取水点尽量离上下游远点。

（3）坝袋的经纬向拉力观测，要求厂家提供坝袋胶布的伸长率曲线。

七、工程检查与验收

1. 施工期间应检查坝袋。锚固螺栓或模块标号及外形尺寸、安装构件、管道、操作设备的性能。

2. 检查施工单位提供的质量检验记录和分部分项工程质量评定记录，同时需进行抽样检查。

3. 坝袋安装后，必须进行全面检查，在无挡水的条件下。应做坝袋充坝试验；若条件许可，还应进行挡水试验。整个过程应进行下列项目的检查：

（1）坝袋及安装处的密封性。

（2）锚固构件的状况。

（3）坝袋外观观察及变形观测。

（4）充排观测系统情况。

（5）充气坝袋内的压力下降情况。

4. 充坝检查后，应排除坝袋内水（气）体，重新紧固锚固件。

5. 坝袋以设计坝高为验收标准。验收前的管理维护工作如下：

（1）工程验收前，应由施工单位负责管理维护。

（2）对工程施工遗留问题，施工单位必须认真加以处理，并在验收前完成。

（3）工程竣工后，建设单位应及时组织验收。

第四节　渠道混凝土衬砌机械化施工

国外无论是长距离输水渠还是灌区渠道衬砌混凝土工程，多采用机械化衬砌施工。

渠道衬砌机从衬砌成型技术方面可分为两类。一类是内置式插入振捣滑模成型衬砌技术；一类是表面振动滚筒碾压成型技术。相应也产生了两类不同衬砌设备。振捣滑模衬砌机大多采用液压振捣棒，而德国采用电动振捣棒。

渠道修整机分类：在渠坡修整技术方面分为三种，即精修坡面旋转铣刨技术；螺旋旋转滚动铣刨技术；回转链斗式精修坡面技术，与其对应产生了不同的渠坡修整机。

混凝土布料技术：有螺旋布料机和皮带布料机技术，螺旋布料机有单螺旋和双螺旋之分。

集面衬砌：有全断面衬砌，半断面衬砌和渠底衬助。

自动化程度：有全自动履带行走、自动导向、自动找正、半自动、导轮行走、电气控制、手动操作找正。

成套设备：有修整机、衬砌垫层布料机、衬砌机、分缝处理机、人工台车。

通过大型调水工程，在衬砌技术、机械设备、施工工艺等诸多方面进行了有益的探讨，并取得了很好的效果。随着科技的发展和新材料，新技术的应用，渠道机械化衬砌施工工艺的逐步完善，渠道机械化衬砌设备的国产化程度的提高，渠道机械化衬砌的成本将越来越低。

一、混凝土机械衬砌的优点

大断面渠道衬砌，衬砌混凝土厚度一般较小，8~15cm，混凝土面积较大。但不同于大体积混凝土施工，目前国内外基本可以分为人工衬砌和机械衬砌。由于人工衬砌速度较慢，质量不均一，施工缝多，逐渐被机械化衬砌所取代。

渠道混凝土机械衬砌施工的优点可归纳如下：

1. 衬砌效率高，一般可达到 $200m^2/h$，约 20m；

2. 衬砌质量好，混凝土表面平整、光滑，坡脚过度圆滑、美观，密实度、强度也符合设计要求；

3. 后期维修费用低。

机械化衬砌又分为滚筒式、滑模式和复合式。一般在坡长较短的渠道上，可以采用滑模式。滚筒式的使用范围较广，可以应用于各种坡长要求。根据衬砌混凝土施工工序，在渠道已经基本成型时，坡面预留一定厚度的原状土（可视土方施工者的能力，预留 5~20cm）。

二、衬砌坡面修整

渠道开挖时，渠坡预留约 30cm 的保护层，在衬由混凝土浇筑前，需要根据渠坡地质条件选用不同的施工方法进行修整。

坡脚齿墙按要求砌筑完后，方可进行削坡，削坡分三步进行。

粗削。削坡前先将河底塑料薄膜铺设好，然后，在每一个伸缩缝处，按设计坡面挖出一条槽，并挂出标准坡面线，按此线进行粗削找平，防止削过。

细削。是指将标准坡面线下混凝土板厚的土方削掉，相削大致平整后，在两条伸缩缝中间的三分点上加挂两条标准坡面线，从上到下挂水平线依次倒平。

刮平。细削完成后，坡面基本平整，这时要用3~4m长的直杆（方术或方铝），在垂直于河中心线的方向上来回刮动，直至刮平。

清坡的方法：

人工清坡。在没有机械设备的条件下，可以使用人工清坡，在需要清理的坡面上设置网格线，根据网格线和坡面的高差，控制坡面高程。根据以往的施工经验，在大坡面上即使严格控制施工质量，误差也在 ±3cm，这个误差对于衬砌厚度只有8~10cm厚度的混凝土来说，是不允许的，即使是有垫层，也不能满足要求，对于坡长更长的坡面，人工清坡质量是难以控制的。

螺旋式清坡机。该机械在较短的坡面上（不大于10m）效果较好。通过一镶嵌合金的连续螺旋体旋转，将土体进行切削，弃土可以直接送至渠顶。但在过长的坡面上不适应，因为过长的螺旋需要的动力较大，且挠度问题难以解决。

滚齿式。该清坡机沿轨道顺渠道轴线方向行走。一定长度的镶齿能转切削土体，切削下来的土体抛向渠底，形成平整的原状土坡面。一幅结束后，整机前移，进行下一幅作业。

先由一台削坡机粗削坡，削坡机保留4~8mm的保护层。待具备浇筑条件时，由另一台削坡机精削坡一次修至设计尺寸，并及时铺设保温防渗层。

超挖的部位用与建基面同质的土料或沙砾料补坡，采用人工或小型最压机械压实。对于因雨水冲刷或局部坍塌的部位，先将坡面清理成锯齿状，再进行补坡。补坡厚度高出设计断面，并按设计要求压实，可采用人工方式也可以使用与衬砌机配套使用的专用渠道修整机精削坡面。

修整后，渠坡上，下边线允许偏差要求控制在 ±20mm（直线段）或 ±50mm（曲线段），坡面平整度≤1cm/2m，当上覆沙砾料垫层时平整度2≤2cm/2m，高程偏差≤20mm。

渠坡修整后的平整度对保温板铺设的影响较大，土质边坡宜采用机械削坡以保证良好的平整度。

三、砂砾或者胶结沙砾垫层，保温层、防渗层铺设

1. 沙砾或者胶结沙砾垫层铺设

根据设计要求渠坡需要铺设沙砾料垫层。垫层沙砾料要求质地坚硬，清洁级配良好。铺料厚度、含水率、碾压方法及遍数通常根据现场试验确定。铺料及碾压可采用横向振动碾压衬砌机一次完成，表面平整度要求不大于1cm/2m。

采用垫层摊铺机可连续将沙砾或者胶结沙砾料摊铺在坡面和坡脚上，摊铺机振动梁系统同步将其密实成型，工效高、质量好。摊铺后，垫层密实度和坡面、坡脚表面形状误差均可满足设计要求。

垫层铺设后采用灌水（砂）法取样作相对密度检验。每 600m^2 或每压实班至少检测一次，每次测点不少于 3 个，坡肩、坡脚部位均设测点，检查处人工分层回填捣实，砂砾料或沙料削坡按渠道削坡的有关要求执行。

2. 保温层铺设

为满足抗冻（胀）要求，北方冬季低温地区的渠道混凝土衬砌下铺设保温层，保温材料通常采用聚苯乙烯泡沫塑料板。保温板是否紧贴建基面对衬砌面板混凝土能否振捣密实有较大影响。

外观完整，色泽与厚度均匀，表面平整清洁，无缺角、断裂、明显变形。保温板应错缝铺设，平整牢固，板面紧贴渠床，接缝紧密平顺，两板接缝处的高差不大于 2mm。板与板之间、板与坡面基础之间紧密结合，聚苯乙烯保温板位置放好后用 U 形卡从板面钉入砂砾料层固定（梅花状布置），铺好的板上面严禁穿戴钉鞋行走，铺板完成后，铺设复合土工膜之前同样对保温板的接缝、平整度进行检查，平整度控制在 ± 5mm，使用 2m 靠尺进行检查，接缝控制在 0~2mm。

3. 防渗层铺设

防渗层采用复合土工膜（两布一膜）。接缝处土工膜采用双焊缝热熔焊法拼接，充气法检查，土工布采用缝接法拼接。防渗层铺设、焊接完成后应禁止踩踏，以防损坏。

（1）复合土工膜铺设。复合土工膜施工之前首先做焊接试验，焊接抗拉强度至少不能低于母材的 80%，从试验得出适应与现场实际操作、施工的一些技术参数。

铺设时由坡肩自上而下滚铺至坡脚，中间不出现纵向连接缝。渠坡和渠底结合部以及和下段待铺的复合土工膜部位预留 50~80cm 搭接长度，坡肩处根据设计蓝图预留 80cm 复合土工膜的长度。复合土工膜在铺设时先将土工膜按尺寸、匹幅铺好，膜与膜之间不能有褶皱，复合土工膜垂直于水流方向铺设，膜与膜重合 10cm 进行焊接。铺时将焊接接头预留好后用剪刀剪断，土工膜铺好后进行固定，使用沙袋或其他重物将其压紧。

（2）复合土工膜裁剪。复合土工膜裁剪时以长木条作参照画线引导，保证裁剪后边缘整齐平顺，使用记号笔按照要求的最少搭接界限标识在接缝处上下两张膜上，保证焊接后的搭接宽度。

遇到建筑物时根据建筑物尺寸在复合土工膜上进行标识，并根据土工膜与建筑物的黏结宽度进行裁剪。

（3）复合土工膜与建筑物粘接。若复合土工膜与墩、柱、墙等建筑物进行粘接，粘接宽度不小于设计要求，建筑物周围复合土工膜充分松弛。保证土工膜与建筑物黏结牢固，防水密封可靠，对土工膜或墩柱进行涂胶之前，将涂胶基面清理干净，保持干燥。涂胶均匀布满黏结面，不出现过厚、漏涂现象。黏结过程和黏结后 2h 内黏结面不承受任何拉力，并保证黏结面不发生错动。

（4）复合土工膜连接。

1）连接顺序：缝合底层土工布、热熔焊接或粘接中层土工膜、缝合上层土工布。

2）土工膜热熔焊接：采用热合爬行机焊接。每天施工前均先作工艺试验，确定当天焊机的温度、速度、档位等工作参数。施工时应根据天气情况适时调整，环境气温在 5~35℃，进行正常焊接。气温低于 5℃时，焊接前对搭接面进行加热处理。当环境温度和不利的天气条件严重影响土工膜焊接时，不进行作业。焊接机械采用 ZPH-501 或 ZPH-210 型土工膜焊接机。温度控制在 420~450℃，焊机挡位控制在 3~3.5，焊机行走速度控制在 4.4~4.8m/min，保证不出现虚焊、漏焊和超量焊等现象。

土工膜焊接前将：土工膜焊接面上的尘土、现土、油污等杂物清理干净，水汽用吹风机吹干，保证焊接面清洁干燥。多块土工膜连接时，接头缝相互错开 100cm 以上，焊接形成“T”字形结点，而不出现“十”字形。

采用双焊缝焊接。双焊缝宽度采用 2×10mm，搭接宽度 10cm，焊缝间留有约 1cm 的空腔。在焊接过程中和焊接后 2b 内，保证焊接面不承受任何拉力及焊接面错动。

当施工中焊缝出现脱空、收缩起皱及扭曲鼓包等现象时，将其裁剪剔除后重新进行焊接出现虚焊、漏焊时，用特制焊枪补焊。

焊机定期进行保养和维护，及时清理杂物。

3）土工布缝合：将上层土工布和中屋土工膜向两侧翻叠，先将底层土工布铺平。搭接，对齐，进行缝合。土工布缝合采用手提缝包机，缝合时针距控制在 6mm 左右。保证连接面松紧适度、自然平顺，土工膜与土工布联合受力。上层土工布缝合方法与下层土工布缝合方法相同，土工布缝合强度不低于母材的 70%。

（5）复合土工膜保护措施

复合土工膜专车运输、装卸、搬运时不拖拉、硬拽，不使用任何可能对复合土工膜造成损伤的机具，避免尖锐物刺伤，复合土工膜铺设人员穿软底鞋，严禁穿硬底鞋或穿钉鞋作业、铺设好的复合土工膜由专人看管。严禁在复合土工膜上进行一切可能引起复合土工膜损坏的施工作业，提顶预留的土工膜及时挖槽用土封压。坡脚部位土工膜用彩条布包裹并用沙袋覆压保护，衬砌混凝土浇筑时，保证模板的支立和固定不造成复合土工膜破坏，采用在模板的辅助装置上压置重物、设置支撑等方法支立和固定模板；铺设过程中，采用砂袋或软性重物压重的方法。防止大风对已铺设土工膜造成破坏，施工现场严禁烟火。电气焊作业远离复合土工膜。

四、浇筑衬砌

渠坡混凝土浇筑衬砌是渠道工程的核心工作内容。

渠道衬砌按部位不同可分为渠坡衬砌和渠底衬砌。按地质条件不同可分为石渠、土渠、砂砾石渠道衬砌以及膨胀土。湿陷性黄土地区的渠道衬别，石渠段由于边坡较陡，现有渠道衬砌机尚不能满足使用要求。土质渠段和砂砾石渠段边坡通常较暖（1 ∶ 2 ~ 1 ∶ 3），采用衬砌机可取得良好效果。对于渠底衬砌，采用传统的人工拖模施工方法或专用的推铺设备即可满足进度和质量要求。

针对渠道衬砌混凝土面板超薄无筋，施工强度高、速度快、受气候因素影响大等特点，采用机械化施工的衬砌混凝土配合比应专门研究确定，保证混凝土下料后不分离，振捣后密实均匀。衬砌混凝土浇筑前宜进行生产性施工检验，以便验证混凝土配合比、衬砌设备工作参数及施工工艺的合理性。施工过程中，各类技术参数应根据地质、气候等实际情况适时调整。

1. 准备工作

砂砾料防冻胀层、聚苯乙烯保温板和复合土工膜经验收合格：校核基准线；拌和系统运转正常，运输车辆准备就绪；工作台车、养护酒水车等辅助施工设备运转正常；衬砌机设定到正确高度和位置；检查衬砌板厚的设置。板厚与设计值的允许偏差为 -5%~+20%。

2. 衬砌机的安装

国内衬砌机均为采用轨道式，控制好轨道线是衬砌机定位的关键。根据设计渠道纵轴线、梁道断面尺寸和衬砌机的特性，用全站仪放出渠顶和渠底的轨道中心线，及轨道顶面高程，人工精心铺设，轨道基底要求平整，密实便于控制梁坡衬砌厚度。渠底有地下水的情况必须先对地基进行相应处理（局部换填或浇筑混凝土垫层），难免轨道基底沉陷影响衬砌质量。

3. 模板安装

完成土工膜铺设后开始侧模安装。测量放样出面板横缝位置线和面板顶面及底面线，应严格按设计线控制其平整度，不出现陡坎接头。侧模及端头模板均采用 10” 槽钢安装模板时，在青面钢筋上加压砂袋对模板进行固定。齿槽和坡肩侧模板采用定型钢模板，混凝土衬砌施工过程中测量人员随时对模板进行校核，保证混凝土分缝顺直。

4. 混凝土拌制

渠道混凝土所用的原材料如水泥、粉煤灰、砂石骨料、外加剂等原材料要符合设计和有关规范要求。衬砌混凝土配合比由试验室提供，保证满足耐久性、强度和经济性等基本要求，并适应机械化施工的工作性要求。骨料的最大粒径不大于衬砌混凝土板厚度的 1/3，混凝土拌合物的坍落度为 7~9m。

衬砌混凝土的用水量、砂率、水灰比及掺和料比例通过优化试验确定。配合比参数不得随意变更，当气候和运输条件变化时，微调水量，但是维持入仓坍落度不变，以此保证衬砌混凝土机械化施工的工作性。

外加剂采用后掺法掺入，以液体形式掺加，其浓度和掺量根据配合比试验确定。混凝土的拌制时间通过试验确定，混凝土随拌，随运随用，因故发生分离、灌浆、严重泌水、坍落度降低等问题时，在浇筑现场重新拌和。若混凝土已初凝，作废料处理。

衬砌厚度的控制由衬砌机的液压升降支腿和内置的模板进行调节控制，轨道铺设纵坡比率与渠道的纵坡比率一致。在衬砌过程中使用自制的高程标签插入已铺好的混凝土中检查衬砌厚度（包括虚铺厚度及压光后的厚度）、坡肩、坡面、坡脚处均设侧点，如发现厚度有误差及时进行调整。

5. 衬砌混凝土浇筑

在混凝土衬期基层检查合格后，进行混凝土衬砌施工。混凝土熟料由混凝土搅拌车运输至布料机进料口，采用螺旋布料器布料，开动螺旋输料器均匀布置。开动振动器和纵向行走开关，边输料边振动、边行走。布料较多时，开动反转功能，将混凝土料收回。布料宽度达到 2~3m 时，开动成型机。启动工作部分开始二次振捣、提浆、整平、施工时料位的正常高度应在螺旋布料器叶片最高点以下，保证不缺料。30cm 段护顶混凝土与架坡混凝土一次成型，使用滑膜衬砌机时完成一段渠坡衬砌后生前行进。用同衬砌厚度相同的槽钢作为上下边模板，安装在上口设计水平段外边线和坡脚齿槽外边线处，并用钢筋桩与底基定位，防止边脚混凝土坍塌变形。

滑模衬砌机施工出现的局部混凝土面缺陷由人工进行修补，保证衬砌面的平整。

混凝土浇筑过程中应高度重视振捣工艺，确保混凝土振捣密实、表面出浆，避免漏振、过振或欠报。浇筑后应避免扰动，严禁踩踏。渠底混凝土浇筑时，要避免用水、渠坡养护水、地下水等外来水流入仓位，影响混凝土浇筑质量或对已浇筑完成的混凝土造成破坏。渠底混凝土严重的部水问题通常会导致成品混凝土遭受冻融或表面剥蚀损坏，施工时应采取恰当的处理措施。

当衬砌机出现故障时，立即通知拌和站停止生产，在故障排除衬砌机内混凝土尚未初凝时继续衬砌。若停机时间超过 2h，及时将衬砌机驶离工作面，清理仓内混凝土，故障出现后对已浇筑的混凝土进行严格的质量检查，并清除分缝位置以外的浇筑物，为恢复衬砌作业做好准备。混凝土终凝后及时铺盖棉毡洒水养护，制缝完成后，进行第二次覆盖。

6. 衬砌混凝土表面成型

衬砌混凝土初凝前应采用与混凝土衬砌机配套的专用抹面压光机及时进行抹面压光，表面平整度控制在 5mm~2m。

混凝土浇筑完成后要及时提浆抹面，确定合理的收面时机和抹面遍数，既要保证衬砌混凝土面板的平整度，又要避免过度抹充，严禁扰动已初凝的混凝土，杜绝二次洒水、撒灰抹面。

（1）采用混凝土抹光机 + 人工进行表面成型。

抹光机抹盘抹面具有对混凝土挤压及提浆整平功能。压光由人工完成，并配备 2m 靠尺跟踪检测平整度，混凝土表面平整度控制在 5mm~2m，人工采用钢抹子抹面，一般为 2~3 遍。初凝前及时进行压光处理，清除表面气泡，使混凝土表面平整、光滑、无抹痕。衬砌林面施工严禁泗水、撒水泥、涂抹砂浆，抹光机将自下而上，由左到右按顺序有搭接的进行。

抹光机整面后，人工用钢抹子随后进行压光出面，压光由渠坡横断面最初施工的一侧向另一侧推行，在施工时及时用 2m 靠尺检查，对不符合要求的及时处理，确保出面光滑平整。表面平整度要求控制在 5mn~2m 以内。

（2）采用多功能混凝土表面成型机进行表面成型。

多功能混凝土表面成型机具有对混凝土表面挤压。提浆整平及压光功能，工作方式与振动碾压成型机基本相同。

7. 伸缩缝施工

（1）一般规定

1）伸缩缝按缝深分为半缝和通缝。半缝深度为混凝土板厚的 0.5~0.75 倍，通缝深度、预留缝为贯穿混凝土板厚度，制缝为混凝土板厚的 0.9 倍。

2）伸缩缝按方向可分为横缝和织缝。横缝垂直于渠轴线，纵缝平行干渠轴线。

3）伸缩缝宽度为 1~2cm。

4）伸缩缝下部用聚乙烯闭孔泡沫板填充，顶部 2cm 用聚硫密封胶填充。

（2）施工方法

1）伸缩缝形成

通缝可采取预留方法。按设计通缝位置支立模板，浇筑模板内混凝土，混凝土达到一定强度后，拆除模板，在混凝土立面上粘贴聚乙烯闭孔泡沫板和顶部 2cm 的预留物（聚乙烯闭孔泡沫板、泡沫保温板等材料），再浇筑聚乙烯闭孔泡沫塑料板另一侧的混凝土，待伸缩缝两侧的衬砌混凝土达到一定强度后，取上部 2cm 的预留物，填充聚硫密封胶。

半缝及通缝均可采取混凝土切割机切割。切缝前应按设计分缝位置，用墨斗在衬砌混凝土表面弹出切缝线。混凝土切割机宜采用桁架支撑导向，以保证切缝顺直，位置准确。如果无法使用桁架支撑导向部位（如坡肩、齿槽、桥梁、排水并等部位）人工导向切割，宜先切割通缝，后切割半缝。

混凝土切割：桁架与衬砌机共用轨道，设置自行走系统。

纵缝切割：根据纵缝数量配备混凝土切割机，调整桁架的升降系统控制切割深度，通过桁架自行走控制桁架沿纵缝方向的行走速度，一次完成多条纵缝的切割。

横缝切割：调整桁架的升降系统控制切割深度，通过牵引系统控制混凝土切割机沿横缝方向的行走速度（在支撑桁架内设置混凝土切割机的行走系统），一次完成一条横缝的切割。

人工切割:切割时通过手柄连杆机构，转动手轮使前轮升降，进行切割深度的调节。

坡面横缝一般由坡脚向坡肩切割。坡肩上固定一手动辘轳，将辘轳上的钢丝绳与切割机相连。切割时，一人操作切割机，控制切割深度和直线度。另一人控制切割速度，匀速摇动坡肩上的辘轳，牵引切割机以适宜的速度向坡肩移动。

切缝施工宜在衬砌混凝土抗压强度不低于 5MPa，且施工人员及切割机在切缝作业时不造成混凝土表面损坏时切割。可在渠道浇筑过程中，做一组或二组同条件养护的试块，根据试块的抗压强度，确定切缝的最佳时机。可参考：当日平均气温＜ 10℃时，最长时间不宜超过 2d ；当日平均气温在 10~15℃时，开始切割时间一般不超过 24h ；当日平均气温＞ 15℃时，混凝土表面人可以行走时就开始切割。为防止混凝土初裂，采取隔缝切割方法，未切缝在 2d 以后补切。

2）伸缩缝清理。

切割缝的缝面应用钢丝刷、手提式砂轮机修整，用空气压缩机将缝内的灰尘与余渣吹净，填充前缝面应洁净干燥，闭孔泡沫塑料板应采用专用工具压入缝内，并保证上层填充密封胶的深度符合设计要求。

3）填充密封胶。

明渠专用聚硫密封胶由 A、B 两组分组成，施工时按厂家说明书进行配制与操作。

在清理完成的伸缩缝两侧粘贴胶带，胶带宽一般为 3~5cm 胶带距伸缩缝边缘为 0.5cm。用毛刷在伸缩缝两侧均匀地刷除一层底涂料，20~30min 后用刮刀向涂胶面上涂 3~5mm 密封胶，并反复挤压，使密封胶与被黏结界面更好地浸润。用注胶枪向伸缩继中注胶，注胶过程中使胶料全部压入并压实，保证除胶深度。

（3）质量控制

1）切缝质量控制

按设计伸缩缝宽度购买混凝土切割片。在切制片上用红色油做好切制深度标识。切缝时锯片磨损较大，施工过程中应当经常用钢板尺检查切缝的宽度和深度，当不能满足设计要求时及时更换据片。

2）注胶质量控制

伸缩缝缝面必须用手提砂轮机或钢丝刷进行表面处理，用空气压缩机将缝内的灰尘与余渣吹净，黏结面必须干燥、清洁、无油污和粉尘。

注胶前必须进行缝深、缝宽的检查，确保聚硫密封胶充填厚度。

施胶完毕的伸缩缝，其胶层表面应无裂缝和气泡，表面平整光滑，涂胶饱满且无脱胶和洞胶现象，胶体颜色均匀一致。

密封胶与伸缩缝粘接牢固，粘接缝按要求整齐平滑，经养护完全硫化成弹性体后，胶体硬度应达到设计要求。

混合后的密封胶要确保在要求的时间内用完，过期的胶料不能再同新的密封胶一起使用。

若要进行密封效果满水或带压试验，必须待密封胶完全硫化后（7~14d）方可进行。

8. 养护

衬砌混凝土养护时间与普通混凝土一样，养护方式大致可分为喷雾养护、洒水养护、铺塑料薄膜养护、毡布等保湿养护及养护剂养护等。由于渠道衬砌施工速度快、线路长、面积大、混凝土面板厚度薄、所处环境气候变化大，因此如果养护不到位易使混凝土水分散失加快，造成水化作用不充分，从而导致混凝土强度不足、裂缝大量产生。因此，养护工作至关重要，应引起高度重视。

混凝土面层浇筑完毕后及时养护。在纵、横方向均匀洒布养护剂，喷洒要均匀，成膜厚度一致，喷洒时间在表面混凝土泌水完毕后进行，喷洒高度控制在 0.5~1m。除喷洒上表面外，板两侧也要喷洒。然后喷洒一次水，覆盖薄膜，养护不少于 28d，

9. 特殊天气施工

在渠道混凝土衬砌施工过程中如遇到特殊气候条件，要采取应急措施，保证衬砌混凝土施工质量。

（1）风天施工

采取必要的防范措施，防止塑性收缩裂缝产生。适当调整混凝土用水量，增加混凝土出机口的坍落度 1~2cm。在衬砌的作业要及时收面并立即养护，对已经衬砌完成并出面的浇筑段及时采取覆盖塑料布等养护措施。

（2）雨天施工

雨季施工要收集气象资料，并制定雨季雨天衬砌施工应急预案。砂石料场做好排水通道，运输工具增加防雨及防滑措施，浇筑仓面准备防雨覆盖材料，以备突发阵雨时遮盖混凝土表面。当浇筑期间降雨时，启动应急预案，浇筑仓面搭棚建档防雨水冲刷。降雨停止后必须清除舱面积水，不得带水抹面压光作业。降雨过后若衬砌混凝土尚未初凝，对混凝土表面进行适当的处理后才能继续施工；否则应按施工缝处理。雨后继续施工，需重新检测骨料含水率，并适时调整混凝土配合比中的水量。

（3）高温季节施工

日最高气温超过 30℃时，应采取相应措施保证入仓混凝土温度不超过 28℃。加强混凝土出机口和入仓混凝土的温度检测频率，并应有专门记录。

高温季节施工可增加骨料堆高、骨料场搭设防晒遮阳棚、骨料表面洒水降温等措

施降低混凝土原材料的温度，并合理安排浇筑时间，掺加高效缓凝减水剂，采用加冰或加冰水拌和，对骨料进行预冷等方法降低混凝土的入仓温度。混凝土运输罐车采取防晒措施，混凝土输送带搭建防晒棚等措施降低入仓温度。

（4）低温施工

当日平均气温连续5d稳定在5℃以下或现场最低气温在0℃以下时，不宜施工。如因需要继续施工，应采取措施保证混凝拌合物的入仓温度不低于5℃，当日平均气温低于0℃时，应停止施工。

低温季节施工可增加骨料堆高和覆盖保温方式，掺加防冻剂、热水拌和等措施。拌和水温一般不超过60℃，当超过60℃时，改变拌和加料顺序，将骨料与水先拌和，然后加入水泥拌和，以免水泥假凝。在混凝土拌和前，用热水冲洗拌和机，并将积水或冰水排除，使拌和机体处于正温状态。混凝土拌和时间比常温季节适当延长20%~25%。对混凝土运输车车罐采取保温措施，尽量缩短混凝土运输时间，对衬砌成型的混凝土及时覆盖保温或采取蓄热保温措施保温养护。

五、衬砌质量控制与检测

在衬砌过程中经常检查衬砌厚度，如有误差及时调整。

混凝土初凝前用2m靠尺随时检测平整度、注意坡肩、坡脚模板的保护，确保坡肩\坡脚的顺直。现场混凝土质量检查以抗压强度为主，并以150mm立方体试件的抗压强度为标准。混凝土试件以出机口随机取样为主。每组混凝土的3个试件应在同一储料斗或运输车箱内的混凝土中取样制作。浇筑地点试件取样数量宜为机口取样数量的10%。同一强度等级混凝土试件取样数量应符合下列要求：一是抗压强度。每次开盘宜取样一组，并满足以28d龄期，每100m^{3}成型一组，设计龄期每200m^{3}成型一组的要求；二是抗冻、抗渗指标：其数量可按每季度施工的主要部位取样成型1~2组；三是抗拉强度：对于28d龄期每2000m^{3}成型一组，设计龄期每3000m^{3}成型一组。混凝土浇筑施工现场应按班次详细记录本班组衬砌施工的情况。

第五节 生态护坡

生态护坡处于河流生态系统和陆地生态系统的交错带，具有明显的边缘效应。它在满足河流泄洪、排涝以及稳定堤岸的同时，对于维持河床稳定，增加动植物物种种源，提高生物多样性和生态系统生产力，提高河流自净能力，改进邻近地区的微气候，开展休闲娱乐活动等方面均有重要的现实意义和潜在价值。

生态护坡是综合工程力学、土壤学、生态学和植物学等学科的基本知识对斜坡或边坡进行防护，形成由植物成工程和植物组成的综合护坡系统的护坡技术。开挖边坡形成以后，通过种植植物，利用植物与岩土体的相互作用（根系锚固作用）对边坡表层进行防护、加固，使之既能满足对边坡表层稳定的要求，又能恢复被破坏的自然生态环境的护坡方式，是一种有效的护坡、固坡手段。

生态护坡技术应该是既满足河道护坡功能，又有利于恢复问道护坡系统生态平衡的系统工程。生态护坡技术可以分为植物护坡和植物工程措施复合护坡技术。植物护坡主要通过植被根系的力学效应（深根锚固和浅根加筋）和水文效应（降低孔压、削弱溅蚀和控制径流）来固土，防止水土面失，在满足生态环境需要的同时，还可以进行景观造景。植物工程复合护坡技术有铁丝网与碎石复合种植基、土木材料固土种植基、三维植被网、水泥生态种植基等形式。

一、生态护坡类型

1. 人工种草护坡

人工种草护坡，是通过人工在边坡坡面简单播撒草种的一种传统边坡植物防护措施，多用于边坡高度不高、坡度较缓的适宜草类生长的土质路堑和路堤边坡防护工程。

特点：施工简单、造价低廉等。

缺点：由于草籽播撒不均匀，草籽易被雨水冲走，种草成活率低等原因，往往达不到满意的边坡防护效果，而造成坡面冲沟，表土流失等边坡病害，导致大量的边坡病害整治。修复工程的出现，使得该技术近年应用较少。

2. 液压喷播植草护坡

液压喷播植草护坡是国外近十多年新开发的一项边坡植物防护措施。是将草籽、肥料、黏着剂、纸浆、土壤改良剂、上色素等按一定比例在混合箱内配水搅匀，通过机械加压喷射到边坡坡面完成植草施工的。

特点：施工简单、速度快、施工质量高、草籽喷播均匀、发芽快、整齐一致、防护效果好。正常情况下，喷播一个月后坡面植物覆盖率可达 70% 以上，两个月后形成防护。

绿化功能：适用性广。

目前，国内液压喷播植草护坡在水利、公路、铁路、城市建设等部门边坡防护与绿化工程中使用较多。

缺点：固土保水能力低，容易形成径流沟和侵蚀；施工者容易偷工减料做假，形成表面现象；因品种选择不当和混合材料不够，后期容易造成水土流失或冲沟。

3. 客土植生植物护坡

客土植生植物护坡是将保水剂、黏合剂、抗蒸腾剂、团粒剂、植物纤维、泥炭土、腐殖土、缓释复合肥等一类材料制成客土经过专用机械搅拌后吹附到坡面上，形成一定厚度的客土层。然后将选好的种子同木纤维、黏合、保水剂、复合肥、缓释营养液经过喷播机搅拌后喷附到坡面客土层中。

优点：可以根据地质和气候条件进行基质和种子配方，从而具有广泛的适应性；客土与坡面的结合牢固；土层的透气性和肥力好；抗旱性较好；机械化程度高、速度快。施工简单、工期短；植被防护效果好，基本不需要养护就可维持植物的正常生长。

该法适用于坡度较小的岩基坡面、风化岩及硬质土砂地、道路边坡、矿山、库区以及贫瘠土地。

缺点：要求边坡稳定、坡面冲刷轻微、边坡坡度大的地方，已经长期浸水地区均不适合。

4. 平铺草皮

平铺草皮护坡是通过人工在边坡面铺设天然草皮的一种传统边坡植物防护措施。

特点：施工简单、工程造价低、成坪时间短、护坡功效快施工季节限制少。

该法适用于附近草皮来源较易、边坡高度不高且坡度较缓的各种土质及严重风化的岩层和成岩作用差的软岩层边坡防护工程，是设计应用最多的传统坡面植物防护措施之一。

缺点：由于前期养护管理困难，新铺草皮易受各种自然灾害，往往达不到满意的边坡防护效果，而造成坡面冲沟、表土流失、坍滑等边坡灾害，导致大量的边坡病害整治、修复工程。近年来，由于草皮来源紧张，使得平铺草皮护坡的作用逐渐受到了限制。

5. 生态袋护坡

生态袋护坡是利用人造土工布料制成生态袋。植物在装有土的生态袋中生长，以此来进行护坡和修复环境的一种护坡技术。

特点：透水、透气、不透土颗粒、有很好的水环境和潮湿环境的适用性，基本不对结构产生渗水压力，施工快捷、方便、材料搬运轻便。

缺点：由于空间环境所限，后期植被生存条件受到限制，整体稳定性较差。

6. 混凝土生态护坡

混凝土生态护坡是由石块、混凝土砌块、现浇混凝土等材料形成网格，在网格中栽植植物，形成网格与植物综合护坡系统，既能起到护坡作用，同时能恢复生态、保护环境。

混凝土生态护坡将工程护坡结构与植物护坡相结合，护坡效果非常好。其中现浇网格生态护坡是一种新型护坡专利技术，具有护坡能力极强、施工工艺简单、技术合理、经济实用等优点，是新一代生态护坡技术，具有很大的实用价值，本节重点介绍混凝土生态护坡技术及技术要求。

二、生态混凝土材料

1. 骨料

骨料宜采用单级配，粒径宜控制在 20~40mm，针片状颗粒含量不宜大于 15%，粒径率不宜大于 10%，含泥（粉）总量不宜大于 1%。

2. 水泥

生态混凝土应采用通用硅酸盐水泥作为胶凝材料，包括硅酸盐水泥、普通硅酸盐水泥、矿渣硅酸盐水泥、火山灰质硅酸盐水泥、粉煤灰硅酸盐水泥成复合硅酸盐水泥。

3. 添加剂

制作用于水上护坡、护岸的生态混凝土，空隙内应添加盐碱改良材料，以改善空隙内生物生存环境。盐碱改良材料应具有下列功能；

（1）不破坏维持混凝土稳定性、耐久性的碱性环境；

（2）避免混凝土析出的盐碱性物质对生态系统的不利影响，于水上护坡、护岸的生态混凝土宜添加缓释肥，或通过盐城改良材料与混凝土析出物相互作用提供植物生长必需元素。

对有抗冻要求的地区，制作生态混凝土时应添加引气减水剂，提高抗冻融能力。

当需进一步提高生态混凝土抗压强度时，可在拌和时加入减水剂或环氧树脂，丙乳等聚合物黏合剂。

三、生态混凝土施工

1. 生态混凝土的配合比

生态混凝土的配合比应符合下列规定：

（1）生态混凝土的骨料品种和粒径、水灰比应满足防护安全要求和构建不同生态系统的需要。

（2）骨料粒径宜为 20~40m，水泥用量宜为 280~320kg/m^3，水灰比不宜大于 0.5，必要时应加入减水剂。

（3）采用碎石成砾石作为骨料的生态混凝土，其抗压强度不应小于 5MPa。

（4）盐碱改良材料用量应根据营养基和盐碱改良材料的性能综合确定，确保植物一次播种绿化年限不应少于 5 年。

2. 生态混凝土的配制

生态混凝土的配制应符合下列规定：

（1）生态混凝土的拌和宜采取两次加水方式，即先将骨料倒入搅拌设备中，加入用水量的 50%，使骨料表面湿润，再加入水泥进行搅拌混合，然后陆续加入的 50% 用水量继续进行搅拌，以骨料被水泥浆充分包裹，表面无流淌为度。

（2）生态混凝土在运送途中，应避免阳光暴晒、风吹、雨淋，防止形成表面初凝或脱浆。如有表团初凝现象，应进行人工拌和，符合要求后方可入仓。

3. 坡式结构施工

坡式结构清基及修坡应符合下列规定：

（1）坡式结构施工前应进行清基和修坡处理，不得有树根、杂草、垃圾、废渣、洞穴及粒径 50mm 以上的土块。

（2）坡面应平整、无软基，坡面修整的坡比，表面压实度应满足设计要求和生态修复要求。

（3）修整后的坡面无天然可耕作表土时，应根据设计要求，覆盖适合植物生长的土料。

（4）对清除的表土应外运至弃土场，不得重新用于填筑边坡；对可利用的种植土料宜进行集中储备，并采取防护措施。

营养土工布铺设应符合下列规定：铺设营养土工布作为反滤层时，营养层应在上侧，反滤层在底侧；营养土工布应遮光保护，施工时应避免被阳光长时间照射，防止老化；营养土工布铺设宜采用铁丝制成的 U 形钉将其固定在坡面上，防止滑移；施工人员应穿软底鞋进行铺设；并严禁吸烟。

预制生态混凝土构件铺设应符合下列规定：预制生态混凝土块体或混凝土外框内填生态混凝土构件，应采用专用的构件成型机一次浇筑成型；构件铺设时应整齐摆放，确保平整、稳定；缝隙应紧密、规则，间隙不宜大于 4mm 相邻构件边沿宜无错位，相对高差不宜大于 3mm；在整体护砌面铺设后四周空缺处，应采用相应几何形状的半块构件成生态混凝土现浇补充；当遭到坡面局部不平整时，可于铺设构件前，在营养型无纺布表面用土找平或夯平；搬运、摆放时应避免磕碰、摔打、撞击；铺设时严禁采用砸、跺、摔等方式找平。

现场浇筑生态混凝土应符合下列规定：现场浇筑生态混凝土应根器设计的分仓形式先进行分仓施工，浇筑生态混凝土前应预先在底面铺设一层小粒径碎石；生态混凝土进入框架、格室内后，应及时平整，可采用微型电动抹具压平或人工压实表面，保证与框架梁或格室紧密结合，不宜采用大功率振捣器进行振捣；生态混凝土浇筑厚度应满足设计要求，浇筑作业时间不宜过长，以避免骨料表面风干。

生态混凝土生态孔隙填充应符合下列要求：填充前应按生态混凝土盐碱改良要求和营养供应要求配制好填充材料，并摊铺在生态混凝土表面，厚度为生态很凝土厚度的 25%~30%。

生态孔隙填充方式可视具体情况选用下列方法。吹填法：用空气压缩机、吹风机吹镇，吹填时应减少飞溅量，以填充材料无法继续吹入为度；水填法：采用低水压喷水，使填充材料随水流注入生态孔隙内，水量不宜过大，避免水流将填充材料流走；振填法：生态混凝土预制构件可采用振填方法，可采用微型平板振动器最动构件外沿，使填充材料沉入生态孔径内。

生态混凝土表面种植土回填应符合下列规定：生态混凝土表面回填种植土采用可耕作土壤；回填种植土前应在基而撒一层土，然后在生态混凝土基面施用 15~20g/m^2 的速效底肥，速效底肥宜采用磷酸二楼、尿素等氮肥；回填土料含水率不应小于 15%，土料过干时，可在回填后的土料表面喷洒少量水；回填土时可人工摊平并轻压，摊平后的土料平均厚度不宜大于 20mm。

预制生态混凝土块体和构件的运输及安装应符合下列规定：块体和构件装运时应轻撤、轻放、轻码；运输中防止刚烈颇额，严禁抛掷和倾倒自卸；安装前坡面修整及反能材料铺设应按规定执行；安装时应从护坡基脚开始，由护坡底部向护坡顶部有序安装；安装应保持坡面平整，高差应控制在设计允许偏差范围内，不得凹凸过大；安装要符合外观质量要求，纵、横及斜向线条应平直；构件安装应稳固，不得晃动，错动，预制构件间的缝隙应紧密；在基脚、封顶处，两预制构件碰接处的空缺应用生态混凝土填实。

4. 墙式结构施工

生态混凝土墙式结构的箱式砌块制作应符合下列规定：

预制混凝土箱体应采用专用设备制作。

生态混凝土箱式砌块的内芯填浇方式可采，底层浇注生态混凝土 140mm，中间放置营养包 60~70mm，上层浇注生态混凝土 150mm。

用于水上挡墙的生态混凝土箱式砌块内，应在内芯生态混凝土浇筑并养护 7d 后，向孔隙内充灌盐碱改良材料。

生态混凝土墙式结构基础处理应符合下列规定：

应根据不同工程地质要求，选用混凝土或钢筋混凝土、浆砌石或干砌石、石笼等进行基础处理，并满足设计要求。除石笼基础外，其他形式基础应采用预留或预埋孔道方式保持水——土生态系统的联通。

采用混凝土基础时，当顶面达到设计高程面后，应保持表面平整或采用砂浆找平；采用浆砌石或干砌石基础时，应采用砂浆找平；采用石笼基础时，可在石笼顶层浇筑钢筋混凝土基础梁。

生态混凝土砌块或构件安装应符合下列规定：

生态混凝土砌块或构件宜采用水泥砂浆砌筑，砌缝宽度宜为 20~30mm，砂浆饱满度不应小于 80%。

在不影响挡墙安全稳定性的条件下，砌块或构件可采用适当错位方式摆放，提高挡墙空间异质性程度，增加生态修复效果。

砌块或构件安装应稳固，不得有错动、晃动现象，而块顶部应设混凝土压顶，保持整体稳定。

质量检验与评定：各种原材料、配合比，施工各个主要环节均应进行检查和控制。

应建立健全质量管理和保证体系，并根据工程规模和质量控制管理的需要，配备相应的技术人员和必要的检验、试验设备。建立健全必要的技术管理与质量控制制度。

5. 柔性生态护坡

柔性生态护坡工程系统的根植土厚度达 0.3m 以上，完全达到园林规范要求，植被土层的厚度，可为各种草本和木本植物提供良性生长的土壤环境。

（1）适合当地气候条件的植物，尽量选用乡土植物；

（2）选择不易退化的品种，尽量选择乔、灌、花、草等的立体植被形式；

（3）抗病虫害能力强，对周围环境的危害性小，选择易成活少维护的植被；

（4）寿命或者效果发挥时间长；

（5）具有足够美化环境的效果；

（6）容易维护管理。

柔性生态护坡优点：

1）结构稳定。自锁结构、整体受力、有很好的稳定性、对冲击力有很好的缓冲作用、抗震性好。生态袋具有透水、透气、不透土的性能。有很好的水环境和潮湿环境的适应性，基本不对结构产生反渗水压力。结构面通过植被的根系同原自然坡面结合成一个有机的整体，不会产生分离和坍塌等现象。对基础处理要求低。对不均匀沉降有很好的适应性，结构不产生温度应力，不需要设置伸缩缝。是永久性有生命的工程，随着时间的延续。植被根系进一步发达，结构的稳定性和牢固性也会进一步地加强。

2）生态环保。良好的生态环境系统，乔、灌、藤，花、草结合，植被不退化。不使用传统的高耗能材料，不产生建筑垃圾，没有施工噪音污染，能与生态环境很好的融合。植物种子选择多样化，在乡土植物、地带性的前提下，充分发挥植物根系的保土、挡水、改良环境等功能。绿化生态护坡的广泛应用，比传统做法节约 80% 以上的能源消耗，可为国家节约数以亿万计的二氧化碳等有害气体排污治理费。

3）施工快捷。施工快捷方便，施工人员专业技术要求低。管理方便，材料轻便易运易储，运输量比传统做法减少 95% 以上。

4）维护费低。良好的生态边坡，植被持久不会退化，不需后期维护费。相比于传统护坡，延长了植被生长时间，减少了修复次数费用。植物土壤改良方便，肥效利用明显提高，减少多次补肥费用，节省维护费用。就地取土，进行土壤改良，节省二次搬运费用。

四、生态袋

生态袋护坡系统针对开挖坡度 65°~75°，甚至更大坡度，易发生滑坡和坍塌的边坡，宜采用生态袋生态护坡系统进行防护施工。其核心技术是不可替代的商分子生态袋：用由来丙烯及其他高分子材料复合制成的材料编织而成，耐腐蚀性强，耐微生物分解，抗紫外线，易于植物生长，使用寿命长达 70 年的高科技材料制成的护坡材料。主要特点是：它允许水从袋体渗出，从而减小袋体的静水压力，它不允许袋中土壤泻出袋外，达到了水土保持的目的。成为植被赖以生存的介质，袋体柔软，整体性好。

生态袋护坡系统通过将装满植物生长基质的生态袋沿边坡表面层层堆叠的方式在边坡表面形成一层适宜植物生长的环境，同时通过连接配件将袋与袋之间，层与层之间，达到牢固的护坡作用，同时随着植物在其上的生长，进一步地将边坡固定然后在堆叠好的袋面采用绿化手段播种或栽植植物，进而达到恢复植被的目的。由于采用生态袋护坡系统所创查的边坡表面生长环境较好（可达到 30~40cCm 厚的土层），草本植物、小型灌木，甚至一些小乔水都可以非常好地生长，能够形成茂盛的植被效果。近年做广泛应用于各种恶劣情况下的边坡防护植工以及其他一些防护和生态修复领域。

施工程序：施工准备，做好人员、机具、材料准备、挖好基础、清坡，清除坡面浮石，尽可能平坡面。生态袋填充，将基质材料填装入生态袋内，采用封口扎带或现场用小型封口机封制，生态袋和生态袋结构扣及加筋格册的施工，基础和上层形成的结构将生态袋结构扣水平放置两个袋之间在靠近袋子边缘的地方，摇晃扎实袋子以便每一个标准扣刺穿袋子的正下面，每层袋子铺设完成后在上面放置木板并由人在上面行走踩踏，这一操作是用来确保生态袋结构扣和生态袋之间良好的联结。铺设袋子时，注意把袋子的缝线结合一侧向内竖放，每垒砌三层生态袋便铺设一层加筋格橱，加筋格栅一墙固定在生态袋结构扣。在墙的顶部，将生态袋的长边方向水平垂直于墙面覆战，以确保压顶稳固。喷播：采用液压喷播的方式对构筑好的生态袋墙面进行喷播绿化施工，然后加盖无动布，洒水养护。栽植灌木：对照苗木带的土球大小，用刀把生态袋切制一“T”字小口，同时揭开被切的袋片，用花铲将被切位置土壤取出至适合所带土球大小，被取土壤堆置于切口旁边用枝剪把苗木的营养袋剪开，完全露出土球，适当修购苗木根系与枝叶；把苗木放到土穴中，然后用花铲将土壤回填到土穴缝边，同时扎土，直到回填完好，并且盖好袋片，对于刚植完的苗木，必须浇透淋根水，后期按绿化规范管养。

五、三维植被网

1. 三维植被网结构

三维植被网是以热塑性树脂为原料，经挤出、拉伸等工序精制而成。它无腐蚀性，化学性稳定，对大气、土壤、微生物呈惰性。

三维植被网的底层为一个高核量基础层，采用双向拉伸技术，其强度高，足以防止植被网变形，并能有效防止水土流失。三维植被网的表层为一个起泡层，彭松的网包以便填入土壤，种上草籽帮助固土，这种三维结构能更好地与土壤相结合。

作用：在边坡防护中使用三维植被能有效地保护坡面不受风、雨、洪水的侵蚀。三维植被网的初始功能是有利于植被生长。随着植被的形成，它的主要功能是帮助草根系统增强其抵抗自然水土流失能力。

2. 三维植被网的特点

由于网包的作用，能降低雨滴的冲击能量，并通过网包阻挡坡面雨水的流速，从而有效地抵御用水的冲刷。这样在雨水的冲蚀作用下就会减少流失，在边坡表层土中起着加筋加固作用，从而有效地防止了表面土层的滑移；三维植被能有助于植被的均匀生长，植被的根系很容易在坡面土层中生长固定；三维植被网能做成草毯进行异地移植，能解决需快速防护工程的植被要求。

3. 三维网植草防护的特点

使边坡具有较大的稳定性。实施三维网植草后，草根生长与三维网形成地面网系，有效防止地表径流冲刷，而根系深入原状坡面深层，使坡面土层与三维网及草坪共同组成坡面防护体系，对坡面的稳定起到重要的作用；创造一个绿意浓郁的边坡生态环境，改善高速公路的景观，符合现行环境要求；工艺简单、操作方便、施工速度快、经济可行。

4. 施工程序与施工工艺

三维网植草是一种新的边坡防护方式，该方法具有工艺操作方便、施工速度快、经济可行的特点，且一般能满足河道边坡防护和美化的要求，其施工程序与工艺如下：

边坡场地处理→挂网→固定→回填土→喷播草籽→覆盖无纺布→养护管理。

（1）边坡场地处理。在修整后的坡面上进行场地处理，首先清除石头、杂草、垃圾等杂物然后平整坡面，使坡面流畅并要适当人工夯实，不要出现边坡凹凸不平、松垮现象。

（2）挂网。三维网（cm^3）在坡顶延伸 50cm 埋入截水沟或土中，然后自上而下平铺到坡肩，网与网间平搭，网紧贴坡面，无褶皱和悬空现象。

（3）固定。选用 ϕ 6mm 钢筋和 8# 铁丝做成的 U 形钉进行固定，在坡顶、搭接处采用主锚钉固定，坡面其余部分采用辅锚钉固定。坡顶锚钉间距为 70cm，坡面锚钉间距为 100cm。锚钉规格：主锚钉为（∮6mm 钢筋）U 形钢钉长 20~30cm，宽 10cm，辅锚钉为（∮8# 铁丝）U 形铁钉长 15~20cm，宽 5cm，固定时，钉与网紧贴坡面。

（4）回填土。三维网固定后，采用干土施工法进行回填土，把黏性土、复合肥或沤制肥充分搅拌均匀，并分 2~3 次人工抛洒在边坡坡面上，第一次抛洒的厚度控制在 3~5cm 为适，第二次抛洒厚度 1~2cm，回填直至覆盖网包（指自然沉降后）。每次抛洒完毕后，在抛洒土壤层的表面机械洒水，机械洒水时，水柱要分散，洒水量不能太多，以免造成新回填土流失，目的是使回填的干土层自然沉降，并要进行适度夯实，防止局部新回填土层与三维网脱离。要求填土后的坡面平整，无网包外露。所选用的黏性土应颗粒均称，显粉末状，无石块与其他杂物存在，肥料可采用进口复合肥（N ∶ P ∶ K=15 ∶ 15 ∶ 15）或堆沤基肥，用肥量为 $20g/m^2$。

采用干土施工法具有施工操作简单、对路面不会造成污染等优点。

（5）喷播草籽。喷播草籽：液压喷播绿化技术，其原理及操作方法是应用机械动力，液压传送，将附有促种子萌发小苗木生长的种子附着剂、纸纤维、复合肥、保湿剂、草种子和一定量的清水，溶于喷播机内经过机械充分搅拌，形成均匀的混合液，而通过高压泵的作用，将混合液高速均匀喷射到已处理好的坡面上，附着在地表与土壤种子形成一个有机整体，其集生物能、化学能、机械能于一体，具有效率高、成本低、劳动强度小、成坪快的优点。

草种配比：根据边坡的自然条件、立地条件、土壤类型等客观因素科学地进行草种配比，使其能在边坡坡面上良好生长，形成“自然、优美”的景观，使用的具体品种及用量视现场而定。

（6）覆盖无纺布。根据施工期间气候情况及边坡的坡度，来确定在喷播表面层盖单层或多层无纺布，以减少因强降水量造成对种子的冲刷，同时也减少边坡表面水分的蒸发，从而进一步改善种子的发芽、生长环境。

（7）养护管理。苗期注意浇水，确保种子发芽、生长所需的水分；适时揭开无纺布，保证草苗生长正常；适当施肥，一般使用进口复合肥，为草坪生长提供所需养分；定时针对性地喷洒农药，定期清除杂草，保证草坪健康生长；成坪后的草坪覆盖率达到 95% 以上，一片葱绿、无病虫害。

第五章　水利工程建设质量控制

近年来，国家投资大量资金新建、续建、维修、加固大批水利工程，为确保水利设施安全、确保人民生命财产安全、确保水源充足，发挥了巨大的作用。但在水利工程建设中仍有忽视工程质量的问题存在，必须高度重视，使我们在水利工程建设中总结经验，吸取教训，把水利工程质量摆上首要位置，真正把水利工程建设好。

第一节　质量控制的作用和任务

一、工程项目质量和质量控制的概念

1. 广义和狭义的质量概念

质量的主体是实体。实体可以是活动或过程（如监理单位受业主委托实施工程建设监理或承建商履行施工合同的过程），也可以是活动或过程结果的有形产品（如建成的厂房）或无形产品（如监理规划、监理实施细则等），也可以是某个组织体系或人，以及以上各项的组合。需要通常被转化为有规定准则的特性，如适用性、安全性、可信性、可靠性、可维修性、经济性、美观和环境协调等方面。明确需要是指在合同、标准、规范、图纸、技术文件中已经做出明确规定的要求。隐含需要一是指顾客或社会对实体的期望，二是指那些人们所公认的、不言而喻的、不必作出规定的需要，如住宅应满足人们最起码的居住功能即属于隐含需要。

广义的质量是指工程项目质量，它包括工程实体质量和工作质量两部分。工程实体质量包括工程质量、分部工程质量、单位工程质量;工作质量包括社会工作质量（如社会调查、市场预测、质量回访和保修服务等的质量）和生产过程工作质量（如政治工作质量、管理工作质量、技术工作质量和后勤服务质量等）。

工程质量的好坏是决策、计划、勘察、设计、施工等单位各方面、各环节工作质量的综合反映，而不是单纯靠质量检验检查出来的。要保证工程质量，就要求有关部门和人员精心工作，对决定和影响工程质量的所有因素严加控制，即以提高工作质量来保证工程实体质量。

2. 工程项目质量控制的概念

工程项目质量控制可定义为：为达到工程项目质量要求所采取的作业技术和活动。

工程项目质量要求则主要表现为工程合同的规定、设计文件、技术规范规定的质量标准。因此，工程项目质量控制就是为了保证达到工程合同规定的质量标准而采取的一系列措施、手段和方法。

工程项目的质量控制按其实施者不同，包括以下三个方面：

（1）业主方面的质量控制是工程建设监理的质量控制。其特点是外部的、横向的控制。工程建设监理的质量控制，是指监理单位受业主委托，为保证工程合同规定的质量标准对工程项目的质量控制。

（2）政府方面的质量控制是政府监督机构的质量控制。其特点是外部的、纵向的控制。政府监督机构的质量控制是按城镇或专业部门建立有权威的工程质量监督机构，根据有关法规和技术标准，对本地区或本部门的工程质量进行监督检查。

（3）承建商方面的质量控制。其特点是内部的、自身的控制。

二、工程建设各阶段对质量形成的影响

工程建设的不同阶段，对工程项目质量的形成有着不同的作用和影响。

1. 项目可行性研究阶段

项目可行性研究是运用技术经济学原理，在对与投资建设有关的技术、经济、社会、环境等方面进行调查研究的基础上，对各方面的拟建方案和建成投产后的经济效益、社会效益和环境效益等技术经济指标进行并分析、预测和论证，以确定项目建设的工程项目在可行的情况下提出最佳建设方案，以作为决策、设计的依据的过程。在此阶段需要确定工程项目的质量要求，并与投资目标相协调。因此，项目的可行性研究直接影响项目决策的质量。

2. 工程项目决策阶段

工程项目决策阶段的任务主要是确定工程项目应达到的质量目标及水平，项目决策要能充分反映业主对质量的要求和意愿。

3. 工程项目设计阶段

工程项目设计阶段，根据工程项目决策阶段已确定的质量目标和水平，通过工程设计使其具体化。设计在技术上是否可行、工艺是否先进、经济是否合理、设备是否配套、结构是否安全可靠等，都将决定工程项目建成后的使用价值和功能。因此，工程项目设计阶段是影响工程项目质量的决定性环节。

4. 工程项目施工阶段

工程项目施工阶段，根据设计文件和图纸的要求，通过施工形成工程实体，这一

阶段直接影响工程的最终质量。因此，工程项目施工阶段是工程质量控制的关键环节。

5. 工程项目竣工验收阶段

工程项目竣工验收阶段，是对工程项目施工阶段的质量进行试车运转。检查评定，考核质量目标是否符合设计阶段的质量要求。这一阶段是工程建设向生产转移的必要环节，影响工程是否最终形成生产能力，体现了工程质量水平的最终结果。

三、质量控制的依据

在工程项目施工阶段，监理人员进行质量控制的依据主要有以下几类：

1. 国家颁布的有关质量方面的法律法规。

2. 已批准的设计文件、施工图纸及相应的设计变更与修改文件。“按图施工”是施工阶段质量控制的一项重要原则，已批准的设计文件无疑是监理人员进行质量控制的依据。但是从严格质量管理和质量控制的角度出发，监理单位在施工前还应参加建设单位组织的设计交底工作，以达到了解设计意图和质量要求，发现图纸差错和减少质量隐患的目的。

3. 已批准的施工组织设计、施工技术措施及施工方案。施工组织设计是承包人进行施工准备和指导现场施工的规划性指导性文件，它详细规定了承包人进行工程施工的现场布置、人员组织配备和施工机具配置，每项工程的技术要求、施工工序和工艺、施工方法及技术保证措施，以及质量检查方法和技术标准等。施工承包人在工程开工前，必须提出对于所承包的建设项目的施工组织设计报请监理人审查，一旦获得批准，它就成为监理人进行质量控制的重要依据之一。

4. 合同中引用的国家和行业的现行施工操作技术规范、施工工艺规程及验收规范、评定规程。国家和行业（或部颁）的现行施工技术规程规范和操作规程，是建立、维护正常的生产秩序和工作秩序的准则，也是为有关人员制定的统一行动准则，它是工程施工经验的总结，与质量形成密切相关，因此必须严格遵守。

5. 合同中引用的有关原材料、半成品、构配件方面的质量依据。有关产品技术标准，如水泥、水泥制品、钢材、石材、石灰、砂、防水材料、建筑五金及其他材料的产品标准。

6. 发包人和施工承包人签订的工程承包合同中有关质量的合同条款。监理合同写有发包人和监理单位有关质量控制的权利和义务的条款，施工承包合同写有发包人和施工承包人有关质量控制的权利和义务的条款，各方都必须履行合同中的承诺，尤其是监理单位，既要履行监理合同的条款，又要监督施工承包人履行质量控制条款。因此，监理单位要熟悉这些条款，当发生纠纷时，应及时采取协商调解等手段予以解决。

7. 制造厂提供的设备安装说明书和有关技术标准。制造厂提供的设备安装说明书和有关技术标准是施工安装承包人进行设备安装必须遵循的重要技术文件，同样是监理人员对承包人的设备安装质量进行检查和控制的依据。

四、质量控制的作用和任务

（一）质量控制的作用

监理单位受建设单位的委托，依据国家和政府颁布的有关标准、规范、规程、规定及工程建设的有关合同文件，对工程建设项目质量形成过程的各个阶段、各个环节中影响工程质量的因素进行有效的控制，预防减少或消除质量缺陷，满足业主对工程质量的要求，使工程建设项目有良好的投资效益和社会效益。由此可见，质量控制在工程建设项目实施过程中具有十分重要的作用。

1. 克服由建设单位进行质量控制的片面性和放任性的弊端

监理单位按照建设单位的委托监理合同进行质量控制，就有了法律上的保证。监理单位是专职的质量控制监督机构，可以比建设单位更多深入施工现场，及时发现施工中的质量问题并加以纠正。监理单位是工程建设过程中的监督者，在某种意义上还是质量控制的实施者，监理单位还可以对建设单位进行质量控制发挥参谋作用，协助其进行质量控制决策，解决重大质量问题。

2. 促进建设单位和施工单位的质量控制活动

监理单位由于深入施工现场进行全过程质量控制，故可以促使施工单位更加自觉地按照技术规范、操作规范、设计要求、施工方案、工作程序、检验方法等进行施工，从而可以确保工程施工质量，对施工单位的技术水平与管理水平也可以起到促进和提高作用。监理单位实施对施工质量保证体系的检查监督，发现不完善的加以帮助改正，对健全质量体系、加强施工单位的全面质量管理是十分有益的。

3. 有利于施工单位健全施工保证体系

保证工程质量是一个复杂的系统工程，其中主要依靠施工单位内部建立完善的质量保证体系和正常运行，而施工单位的质量保证体系受合同环境的影响很大，如监理单位、材料供应单位、分包单位、外协单位等，都是质量保证体系的构成要素，如果没有这些单位的质量保证，施工单位的质量就不能保证，就难免会出现质量问题。监理单位除对施工单位进行质量监理外，还对其产品合同环境的质量活动进行必要的监理，审查各有关的质量保证体系，对其产品进行验收、检验、认证等把关活动。这一重要工作，离开质量监理是不可能实现的。

（二）质量控制的主要内容

质量控制包括以下主要内容：

1. 审查承包者的资格和质量保证条件，优选承包者，确认分包者。

2. 确定质量标准和明确质量要求。

3. 督促承建商建立与完善质量保证体系。

4. 组织与建立本项目的质量控制体系。

5. 项目实施过程中实行质量跟踪、监督、检查、控制。

6. 质量缺陷或事故的处置。

（三）施工阶段质量控制的任务

施工阶段的质量控制是工程项目全过程质量控制的关键环节。工程质量很大程度上取决于施工阶段的质量控制，其中心任务是要通过建立、健全有效的质量监督工作体系来确保工程质量达到合同规定的标准和等级要求。根据工程质量形成的时间阶段，施工阶段的质量控制可分为质量的事前控制和事后控制。其中，工作的重点应是质量的事前控制。

1. 质量的事前控制

（1）确定质量标准，确定质量要求。

（2）建立本项目的质量监理控制体系。

（3）施工场地的质检验收，包括：现场障碍物的拆除、迁建及清除后的验收；现场定位轴线及高程标桩的测设、验收。

（4）审查承建商的资质，包括：总承包单位的资质在招标阶段已进行了审查，开工时应检查工程主要技术负责人是否到位；审查分包单位资质。

（5）督促承建商建立并完善质量保证体系。

（6）检查工程使用的原材料、半成品，包括：审核工程所用材料，半成品的出厂证明、技术合格和质量保证书；抽检材料半成品质量；对采用的新材料、新型制品，应检查技术鉴定文件；对重要的原材料、制品、设备的生产工艺、质量控制检测手段应该实地考察，督促生产厂家完善质量保证体系和质量保证措施；检查结构构件生产厂家的生产许可证，考察其生产工艺；设备安装前，者是按相应技术说明书的要求检查其质量。

（7）施工机械的质量控制，包括：对影响工程质量的施工机械，按技术说明书查验其相应的技术性能，不符合要求的，不得在工程中采用；检查施工中使用的计量器具是否有相应的技术合格证，正式使用前进行校验与校正。

（8）审查施工单位提交的施工组织设计或施工方案，包括：审查施工组织设计或施工方案对保证工程质量是否有可靠的技术和组织措施；结合监理工程项目的具体情况，要求施工单位编制重点分部（分项）工程的施工方法文件；要求施工单位提交针对当前工程质量通病制定的技术措施；要求施工单位提交为保证工程质量而制定的质量预控措施；要求总包单位编制“土建、安装、装修”标准工艺流程图；审核施工单位关于材料、制品试件取样机试验的方法或方案；审核施工单位制定的成品保护的措施、方法；考核施工单位实验室的资质；完善质量报表、质量事故的报告制度等。

2. 质量的事中控制

质量的事中控制主要是指对其施工工艺过程的质量控制，其方式有现场检查、旁站、测量和试验。

（1）工序交接检查：坚持上道工序不经检查验收不准进行下道工序的原则，检验合格后签署认可才能进行下道工序。

（2）隐蔽工程检查验收。

（3）做好设计变更以及技术核定的处理工作。

（4）工程质量事故处理；分析质量事故的原因、责任；审核、批准处理工程质量事故的技术措施或方案；检查处理措施的效果。

（5）行使质量监督权，下达停工指令。

（6）严格执行工程开工报告和复工报告审批制度。

（7）进行质量和技术鉴定。

（8）对工程进度款的支付签署质量认证意见。

（9）建立质量监理日志。

（10）组织现场质量协调会。

（11）定期向总监理工程师和业主报告有关的质量动态情况。

3. 质量的事后控制

（1）组织试车运转。

（2）组织单位、单项工程竣工验收。

（3）组织对工程项目进行质量评定。

（4）审核竣工图及其他技术文件资料。

（5）整理工程技术文件资料并编目建档。

（四）保修阶段质量控制的任务

1. 审核承建商的工程保修证书。

2. 检查、鉴定工程质量状况和工程使用状况。

3. 对出现的质量缺陷确定责任人。

4. 督促承建商修复质量缺陷。

5. 在保修期结束后，检查工程保修状况，移交保修资料。

五、质量控制中遵循的原则

监理工程师在质量控制中应遵循以下原则：

1. 坚持质量第一。

2. 坚持以人为控制中心。

3. 坚持以预防为主。

4. 坚持质量标准。

5. 贯彻科学、公正、守法的职业规范。

第二节 影响工程质量的主要因素

在工程建设中，施工阶段影响工程质量的因素主要有人、材料、施工方案、施工机械和环境等五大方面。因此，事前对这五方面的因素严格予以控制，是保证建设项目工程质量的关键。

一、人的控制

人是直接参与工程建设的决策者、组织者、指挥者和操作者。以人作为控制的对象，是为了避免产生失误。控制的动力，是充分调动人的积极性，发挥“人的因素第一”的主导作用。为了避免人的失误，调动人的主观能动性，增强人的责任感和质量观，达到以工作质量保工序质量、促工程质量的目的。除加强政治思想教育，劳动纪律教育、职业道德教育；专业技术知识培训；健全岗位责任制；改善劳动条件；公平合理地激励外，还需根据工程项目的特点。从确保质量出发，本着适才适用，扬长避短的原则来控制人的使用。

在工程监理质量控制中，应从以下几方面来考虑人对质量的影响。

1. 领导者的素质

在对施工承包单位进行资质认证和优选时，一定要考核领导层的素质。因为领导层的整体素质高，必然决策能力强，组织机构健全，管理制度完善，经营作风正派，技术措施得力，社会信誉商，实践经验丰富，善于协作配合，有利于合同执行，有利于确保质量、进度、投资三大目标的控制。事实证明，领导层整体素质的提升是提高工作质量和工程质量的关键。所以，在 FIDIC（国际咨询工程师联合会）合同条款中明文规定：对项目经理、总工程师，以及计划、财务、质量、主体工程，装饰、试验、机械等的主要管理人员的个人经历及能力均要进行考查；监理工程师有权随时检查承包人员的情况，有权建议撤销承包方的任何施工人员，有权建议业主解除合同和驱逐承包商等。这些均有利于加强对承包方人员的控制，促使承包方领导层提高领导素质和管理水平。

2. 人的理论、技术水平

人的理论、技术水平直接影响工程质量水平尤其是对技术复杂、难度大、精度高、工艺新的建筑结构或者建筑安装的工序操作，均应选择既有丰富理论知识，又有丰富实践经验的工程技术人员承担。必要时，还应该对他们的技术水平予以考察，进行资质认证。

3. 生理的缺陷

根据工程施工的特点和环境，应严格控制人的生理缺陷，如有高血压、心脏病的人，不能从事高空作业和水下作业；反应迟钝、应变能力差的人，不能操作快速运行、动作复杂的机械设备；视力、听力差的人，不宜参与校正、测量或信号、旗语指挥的作业等。否则，将影响工程质量，引起安全事故、产生质量事故。

4. 人的心理行为

人由于要受社会、经济、环境条件和人际关系的影响，要受组织纪律、法律、规章和管理制度的制约。要受劳动分工、生活福利和工资报酬的支配。因此人的劳动态度、注意力、情绪、责任心等在不同地点、不同时期都会有所变化。如个人某种需要未得到满足，或者受到批评处分，带着不满的不稳定情绪工作，或上下级关系紧张，产生疑虑，畏惧、抑郁的心理，注意力发生转移，就极易引发质量、安全事故。所以，对某些需确保质量、万无一失的关键工序和操作。一定要分析人的心理变化，控制人的思想活动，稳定人的情绪。

5. 人的错误行为

人的错误行为，是指在工作场地或工作中吸烟，打赌、错视、错听、误判断、误动作等，这些都会影响质量或造成安全事故。所以，应采取措施，预防发生质量和安全事故。

6. 人的违纪违章

对人的违纪违章，必须严加教育、及时制止。

此外，应严格禁止无技术资质的人员上岗操作。总之，在使用人的问题上，应从思想素质、业务素质和身体素质等方面综合考虑，全面控制。

二、材料质量控制

（一）材料质量控制的要点

1. 订货前的控制

（1）掌握材料质量、价格、供货能力的信息，选择好的供货厂家，就可获得质量好、价格低的材料资源。从而就可确保工程质量，降低工程造价。为此，在主要材料、设备及构配件订货前，必须要求承包单位申报，经监理工程师论证同意后，方可订货。

（2）对主要装饰材料及建筑配件，应在订货前要求厂家提供样品或看样订货。主要设备订货时，要审核设备清单，看其是否符合设计要求。

（3）监理工程师协助承包单位合理、科学地组织材料采购、加工、储备、运输，建立严密的计划、调度、管理体系，加快材料的周转，减少材料的占用量，按质、按量、如期地满足建设要求。

2. 订货后的控制

（1）对永久工程的主要材料，进场时必须要具备正式的出厂合格证和材质化验单。如果不具备或是对检验证明有怀疑，则应补做检验。

（2）工程中所有构件。必须具有厂家批号和出厂合格证。预制钢筋混凝土或预应力钢筋混凝土构件，应该按规定的方法进行抽样检验。运输、安装等原因引起的构件质量问题，应分析研究，经鉴定处理后方能使用。

（3）凡标志不清或认为质量有问题的材料、对质量保证资料有怀疑或与合同规定不符的一般材料，由工程重要程度决定应进行一定比例试验的材料、需要进行追踪检验以控制和保证其质量的材料等，均应进行抽检。对于进口的材料设备和重要工程或关键施工部位所用的材料，则应全部进行检验。

（4）材料质量抽样和检验的方法，要能反映该批材料的质量性能。对于重要构件或非匀质的材料，还应酌情增加抽样的数量。

（5）对进口材料、设备，应会同商检局检验，如核对凭证时出现问题，应该取得供方和商检人员签署的商务记录，按期提出赔偿。

（6）对高压电缆、电压绝缘材料，要进行耐压试验。

3. 现场配置材料的控制

在现场配置的材料，如混凝土、砂浆、防水材料、防腐材料、保温材料等的配合比应先提出试配要求，经试验检验合格后才能使用。

4. 现场使用材料的控制

（1）对材料性能、质量标准、适用范围和施工要求必须充分了解，以便慎重选择和使用材料。

（2）合理地组织材料使用，减少材料的损失，正确按定额计量使用材料，加强运输、仓库、保管工作，加强材料限额管理和发放工作。健全现场管理制度，避免材料损失、变质，确保材料质量。

（3）凡用于重要结构、部位的材料。使用时必须仔细地核对，检查材料的品种、规格、型号、性能有无错误，是否适合工程特点和满足设计要求。

（4）新材料应用前，必须通过试验和鉴定；代用材料必须通过计算和充分的论证，并要符合结构的要求。

（5）要针对工程特点，根据材料的性能、质量标准、适用范围和对施工要求等方面进行综合考虑，慎重选择和使用材料。

（二）材料质量控制的内容

1. 掌握材料质量标准

材料质量标准是用以衡量材料质量的尺度，也是验收、检验材料质量的依据。不同的材料有不同的质量标准，如水泥的质量标准有细度、标准稠度用水量、凝结时间、强度和体积安定性等。掌控材料的质量标准，便于可靠地控制材料和工程的质量。

2. 材料质量的检验

（1）材料质量检验的目的

材料质量检验的目的，是通过一系列的检测手段，将所取得的材料数据与材料的质量标准相对比，借以判断材料质量的可靠性，决定其能否使用于工程中，同时还有利于掌握材料信息。

（2）材料质量的检验方法

材料质量检验方法有书面检验法、外观检验法、理化检验法和无损检验法等四种：

1）书面检验法是通过对提供的材料质量保证资料、试验报告等进行审核，取得认可方能使用的方法。

2）外观检验法是对材料从品种、规格、标志、外形尺寸等方面进行直观检查，看其有无质量问题的方法。

3）理化检验法是借助试验设备和仪器，对材料样品的化学成分、机械性能等进行科学的鉴定的方法。

4）无损检验法是在不破坏材料样品的前提下，利用 X 射线、超声波、表面探伤仪等进行检测的方法。

3. 材料质量检验程度

根据材料信息和保证资料的具体情况，其质量检验程度分为免检，抽检和全部检验三种：

（1）免检：免去质量检验过程。对有足够质量保证的一般材料，以及实践证明质量长期稳定可靠，且质量保证资料齐全的材料，可给予免检。

（2）抽检：按随机抽样的方法对材料进行抽样检验。对材料的性能不清楚，或对质量保证资料有怀疑，或对成批生产的构配件，均应按一定比例进行抽样检验。

（3）全部检验：凡进口的材料、设备和重要工程部位的材料，以及贵重的材料，应进行全部检验，以确保材料和工程质量。

4. 材料质量检验项目

材料质量的检验项目分为一般试验项目和其他试验项目。一般试验项目为通常进行的实验项目；其他试验项目为根据需要进行的试验项目。如水泥一般要进行标准稠度、凝结时间、抗压和抗折强度检验；若是小厂生产的水泥，往往由于安定性不好，则还应进行安定性检验。

5. 材料质量检验的取样

材料质量检验的取样必须有代表性，即所采取样品的质量应能代表该批材料的质量。在采样时必须按规定的部位，数量及采选的操作要求进行。

三、施工方案控制

施工方案的正确与否，是直接影响工程项目的进度、质量和投资三大目标能否顺利实现的关键。往往由于施工方案考虑不周而拖缓进度，进而影响质量增加投资。为此，监理工程师在审核施工方案时。必须结合工程实际，从技术、组织、管理、工艺、操作、经济等方面进行全面分析和综合考虑，力求方案技术可行、经济合理、工艺先进、措施得力、操作方便，有利于提高质量、加快进度、降低成本。

四、施工机械设备控制

从保证项目施工质量角度出发，监理工程师应从机械设备的选型、机械设备的主要性能参数和机械设备的使用操作要求等三方面予以控制。在项目施工阶段，监理工程师必须综合考虑施工现场条件、建筑结构型式、机械设备性能、施工工艺和方法、施工组织管理、建筑技术经济等各种因素，审核承包单位机械化施工方案。

1. 机械设备的选型

机械设备的选型，应按照技术上先进、经济上合理、生活上适用、性能上可靠、使用上安全、操作上方便和维修上方便等原则。彻底贯彻并执行机械化、半机械化与改良工具相结合的方针，突出机械与施工相结合的特色，使其具有工程的适用性，具有保证工程质量的可靠性，具有适用操作的方便性和安全性。

2. 机械设备的主要性能参数

机械设备的主要性能参数是选择机械设备的依据，要能满足施工需要和保证质量的要求。

3. 机械设备的适用、操作要求

合理适用机械设备，正确地进行操作，是保证项目施工质量的重要环节，应贯彻“人机固定”的原则，实行定机、定人、定岗位责任的“三定”制度。操作人员必须认真执行各项规章制度，严格遵守操作规程。防止出现安全质量事故。

五、环境因素控制

影响项目质量的施工环境因素较多，主要有技术环境、施工管理环境及自然环境。

技术环境因素包括施工所用的规程、规范、设计图纸及质量评定标准。施工管理环境因素包括质量保证体系、三检制、质量管理制度、质量签证制度和质量奖惩制度等。

自然环境因素包括工程地质、水文、气象和温度等。

上述环境因素对施工质量的影响具有复杂而又多变的特点，尤其是在某些环境下更是如此。如气象条件就是千变万化的，温度、大风、暴雨、酷暑、严寒等均影响到施工质量。为此，监理工程师要根据工程特点和具体条件，应当采取有效的措施，严格控制影响质量的环境因素，确保工程项目质量。

第三节　水利工程质量控制方法

一、施工阶段质量控制方法

施工阶段质量检查的主要方法有以下几种：

1. 旁站

监理人员按照监理合同约定，应该在施工现场对工程项目的重要部位和关键工序的施工，实施连续性的全过程检查、监督与管理。旁站是监理人员的一种主要现场检查形式。对容易产生缺陷的部位及隐蔽工程尤其应该加强旁站。

在旁站检查中，监理人员必须检查承包商在施工中所用的设备、材料及混合料是否与已批准的配比相符，检查是否按技术规范和批准的施工方案、施工工艺进行施工，注意及时发现问题和解决问题，制止错误的施工方法和手段，尽早避免事故的发生。

2. 检验

（1）巡视检验：监理人员对所监理的工程项目进行的定期或不定期的检查、监督和管理。

（2）跟踪检测：在承包人进行试样检测前，监理人员对其检测人员、仪器设备及拟定的检测程序和方法进行审核；在承包人对试样进行检测时，实施全过程的监督、确认其程序、方法的有效性以及检测结果的可信性，并对结果进行确认。跟踪检测的检测数量，对于混凝土试样，不应少于承包人检测数量的 7%；对于土方试样，不应少于承包人检测数量的 10%。

（3）平行检测：监理人员在承包人对试样自行检测的同时，应该独立抽样进行的检测，核验承包人的检测结果，平行检测的检测数量，对于混凝土试样，不应该少于承包人检测数量的 3%. 重要部位每种标号的混凝土至少取样一组；对于土方试样，不应少于承包人检测数量的 5%，重要部位至少取样三组。

跟踪检测和平行检测工作都应由具有国家规定资质条件的检测机构承担。平行检测费用由发包人承担。

3. 测量

测量是对建筑物的几何尺寸进行控制的重要手段之一。开工前，承包人要进行施工放样，监理人员要对施工放样及高程控制进行严格检查，对于不合格者不准开工。对模板工程，已完工程的几何尺寸、高程、宽度、厚度、坡度等质量指标，按规范要求进行测量验收，不符合要求的要进行修整，无法修整的进行返工。承包人的测量记录，均要事先经监理人员审核签字后才能使用。

4. 现场记录和发布文件

监理人员应认真、完整记录每日施工现场的人员、设备、材料和天气施工环境以及施工中出现的各种情况，作为处理施工过程中合同问题的依据之一，并且通过发布通知、指示、批复、签认等文件形式进行施工全过程的控制和管理。

二、施工阶段质量控制程序

1. 合同项目质量控制程序

（1）监理机构应在施工合同约定的期限内，经发包人同意后向承包人发出进场通知，要求承包人按约定及时调遣人员和施工设备、材料进场，进行施工准备。进场通知中应明确合同工期起算日期。

（2）监理机构应协助发包人向承包人移交施工合同约定应由发包人提供的施工用地、道路、测量基准点，以及供水、供电、通信设施等开工的必要条件。

（3）承包人完成开工准备后，应向监理机构提交开工申请。监理机构在检查发包人和承包人的施工准备满足开工条件后，签发开工令。

（4）由于承包人原因使工程未能按施工合同开工的，监理机构应通知承包人在约定时间内提交赶工措施报告并说明延误开工原因。由此增加的费用和工期延误造成的损失由承包人承担。

（5）由于发包人原因使工程没有未能按施工合同约定时间开工的，监理机构在收到承包人提出的顺延工期的要求后，应该立即与发包人和承包人共同协商补救办法，由此增加的费用和工期延误造成的损失由发包人承担。

2. 单位工程质量控制程序

监理机构应审批每一个单位工程的开工申请，熟悉图纸，审核承包人提交的施工组织设计、技术措施等，确认后签发开工通知。

3. 分部工程质量控制程序

监理机构应审批承包人报送的每一分部工程开工申请，市核承包人递交的施工措施计划，检查该分部工程的开工条件，确认后签发分部工程开工通知。

第四节　施工工序的质量控制

工程质量是在施工过程中形成的，不是检验出来的。工程项目的施工过程是由一系列相互关联和相互制约的工序所构成的。工序质量是基础，直接会影响工程项目的整体质量。要控制工程项目施工过程的质量，首先必须加强工序质量控制。

一、工序质量控制的内容

进行工序质量控制时，应着重进行以下四方面的工作。

1. 严格遵守工艺规程

施工工艺和操作规程，是进行施工操作的依据和法规，是确保工序质量的前提，任何人都必须遵守，不得违反。

2. 主动控制工序活动条件的质量

工序活动条件包括的内容有很多，主要指影响质量的五大因素，即施工操作者、材料、施工机械设备、施工方法和施工环境。只要将这些因素切实有效地控制起来，使它们处于被控状态，才能保证工序产品的质量和每道工序的正常和稳定。

3. 及时检验工序活动效果的质量

工序活动效果是评价工序质量是否符合标准的尺度。为此，必须加强质量检验工作，对质量状态进行综合统计与分析，及时掌握质量动态，对发现的质量问题应及时处理。

4. 设置质量控制点

质量控制点是指为了保证作业过程质量而预先确定的重点控制对象、关键部位或薄弱环节。设置控制点以便在一定时期内、一定条件下进行强化管理，使工序处于良好的控制状态。

二、工序分析

工序分析的任务就是找出对工序的关键或是重要的质量特性起着支配作用的那些要素的全部活动，以便能在工序施工中针对这些主要因素制定控制措施以及标准，进行主动的、预防性地重点控制，严格把关。工序分析一般可按以下步骤进行。

1. 选定分析对象、分析可能的影响因素，找出支配性要素。具体包括以下工作：

（1）选定的分析对象可以是重要的、关键的工序，或者是根据过去的资料认为是经常发生问题的工序。

（2）掌握特定工序的现状和问题、改善质量的目标。

（3）分析影响工序质量的因素，明确支配性要素。

2. 针对支配性要素，拟定对策计划，并加以核实。

3. 将核实的支配性要素编入工序质量控制表。

4. 对支配性要素落实责任，实施重点管理。

三、质量控制点的设置

设置质量控制点是保证达到施工质量要求的必要前提，监理人员在报订质量控制工作计划时，应予以详细考虑，并以制度来保证落实；对于质量控制点，需要事先分析可能会造成质量问题的原因，再针对原因制定对策和措施进行预控。

（一）质量控制点的设置步骤

承包人应在提交的施工措施计划中，根据自身的特点确定质量控制点，通过监理人员审核后，还要针对每个质量控制点进行控制措施的设计，主要步骤和内容如下：

1. 列出质量控制点明细表。

2. 设计质量控制点施工流程图。

3. 进行工序分析，找出影响质量的主要因素。

4. 制定工序质量表，对上述主要因素规定出明确的控制范围和控制要求。

5. 编制保证质量的作业指导书。

承包人对质量控制点的控制措施设计完成后，经监理人员审核批准后方可实施。

（二）质量控制点的设置对象

监理人员应督促施工承包人在施工前全面、合理合归地选择质量控制点，并且对施工承包人设置质量控制点的情况及拟采取的控制措施进行审核。必要时，应对施工承包人的质量控制实施过程进行跟踪检查或旁站监督，以确保质量控制点的实施质量。

承包人在工程施工前应根据施工过程质量控制的要求、工程性质和特点及自身的特点，列出质量控制点明细表，表中应详细地列出各质量控制点的名称或控制内容、检验标准及方法等，提交监理人员审查批准后，在此基础上实施质量预控。

需要设置质量控制点的对象主要包括：

1. 人的行为。某些工序或操作重点应控制人的行为，避免人的失误造成质量问题，如高空作业、水下作业、爆破作业等危险作业。

2. 材料的质量和性能。材料的质量和性能是直接影响工程质量的主要因素之一，尤其是某些工序更应将材料的质量和性能作为控制的重点，如预应力钢筋的加工，就对钢筋的弹性模量、含硫量等有较严格的要求。

3. 关键的操作。

4. 施工顺序。对有些工序或是操作，必须严格规定互相之间的先后顺序。

5. 技术参数。有些技术参数与质量密切相关，亦必须严格控制。如外加剂的掺量.混凝土的水灰比等。

6. 常见的质量通病。常见的质量通病如混凝土出现起砂、蜂窝、麻面、裂缝等现象都与工序中质量控制不严格有关，应事先制定好对策，提出预防措施。

7. 新工艺、新技术、新材料的应用。当新工艺、新技术、新材料虽已通过鉴定、试验，但是施工操作人员缺乏经验，又是初次施工时。必须对其工序进行严格控制。

8. 质量不稳定、质量问题较多的工序。通过质量数据统计，质量波动、不合格率较高的工序，也应作为质量控制点设置。

9. 特殊地基和特种结构。对于湿陷性黄土、膨胀性红黏土等特殊地基的处理，以及大跨度结构、高耸结构等技术难度大的施工环节和重要部位，更应特别控制。

10. 关键工序。如钢筋混凝土工程的混凝土振捣，灌注桩的钻孔、隧洞开挖的钻孔布置、方向、深度、用药量和填塞等。

质量控制点的设置要准确有效。因此选择哪些对象作为控制点，这需要由有经验的质量控制人员通过对工程性质和特点、自身特点及施工过程的要求充分进行分析后进行选择。

（三）两类质量控制点

从理论上讲，或在工程实践中，要求监理人员对施工全过程的所有施工工序和环节，都能实施检验。然而，在实际中难以做到这一点，为此，监理人员应督促施工承包人在施工前全面、合理地选择质量控制点。根据质量控制点的重要程度及监督控制要求不同，将质量控制点区分为质量检验见证点和质量检验待检点。

1. 质量检验见证点

承包人在施工过程中达到这一类质量控制点时，应事先书面通知监理人员到现场见证，观察和检查承包人的实施过程。在监理人员接到通知后未能在约定时间到场的情况下，承包人有权继续施工。

例如：在建筑材料生产时，承包人应事先书面通知监理人员对采石场的采石筛分进行见证。当生产全过程的质量较为稳定时，监理人员可以到场，也可以不到场见证。承包人在监理人员不到场的情况下可以继续生产，但需做好详细的施工记录供监理人员随时检查。在混凝土生产过程中，监理人员不一定对每次拌和都到场检验混凝土的温度、坍落度、配合比等指标，而可以由承包人自行取样，并做好详细的检验记录，供监理人员检查。然而，在混凝土标号改变或发现质量不稳定时，监理人员可以要求承包人事先书面通知监理人员到场检查，否则不得开拌。此时，这种质量控制点就成了质量检验待检点。

质量检验见证点的实施程序如下：

（1）施工或安装承包人在到达这一类质量控制点（质量检验见证点）之前24小时，书面通知监理人员，说明何日何时到达该质量检验见证点，要求监理人员届时到现场见证。

（2）监理人员应注明他收到见证通知的日期并且签字。

（3）如果在约定的见证时间监理人员未能到场见证，承包人有权进行该项施工或安装施工。

（4）如果在此之前，监理人员已对现场进行检查，并写明他的意见。则承包人在监理人员意见的旁边，应写明他根据上述意见已经采取的改正行动，或者他所可能有的某些具体意见。监理人员到场见证时，应仔细观察，检查该质量控制点的实施过程，并在见证表上详细记录。说明见证的建筑物名称、部位、工作内容、工时、质量等情况，并签字。该见证表还可用作承包人进度款支付申请的凭证之一。

2. 质量检验待检点

对于某些更为重要的质量控制点。必须要在监理人员到场监督、检查的情况下，承包人才能进行检验，这种质量控制点称为质量检验待检点。

例如，在混凝土工程中，由基础面或混凝土施工缝处理，模板、钢筋、止水、伸缩缝和坝体排水管安装及混凝土浇筑等工序构成混凝土单元工程，其中每一道工序都应由监理人员进行检查认证，每一道工序检验合格才能进入下一道工序。根据承包人以往的施工情况，有的可能会在模板架立上容易发生漏浆或模板走样事故，有的可能在混凝土浇筑方面经常出现问题。此时，就可以选择模板架立或混凝土浇筑作为质量检验待检点，承包人必须事先书面通知监理人员，并且在监理人员到场进行检查监督的情况下，才能进行施工。

当然，从广义上讲，隐蔽工程覆盖前的验收和混凝土工程开仓前的检验，也可以认为是质量检验待检点。

质量检验待检点和质量检验见证点执行程序的不同，就在于步骤，即如果在到达质量检验待检点时，监理人员未能到场，承包人不得进行该项工作，事后监理人员应说明未能到场的原因，然后双方约定新的检查时间。

质量检验见证点和质量检验待检点的设置，是监理人员对工程质量进行检验的一种行之有效的方法。这些质量控制点应根据承包人的施工技术力量、工程经验、具体的施工条件、环境、材料和机械等各种因素的情况来选定。各承包人的这些因素不同，质量检验见证点或质量检验待检点也就不同。有些质量控制点在施工初期当承包人对施工还不太熟悉、质量还不稳定时，可以定为质量检验待检点，而当施工承包人已熟练地掌握施工过程的内在规律、工程质量较稳定时，又可以改为质量检验见证点。某些质量控制点，对于这个承包人可能是质量检验待检点，而对于另一个承包人可能是质量检验见证点。

四、工序质量的检查

1. 承包人的自检

承包人是施工质量的直接实施者和责任者。监理工程师的质量监督与控制目的就是使承包单位建立起完善的质量自检体系并运转有效。

承包人应在施工场地设置专门的质量检查机构，配备专职质量检查人员，建立完善的质量检查制度。承包人应按照技术标准和要求(合同技术条款)约定的内容和期限，编制工程质量保证措施文件。包括质量检查机构的组织和岗位责任、质量检查人员的组成、质量检查程序和实施细则等，提交监理人员审批。监理人员应在技术标准和要求（合同技术条款）约定的期限内批复承包人。

承包人完善的自检体系是其承包人质量保证体系的重要组成部分，承包人各级质检人员应按照承包人质量保证体系所规定的制度。按班组值班检验人员专职质检员逐级进行质量自检，保证生产过程中质量合格，发现缺陷及时纠正和返工。把事故消灭在萌芽状态；监理人员应随时随地监督检查，保证承包人质量保证体系的正常动作，这是施工质量得到保证的重要条件。承包人应按合同约定对材料、工程设备及工程的所有部位和施工工艺进行全过程的质量检查和检验，并做好详细记录，编制工程质量报表，报送监理人员审查。

2. 监理人员的检查

监理人员的质量检查，是对承包人施工质量的复核与确认，监理人员的检查绝不能代替承包人的自检，而且，监理人员的检查，必须是在承包人自检并确认合格的基础上进行的，专职质检员没有检查或检查不合格不能报监理工程师。不符合上述规定，监理工程师一律拒绝进行检查。监理人员的检查，不免除承包人按合同约定应负的责任。

第五节　工程质量事故分析处理程序与方法

工程质量事故分析与处理的主要目的是：正确分析和妥善处理所发生的事故原因，创造正常的施工条件；确保建筑物构筑物的安全使用，减少事故的损失；总结经验教训，预防事故发生，区分事故责任；了解结构的实际工作状态，为正确选择结构计算简图、构造设计，修订规范、规程和有关技术措施提供依据。

一、质量事故分析的重要性

质量事故分析的重要性表现在：

1. 防止事故的恶化。例如，在施工中发现现浇的混凝土梁强度不足，就应该引起重视，如尚未拆模，则应考虑何时拆模，拆模时应采取何种补救措施。又如，在坝基开挖中，如果发现钻孔已进入坝基保护层，此时就应注意到，按照这种情况装药爆破对坝基质量的影响，同时及早采取适当的补救措施。

2. 创造正常的施工条件。如发现金属结构预埋件偏位较大。影响了后续工程的施工，则必须及时分析与处理后，方可继续施工，以保证工程质量。

3. 排除隐患。例如，在坝基开挖中，如果保护层开挖方法不当或是设计开挖面岩层较碎，会给坝的稳定性留下隐患。发现这些问题后，应进行详细的分析，查明原因，并采取适当的措施，以及时排除这些隐患。

4. 总结经验教训，预防事故再次发生。例如，在大体积混凝土施工中，出现深层裂缝是较普遍的质量事故，就应及时总结经验教训，杜绝这类事故的发生。

5. 减少损失。对质量事故进行及时的分析，可以防止事故的恶化。及时地创造正常的施工秩序，并排除隐患以减少损失。此外，正确分析事故，找准事故的原因，可为合理地处理事故提供重要依据，达到尽量减少事故损失的目的。

二、质量事故处理对发包人和承包人的要求

1. 发包人负责组织参建单位制定本工程的质量与安全事故应急预案，建立质量与安全事故应急处理指挥部。

2. 承包人应对施工现场易发生重大事故的部位、环节进行监控，配备救援器材和设备，并定期组织演练。

3. 工程开工前，承包人应根据本工程的特点制定施工现场施工质量与安全事故应急预案，并报发包人备案。

4. 施工过程中发生事故时，发包人、承包人应立即启动应急预案。

5. 事故调查处理由发包人按相关规定履行手续。

三、质量事故分析处理程序

1. 下达停工指示

事故发生（发现）后，总监理工程师首先向施工单位下达停工通知。事故发生（发现）后，施工单位要严格保护现场，采取有效措施抢救人员和财产，防止事故扩大。因抢救人员、疏导交通等原因需移动现场物件时，应当做出标志，绘制现场简图，并

作出书面记录。妥善保管现场重要痕迹和物证，并进行拍照或录像。发生（发现）较大、重大和特大质量事故时，事故单位要在 24 小时内向有关单位写出书面报告；发生突发性事故，事故单位要在 4 小时内电话报告有关单位。发生质量事故后，项目法人必须将事故的简要情况向项目主管部门报告。项目主管部门接到事故报告后，按照管理权限向上级水行政主管部门报告。一般质量事故向项目主管部门报告。较大质量事故逐级向省级水行政主管部门或流域机构报告。重大质量事故逐级向省级水行政主管部门或流域机构报告并抄报水利部。特大质量事故逐级向水利部和有关部门报告。

事故报告应当包括以下内容：

（1）工程名称、建设规模、建设地点、工期，项目法人、主管部门及负责人电话；

（2）事故发生的时间、地点、工程部位及相应的参建单位名称；

（3）事故发生的简要经过、伤亡人数和直接经济损失的初步估计；

（4）事故发生原因初步分析；

（5）事故发生后采取的措施及事故控制情况；

（6）事故报告单位、负责人及联系方式。

有关单位接到事故报告后，必须采取有效措施。防止事故扩大，并立即按照管理权限向上级部门报告或组织事故调查。

2. 事故调查

发生质量事故，要按照规定的管理权限组织调查组进行调查。查明事故原因，提出处理意见，提交事故的调查报告。

一般事故由项目法人组织设计、施工、监理等单位进行调查，调查结果报项目主管部门核备。

较大质量事故由项目主管部门组织调查组进行调查，调查结果报上级主管部门批准并报省级水行政主管部门核备。

重大质量事故由省级以上水行政主管部门组织调查组进行调查，调查结果报水利部核备。特大质量事故由水利部组织调查。

事故调查组的主要任务如下：

（1）查明事故发生的原因、过程、财产损失情况和对后续工程的影响；

（2）组织专家进行技术鉴定；

（3）查明事故的责任单位和主要责任者应该负的责任；

（4）提出工程处理和采取措施的建议和意见；

（5）提出对责任单位和责任者的处理建议和意见。

（6）提交事故调查报告。

事故调查组提交的调查报告经主持单位同意后，调查工作即告结束。

3. 事故处理

发生质量事故后，必须针对事故原因提出工程处理方案，经有关单位审定后实施。

一般质量事故，由项目法人负责组织有关单位制定处理方案并实行，报上级主管部门备案。

较大质量事故，由项目法人负责组织有关单位制定处理方案，经上级主管部门审定后实施，报省级水行政主管部门或流域机构备案。

重大质量事故，由项目法人负责组织有关单位提出处理方案，征得事故调查组意见后，报省级水行政主管部门或流域机构审定后实施。

特大质量事故，由项目法人负责组织有关单位提出处理方案，征得事故调查组意见后，报省级水行政主管部门或流域机构审定后实施。并报水利部备案。

事故处理需要进行设计变更的，需原设计单位或有资质的单位提出设计变更方案。雷要进行重大设计变更的，必须要经原设计审批部门审定后实施。

4. 检查验收

事故部位处理完成后，必须按照管理权限经过质量评定与验收，方可投入使用或进入下一阶段施工。

5. 下达复工通知

事故处理经过评定和验收后，总监理工程师下达复工通知。

四、质量事故处理的依据和原则

1. 质量事故处理的依据

进行工程质量事故处理的主要依据有：质量事故的实况资料；具有法律效力的、得到有关当事各方认可的工程承包合同、设计委托合同、材料或设备购销合同及监理合同或分包合同等合同文件；有关的技术文件、档案；相关的建设法规。

在这四方面依据中，前三种是与特定的工程项目密切相关的具有特定性质的依据。第四种法规性依据，是具有很高权威性、约束性、通用性和普遍性的依据，因而它在质量事故的处理事务中，也具有极其重要的作用。

2. 质量事故处理的原则

因质量事故造成人身伤亡的，还应遵守国家和水利部伤亡事故处理的有关规定。

发生质量事故，必须坚持事故原因不查清楚不放过、主要事故责任者和职工未受到教育不放过、补救和防范措施不落实不放过等“三不放过”原则，认真调查事故原因，研究处理措施，查明事故责任，做好相关事故处理工作。由质量事故而造成的损失费用，坚持谁该承担事故责任，由谁负责的原则。质量事故的责任者大致为:施工承包人；设计单位；监理单位；发包人。施工质量事故若是由施工承包人的责任引起的，则事故分析和处理中发生的费用完全由施工承包人自己负责。施工质量事故责任者若非是施工承包人，则需要质量事故分析和处理中发生的费用不能由施工承包人承担，且施工承包人可向发包人提出索赔。若是设计单位或监理单位的责任，则应按照设计合同或监理委托合同的有关条款，对责任者按情况给予必要的处理事故调查费用暂由项目法人垫付，待查清责任后，由责任方偿还。

五、质量事故处理方案的确定

1. 修补处理

这是最常用的一类处理方案。通常当工程的某个检验批、分项或是分部的质量虽未达到规定的规范标准或设计要求，存在一定缺陷，但通过修补或更换器具、设备后还可达到要求的标准，又不影响使用功能和外观要求时，可以进行修补处理。

修补处理的具体方案很多，诸如封闭保护、复位纠偏、结构补强、表面处理等。某些混凝土结构表面的蜂窝、麻面，经调查分析，可进行剔凿、抹灰等表面处理，一般不会影响其使用和外观。

较严重的质量问题，可能影响结构的安全性和使用功能的，必须按一定的技术方案进行加固补强处理。这样往往会造成一些永久性缺陷，如改变结构外形尺寸，影响一些次要的使用功能等。

2. 返工处理

在工程质量未达到规定的标准和要求，存在的严重质量问题，对结构的使用和安全构成重大影响，且而又无法通过修补处理的情况下，可对检验批、分项、分部甚至于对整个工程返工处理。例如，某防洪堤坝填筑压实后，其压实土的干密度未达到规定值，经核算将影响土体的稳定性且不满足抗渗能力要求，可挖除不合格土，重新填筑，进行返工处理。对某些存在严重质量缺陷，且无法采用加固补强等修补处理或修补处理费用比原工程造价还高的工程，应进行整体拆除，全面返工。

3. 施工项目的质量问题

施工项目的质量问题并非都要处理，即使有些质量缺陷，且已超出了设计要求，也可以针对工程的具体情况，经过分析论证，做出无须处理的结论。总之，对质量问题的处理要实事求是，既不能掩饰，也不能扩大，以免造成不必要的经济损失和延误工期。

无须处理的质量问题常有以下几种情况：

（1）不影响结构安全、生产工艺和使用要求的。例如，有的建筑物在施工中发生了错位，若要纠正，困难较大，或会将造成重大的经济损失。经分析论证，只要不影响工艺和使用要求，可以不做相关处理。

（2）检验中的质量问题，经论证后可不做处理的。例如，混凝土试块强度偏低，而实际混凝土强度经测试论证已达到要求，就可不做处理。

（3）某些轻微的质量缺陷，通过后续工序可以弥补的。例如，混凝土出现了轻微的蜂窝和麻面，而该缺陷可通过后续工序抹灰、喷涂刷白等进行弥补，则不需对墙板的缺陷进行处理。

（4）对出现的质量问题，经复核验算，仍能满足设计要求的。例如，结构断面被削弱后，仍能满足设计的承载能力。但这种做法实际上在挖设计的潜力，因此需要特别慎重。

六、质量问题处理的鉴定

质量问题处理是否达到预期的目的，是否留有隐患，是否需要通过检查验收来得出结论等。

事故处理后的质量检查验收，必须严格按施工验收规范中有关规定进行。必要时，还要通过实测、实量、荷载试验、取样试压仪表检测等方法来获取可靠的数据。这样，才可能对事故做出明确的处理结论。

事故处理结论的内容有以下几种：

1. 事故已经排除，可以继续施工；
2. 隐患已经消除，结构安全可靠；
3. 经修补处理后，完全满足使用要求；
4. 基本满足使用要求，但附有限制条件，如限制使用荷载，限制使用条件等；
5. 对耐久性影响的结论；
6. 对建筑外观影响的结论；
7. 对事故责任的结论等。

此外，对一时难以得出结论的事故，还应进一步提出观测检查的要求。

事故处理后，还必须提交完整的事故处理报告，其内容包括：事故调查的原始资料，测试数据、事故的原因分析和论证；事故处理的依据和事故处理方案、方法以及技术措施；检查验收记录；事故无用处理的情况，以及事故处理结论等。

第六节　水利工程建设项目验收管理

一、概述

水利工程建设项目大多以社会效益为主，主要使用政府投资建设，直接涉及公共安全和公共利益，必须加强政府的监督管理。水利工程建设项目验收是政府依法设立的基本建设程序的重要环节之一，是保证工程建设质量、安全和投资效益的重要措施。水利工程验收工作也存在一些突出的问题，主要表现在：一是验收主题不够明确，特别是由政府主持的各类验收，验收主持单位往往是工程完工后临时研究确定的，往往不利于对工程建设全工程实施监督管理，验收质量有待提高。二是验收相关单位和人员的验收责任不够明确，验收出现问题时难以落实责任追究制度，因此为了加强水利工程建设项目验收管理，明确验收责任，规范验收行为，结合水利工程建设项目的特点，对验收工作中涉及行政管理的相关内容做出具体规定，有利于规范基本建设程序，强化政府监督，明确管理职责，保证工程建设质量，充分发挥投资效益。

二、水利工程建设项目验收监督管理职责

1. 水利部负责全国水利工程建设项目验收的监督管理工作。

2. 水利部所属流域管理机构按照水利部授权，负责流域内水利工程建设项目验收的监督管理工作。

3. 县级以上地方人民政府水行政主管部门，按照规定权限负责本行政区城内水利工程建设项目验收的监督管理工作。

法人验收监督管理机关对项目的法人验收工作实施监督管理。由水行政主管部门或者流域管理机构组建项目法人的，该水行政主管部门或者流域管理机构是本项目的法人验收监督管理机关；由地方人民政府组建项目法人的，该地方人民政府水行政主管部门是本项目的法人验收监督管理机关。

三、水利工程建设项目验收类别

水利工程建设项目验收，按验收主持单位性质不同可分为法人验收和政府验收两类。法人验收是指在项目建设过程中由项目法人（包括实行代建制项目中，经项目法人委托的项目代建机构）组织进行的验收，法人验收是政府验收的基础，政府验收是指由相关人民政府水行政主管部门或者其他有关部门组织进行的验收。包括专项验收、

阶段验收和竣工验收。水利工程建设项目具备验收条件时，应该当及时组织验收。未经验收或者验收不合格的，不得交付使用或者进行后续工程施工（水利工程建设项目验收应当具备的条件、验收程序、验收主要工作及有关资料和成果性文件等具体要求，按照有关验收规程执行）。

四、水利工程建设项目验收的依据

水利工程建设项目验收的依据是：

1. 国家有关法律、法规、规章和技术标准；

2. 有关主管部门的规定；

3. 经批准的设计文件以及相应的工程变更文件；

4. 经批准的工程立项文件、初步设计文件、调整概算文件；

5. 施工图纸及主要设备技术说明书。

需要说明的是，当项目法人验收时，除了依据上述规定以外，还应当以施工合同为验收依据。

五、水利工程建设项目法人验收

法人验收包括工程建设完成分部工程、单位工程、单项合同工程和中间机组启动验收等。项目法人可以根据工程建设的需要增设法人验收的环节。

项目法人应当在开工报告批准后60个工作日内，制订法人验收工作计划，报法人验收监督管理机关和竣工验收主持单位备案。

施工单位在完成相应工程后，应当向项目法人提出验收申请。项目法人经检查认为建设项目具备相应的验收条件的应当及时组织验收。

分部工程验收的质量结论应当报该项目的质量监督机构核备；未经核备的，项目法人不得组织下一阶段的验收。

单位工程及大型的枢纽主要建筑物的分部工程验收的质量结论应当报该项目的质量监督机构核定；未经核定的，项目法人不得通过法人验收；核定不合格的，项目法人应当重新组织验收。质量监督机构应当自收到核定材料之日起20个工作日内，完成核定。

项目法人验收工作组由项目法人、设计、施工、监理等单位的代表组成，必要时可以邀请工程运行管理单位等参建单位以外的代表及专家参加。法人验收由项目法人主持，项目法人可以委托给监理单位主持分部工程验收。相关委托权限应当在监理合同或者委托书中明确。项目法人应当自法人验收通过之日起30个工作日内，制作法人验收鉴定书，发送参加验收单位并报送法人验收监督管理机关备案。法人验收鉴定书是政府验收的备查资料。单位工程投入使用验收和单项合同工程完工验收通过后，项目法人应当与施工单位办理工程的有关交接手续。

工程保修期从通过单项合同工程完工验收之日算起，保修期限按合同约定执行。

六、水利工程建设项目政府验收

水利工程建设项目政府验收包括专项验收、阶段验收和竣工验收。

1. 专项验收

在枢纽工程导（截）流、水库下闸蓄水等阶段验收前，涉及移民安置的，应当完成相关的移民安置专项验收。在工程竣工验收前，应该按照国家有关规定，进行环境保护、水土保持、移民安置及工程档案等专项验收。经有关部门同意，专项验收可与竣工验收一并进行。项目法人应当自收到专项验收成果文件之日起 10 个工作日内，将专项验收成果文件报送竣工验收主持单位备案。专项验收成果文件是阶段验收或者是竣工验收成果文件的组成部分。

2. 阶段验收

工程建设进入枢纽工程导（截）流、引（调）排水工程通水、首（末）台机组启动等关键阶段，应当组织进行阶段验收。竣工验收主持单位根据工程建设的实际需求，可以增设阶段验收的环节。工程参建单位是被验收单位，应当派代表全程参加阶段验收工作。

大型水利工程在进行阶段验收前，可以根据需要进行预验收。技术验收参照有关竣工技术预验收的规定进行。水库下闸蓄水验收前，项目法人应当按照有关规定完成蓄水安全鉴定验收。主持单位应当自阶段验收通过之日起 30 个工作 8 内，制作阶段验收鉴定书，发送参加验收的单位并报送竣工验收单位备案。阶段验收鉴定书是竣工验收的备查资料。

3. 竣工验收

竣工验收应当在工程建设项目全部完成并且满足一定的运行条件后 1 年内进行。不能按期进行竣工验收的，经过竣工主持单位许可，可以适当延长期限，但最多不得超过 6 个月。逾期仍不能进行竣工验收的，项目法人应当向竣工验收主持单位提交专题报告。

竣工财务决算应当由竣工验收主持单位组织审查和审计。竣工财务决算审计通过 15 日后，方可进行竣工验收。

工程具备竣工验收条件的，项目法人应当提出竣工验收申请，经法人验收监督管理机关审查后报竣工验收主持单位。竣工验收主持单位应当自收到竣工验收申请之日起 20 个工作日内决定是否同意进行竣工验收。

竣工验收原则上按照经批准的初步设计所确定的标准和内容进行。项目既有总体初步设计又有单项工程初步设计的，原则上按照总体初步设计的标准和内容进行。也可以先进行单项工程竣工验收，最后按照总体初步设计进行总体竣工验收。项目有总体可行性研究但没有总体初步设计而有单项工程初步设计的，原则上应按照单项工程初步设计的标准和内容进行竣工验收。建设周期长或者因故无法继续实施的项目，对已完成的部分工程，可以按单项工程或者分期进行竣工验收。

竣工验收分为竣工技术预验收和竣工验收两个阶段，另外，还有阶段验收。

大型水利工程在竣工技术预验收前，项目法人应当按照有关规定对工程建设情况进行竣工验收技术鉴定。中型水利工程在竣工技术预验收前，竣工验收主持单位可以根据需要决定是否进行竣工验收技术鉴定。

竣工技术预验收由竣工验收主持单位及有关专家组成的技术预验收专家组负责。工程参建单位的代表应当参加技术预验收，汇报并解答有关问题。

阶段验收的验收委员会由验收主持单位、该项目的质量监督机构和安全监督机构、运行管理单位的代表及有关专家组成。必要时，可以邀请项目所在地的地方人民政府及有关部门参加。竣工验收的验收委员会由竣工验收主持单位、有关水行政主管部门和流域管理机构、有关地方人民政府和部门，该项目的质量监督机构和安全监督机构、工程运行管理单位的代表及有关专家组成。工程投资方代表可以参加竣工验收委员会。

阶段验收、竣工验收由竣工验收主持单位主持。竣工验收主持单位可以根据工作需要委托其他单位主持阶段验收。国家重点水利工程建设项目，竣工验收主持单位依照国家有关规定确定。在国家确定的重要江河、湖泊建设的流域控制性工程流域重大骨干工程建设项目，竣工验收主持单位为水利部。其他水利工程建设项目，竣工验收主持单位按照以下原则确定。

（1）水利部或者流域管理机构负责初步设计审批的中央项目，竣工验收主持单位为水利部或者流域管理机构。

（2）水利部负责初步设计审批的地方项目，以中央投资为主的。竣工验收主持单位为水利部或者流域管理机构，以地方投资为主的，竣工验收主持单位为省级人民政府（或者其委托的单位）或者省级人民政府水行政主管部门（或者其委托的单位）。

（3）地方负责初步设计审批的项目，竣工验收主持单位为省级人民政府水行政主管部门（或者其委托的单位）。

（4）竣工验收主持单位为水利部或者流域管理机构的，可以根据工程实际情况，会同省级人民政府或者有关部门共同主持。

（5）竣工验收主持单位应当在工程开工报告的批准文件中明确。

竣工验收主持单位可以根据竣工验收的要求，委托具有相应资质的工程质量检测机构对工程质量进行检测。

项目法人全面负责竣工验收前的各项准备工作，设计、施工、监理等工程参建单位应当做好相关验收准备和配合工作，派代表出席竣工验收会议，负责解答验收委员会提出的问题，并且作为被验收单位在竣工验收鉴定书上签字。竣工验收主持单位应当自竣工验收通过之日起 30 个工作日内，制作竣工验收鉴定书，并发送有关单位。竣工验收鉴定书是项目法人完成工程建设任务的凭据。

七、验收遗留问题处理与工程移交

项目法人和其他有关单位应当按照竣工验收鉴定书的要求妥善处理竣工验收遗留问题和完成尾工。

验收遗留问题处理完毕和尾工完成并通过验收后，项目法人应当将处理情况和验收成果报送竣工验收主持单位。

工程通过竣工验收，验收遗留问题处理完毕和尾工完成并通过验收的，竣工验收主持单位向项目法人颁发工程竣工证书。

工程竣工证书格式由水利部统一制定。

项目法人与工程运行管理单位不同的，工程通过竣工验收后，应当及时办理移交手续。工程移交后，项目法人以及其他参建单位应当按照法律法规的规定和合同约定，承担后续的相关质量责任。项目法人已经撤销的，由撤销该项目法人的部门承接相关的责任。验收结论需要经三分之二以上验收委员会成员同意。验收委员会成员应当在验收鉴定书上签字。验收委员会成员对验收结论持有异议的，需要将保留意见在验收鉴定书上明确记载并签字。

验收中发现的问题，其处理原则由验收委员会协商确定。主任委员（组长）对争议问题有裁决权。但是，半数以上验收委员会成员不同意裁决意见的，法人验收应当报请验收监督管理机关决定，政府验收应当报请竣工验收主持单位决定。

验收委员会对工程验收不予通过的，应当明确不予通过的理由并提出整改意见。有关单位应当及时组织处理有关问题，完成整改，并按照程序重新申请验收。

项目法人及其他参建单位应当提交真实、完整的验收资料，并对提交的资料负责。

八、罚则

项目法人不按时限要求组织法人验收或者不具备验收条件而组织法人验收的，由法人验收监督管理机关责令改正。

项目法人及其他参建单位提交验收资料不真实验收结论有误的，应当由提交不真实验收资料的单位承担责任。竣工验收主持单位收回验收鉴定书，对责任单位予以通报批评；造成严重后果的，依照有关法律法规处罚。

参加验收的专家在验收工作中玩忽职守、徇私舞弊的，由验收监督管理机关予以通报批评；情节严重的，取消其参加验收的资格；构成犯罪的，依法追究刑事责任。

国家机关工作人员在验收工作中玩忽职守、滥用职权和徇私舞弊，尚不构成犯罪的，依法给予相应的行政处分；构成犯罪的，要依法追究其刑事责任。

2021 年已安排中央预算内水利投资 810.6 亿元，其中，国家水网骨干工程 499.6 亿元（防洪减灾工程、水资源配置工程、重大农业节水工程和水生态治理工程分别安排中央投资 174.4 亿元、178.3 亿元、140.0 亿元和 6.9 亿元），水安全保障工程 293.0 亿元，行业能力建设 18.0 亿元。

第六章　水利工程治理的技术手段

上一章介绍了水利工程建设的质量控制内容，本章将对水利工程治理的技术手段展开分析。

第一节　水利工程治理技术概述

一、现代理念为引领

现代理念，概括为用现代化设备装备工程，用现代化技术监控工程和用现代化管理方法管理工程。推进水利管理现代化步伐，是适应由传统型水利向现代化水利及持续发展水利转变的重要环节。我国经济社会的快速发展，一方面，对水利工程管理技术有着极大促进作用；另一方面，对水利工程管理技术的现代化有着非常迫切的需要。今后水利工程管理技术将在现代化理念引领下，有一个新的更大的飞跃。今后一段时期的工程管理技术将会加强水利工程管理信息化建设工作，工程的监测手段会更加完善和先进。工程管理技术将基本实现自动化、信息化和高效化。

二、现代知识为支撑

现代水利工程管理的技术手段，必须要以现代知识为支撑。伴随着现代科学技术的发展，现代水利工程管理的技术手段得到长足发展。主要表现在工程安全监测、评估与维护技术手段得到加强和完善，建立开发相应的工程安全监测和评估软件系统，并对各监测资料建立统计模型和灰色系统预测模型，对工程安全状态进行实时的监测和预警，实现工程维修养护的智能化处理，为工程维护决策提供信息支持，提高工程维护决策水平，实现资源的最优化配置。水利工程维修养护实用技术被进一步广泛应用，如工程隐患探测技术、维修养护机械设备的引进开发和除险加固新材料与新技术的应用，将使工程管理的科技含量逐步增加。

三、经验提升为依托

我国有着几千年的水利工程管理历史，我们应该充分借鉴古人的智慧和经验，对传统水利工程管理技术进行继承和发扬。新中国成立后，我国的水利工程管理模式也一直采用传统的人工管理模式，依靠长期的工程管理实践经验。主要通过以人工观测、操作，进行调度运用。近年来，伴随着现代技术的飞速发展，水利工程的现代化建设进程不断加快，为满足当代水利工程管理的需要。我们要对传统工程管理工作中所积累的经验进行提炼，并结合现代先进科学技术的应用，形成一个技术先进、性能稳定实用的现代化管理平台，这将成为现代水利工程管理的基本发展方向。

水利工程治理工作是一项复杂的系统工程，并且易受到多类内外界因素的干扰。本章在水利工程治理内涵和框架体系研究的基础上，从工程、投入、依法管理等多个方面展开深入的研究和探讨，提出了水利工程治理的保障措施，确保水利工程充分发挥综合效益。

四、水利工程治理的工程保障

对水利工程而言，工程质量的优劣直接关系到日后的运行管理工作。因此，必须要以现代水利工程治理理念为引领建设新工程，以现代水利工程治理的标准提升已有工程，以现代水利工程治理的需要完善相关工程，不断提升工程的质量和标准，为水利工程治理工作提供良好的工程基础。

（一）以现代水利工程治理理念为引领建设新工程

工程运行管理单位要以现代水利工程治理理念为指导，全过程参与项目的建设，实现“建管结合，无缝对接”。

1. 规划阶段

水利规划是为了防治水旱灾害、合理开发利用水王资源而制定的总体安排。其基本任务是根据国家规定的建设方针和水利规划基本目标，并考虑各方面对水利的要求，研究水利现状、特点，探索自然规律和经济规律，提出治理开发方向、任务和主要措施和实施步骤，安排水利建设计划，并指导水利工程设计和管理。因此，在规划阶段就要运用现代水利工程治理的理念，着眼全局，注重后期运行管理，使建成后的水利工程充分发挥效益。

（1）着眼全局、适度超前

水利规划要根据经济社会发展对水利的需要，兼顾全面和重点、当前和长远、需要和可能。着眼全局，统筹考虑，依托流域重点水利工程建设、区域重大基础设施建设，因势利导，适度超前，实行防洪除涝抗旱并举、开源节流保护并重、建设管理改革并进，促进流域与区域、农村与城市水利协调发展，实现经济效益、社会效益和生态效益有机统一，充分发挥水利综合效益。

（2）科学治水、注重生态

水是生态环境的灵魂，水利工程则是这一灵魂的载体。水利规划需要遵循水的自然规律和经济社会发展规律，正确处理人与自然、人和水的关系，合理开发、优化配置、全面节约、有效保护和高效利用水资源。要精确把握现代水网内涵，实现库库、库河、河河联合调度，注重生态湿地建设与塌陷地治理和蓄滞洪区建设相结合。注重防洪、雨洪水资源利用与水网建设相结合，注重洼地治理与河道治理和小水系调整相结合，形成一个大的防洪系统、调水系统和生态循环系统，综合发挥各类水利工程的整体作用。

（3）因地制宜、突出重点

水利规划应依据各地经济社会状况、自然地理条件和水利发展特点，因地制宜，分地区、分领域合理确定现代化建设目标、任务和措施，充分考虑与防洪安全、供水安全和生态环境安全等与民生密切相关的发展任务，科学安排水利现代化建设进程，保证建成一处，有效管理一处，充分发挥效益一处。

2. 可行性研究阶段

可行性研究是项目前期工作的重要内容，它从项目建设和生产经营的全过程考察分析项目的可行性，是投资者进行决策的依据。因此，根据建设项目的整体性特点，在项目可行性研究阶段，既要对建设方案进行论证，也要对运行管理进行方案论证。

（1）管理机构方面

在项目的可行性研究阶段，要对水利工程的性质进行初步的确定，并明确运行管理体制以及管理机构的人员编制、隶属关系，以便通过相应的渠道落实经费来源。

（2）投资方面

新建水利工程在可行性研究阶段，就应进行水利工程运行管理经费测算分析，对水利工程运行管理阶段可能发生的费用进行测算。与水利工程建设投资一起考虑，并且将运行管理资金与建设资金一起综合考虑筹资方案，从项目的前期就着手解决项目建成后运行经费来源不明、经费短缺的问题。

水利工程运行管理阶段的相关费用主要包括：人员事业经费、办公用品设置费、人员培训费以及水利工程维修养护费用。在水利工程运行管理经费测算的基础上，可以进一步对水利工程管理单位进行分类定性。对于纯公益性水管单位和经营性水管单位，因其承担的任务不同，分别定性为事业单位和企业单位；对于准公益性水管单位，测算其收益状况进行定性，不具备自收自支条件的定性为事业单位，具备自收自支条件的定性为企业单位。

（3）风险分析方面

任何项目都存在风险，水利工程也不例外，不仅建设期间存在风险，而且在运行管理期间同样存在风险，应对水利工程运行管理阶段进行风险分析，制定规避风险的措施，与水利工程建设阶段风险分析综合考虑。水利工程运行管理阶段可能存在的风险主要有：产品销售价格和物价波动、管理不善、政府不利干扰、自然灾害等。

产品销售价格、物价波动。水利工程的经济收入一般是销售水利产品，如出售水和电。在可行性研究阶段要考虑水价、电价发生严重变化的情况，并预测发生的可能原因，加以分析，做好风险防范措施。

管理不善。管理是一门科学，管理出效益，对于任何单位，管理带来的风险和效益都是存在的。水利工程管理单位要充分考虑由于管理不善产生的风险，必要时可设置一定的风险基金。

政府不利干扰。在市场经济条件下政府对企业单位的管理主要是从宏观的角度进行的，但是并非政府的干扰都是有利的。防范此类风险的措施首先要经常与政府沟通、协调，力争做到政府支持单位正当的经营行为。其次密切关注政府有关政策的公布，提前采取措施做出应对。自然灾害：自然灾害主要是由于各种因素引起的天气变化，对于水利工程来说，主要是降水量的多少、天气干旱情况。应该对措施可以采取在水量充足时存储一定的调节水量，并准确预测水量、水质变化趋势。

3. 设计阶段

设计方案的优劣直接影响着工程造价和建成后的运行效果。目前项目管理注重设计方案的优化，在投资一定的情况下采用“限额设计”，既可以满足建设要求，又可以满足资金的限制。管理单位是工程最终的使用者，因此要在设计阶段充分表达相关要求，设计单位要为管理单位的设计思想服务，达到用户满意。这一时期管理单位参与进来，运用丰富的经验进行指导，可以形成设计与实践的结合，及时修改完善设计方案，实现优化设计。

管理人员要全方位、全过程参与工程设计阶段的工作，从工程产品的初期就提出用户需求和完善化意见。尤其是参与主要设备的招标文件的编制，参与招标评标，站在使用者的角度在设计阶段检查产品的性能、条件和使用环境技术等与未来使用条件的一致性和合理性，查找设计疏漏，分析设计缺陷，及时提出优化意见，消除运行中的安全隐患，起到既方便运行管理，又节省部分技术改造投资的作用。

4. 实施阶段

在工程实施阶段，管理单位应参与工程招标、合同执行、安装调试、检查验收等过程，实现生产设备与工程建设的顺利交接。在工程实施阶段完善、改进技术方案，并且应大力推行“代建制”，提高投资项目的专业化管理水平。

（1）工程施工过程

参与建设过程中的质量、进度、投资控制，对于设备的建造尽量参加设备选型、监造、出厂验收，协助控制设备质量。以最终用户的身份全方位参与建设过程，在工程建成前就消除缺陷，既有利于控制质量，又减少了工程在运行阶段的工作量，减少运行管理费用，有利于工程的良性运行管理。

（2）验收过程

参与工程的竣工验收工作，尽可能多地掌握工程技术信息和收集相关资料，不仅可以提前熟悉相关操作技能，而且为工程建成后顺利交付运行管理单位提供了便利条件，为以后设备稳定运行打下良好基础。

（二）以现代水利工程治理的标准提升已有工程

河道是天地的造化、水的顺势而为以及人类对自然的改造，是大自然生命系统的重要组成部分。河道整治分长河段的整治及局部河段的整治。在一般情况下，长河段的河道整治目的主要是为了防洪和航运，而局部河段的河道整治是为了防止河岸坍塌、稳定工农业引水口以及桥渡上下游的工程措施。主要工程包括堤防加固和新建、河道清淤疏浚、护岸护坡等。新时期的河道整治工程要准确把握生态文明建设内涵，要尊重河流自然形态，保全河道功能，确保水生态体系完整。维护水生态环境优美，把每一条河道建成生态之河、安全之河、资源之河、幸福之河。

灌区续建配套与节水改造是为了提高灌溉水有效利用率和灌溉保证率，缓解水源供需矛盾，减缓生态环境恶化趋势而实施的水利工程。主要包括渠道衬砌、水源工程、田间工程、渠系建筑物等内容，对进一步改善农业生产条件，增强抗御水旱灾害能力，充分发挥灌区经济效益、生态效益与社会效益，促进农业和农村经济持续稳定发展具有重要意义。

项目建设单位要严把质量关，建立健全质量管理和监督机制，实行质量终身负责制，确保工程质量和按期完工。项目完工后要及时竣工验收，验收后必须及时办理交接手续，明确管理主体，制定管理措施，保证工程充分发挥效益。

（三）以现代水利工程治理的需要完善相关工程

近年来，随着各级部门对水利工程管理工作重视程度的进一步提高，水利工程面貌大为改观，管理设施日趋完善，但是与现代水利工程管理的要求仍然存在很大差距。因此，在当前工作中，应以现代水利工程治理的需要完善相关工程，加强工程管理设施与先进技术手段相结合，运用互联网＋和云计算技术，开展监视系统建设、监控系统建设、监测系统建设、维修养护巡检系统建设、安全评估系统建设、运行管理系统建设，推进精细化管理。

1. 监视系统建设

建设工程视频监视系统，监视工程的日常情况，诸如河流流势，大坝、闸门运行情况以及破损情况等，节省人力物力，及时发现和解决问题和提高管理水平，为防洪调度及全流域水资源的统一调度提供准确的实时依据。监视系统建设的总体要求是监视点布局合理、数量足够，信号传输系统快捷、清晰，保证监视的全面性、实时性。

2. 监控系统建设

结合先进的计算机网络技术、云计算技术、多媒体技术、通信技术，根据工程管理的需求，建立工程监控系统。通过对各监控点的图像、语音、数据进行处理，实施监控，并结合远程视频技术的应用及时了解水利工程的运行状况，远程控制工程的操作（诸如闸门起闭等），实现统一操作、统一调度，体现工程管理现代化。

3. 监测系统建设

完善工程监测设施，建立仪器先进、定点监测与移动监测相结合、监测点全面、传输及时的监测系统，对工程发生的裂缝、渗水、沉陷变形等情况及时监测，准确地传至管理中心，从而做出及时迅速的处理，在改变现有工程设施远不能适应现代管理需要的同时，也为地方人民群众生命财产安全提供有效保障。

4. 维修养护巡检系统建设

工程维修养护是日常管理重点工作之一。加强维修养护工作，实现维修养护的规范化、系统化、科学化是我们追求的目标，建设大坝、堤防维修养护巡检系统是非常必要的。结合网络技术、地理编码、地理信息技术、GPS、GPRS、信息安全技术以及移动通信技术，建立维修养护巡检系统，实现信息实时传输，同时具备考勤、位置查询、巡查问题上报、信息查询及问题协调处理等功能，从而推动维修养护管理工作程序化、精细化。

5. 安全评估系统建设

安全评估系统是工程管理现代化的核心要件。工程管理的数据和信息量是庞大的，各种数据都需要按一定结构有效地组织起来形成数据库，通过数据库存储及处理系统建设，构建工程管理数字化集成平台。在数据库的基础上建立数学模型，运用数学模型对自然系统进行仿真模拟，对工程实体、水流运动等各种自然现象进行各种尺度的实时模拟，形成一个面向具体应用的虚拟仿真系统，对工程信息进行安全评估与综合处理，为准确揭示和找出工程在运行中遇见的问题提供技术支持。

6. 运行管理系统建设

建立内容全面的决策支持库，涵盖如国家法律、法规及有关政策，历史上处理同类问题的经验和教训，专家评审意见，流域规划、区域规划、工程规划的布局及其具体要求，各种工程管理的模式、运行管理情况，工程管理考核情况，工程管理技术及相关管理人员技术要求等，形成方案决策的大背景，将数学模拟的各种方案结果置身于此大背景下进行优化分析，从中选择一个可行方案。同时，对数学模拟的结果进行后台处理，使之以较强的可视化形式表现出来，为决策者研究、讨论、决策提供支持。

五、水利工程治理的投入保障

要推进水利工程治理的跨越式发展，实现现代水利工程治理，投入是关键。必须加大公共财政投入，拓宽市场融资渠道，加强工程自身再生能力，构建现代水利工程治理的投入机制。

（一）完善公共财政投入机制

水利具有很强的公益性、基础性、战略性，加强水利工程管理，提供公共服务，是各级政府的重要职责。目前水利公共服务的能力和水平还不高，水利公共服务的覆盖面还很低。这就决定了未来一段时间内，必须加大公共财政对水利工程管理的投资力度，把水利工程管理作为公共财政投入的重要领域，发挥政府在水利工程管理中的主导作用，多出真招实策，多拿真金白银，多办实事好事。

1. 完善投资体制，优化投资结构

对公益性、准公益性水利工程，要完善以公共财政为主渠道的投资体制，足额落实水管单位基本支出和维修养护经费，建立起各级政府稳定的财政投入机制。

2. 增加财政专项水利资金，提高水利工程管理资金所占比重

要在大幅度增加中央和地方财政专项水利资金，并建立健全财政支农资金稳定增长机制的基础上，提高水利工程管理资金在专项资金中的比重，彻底改变“重建轻管”的局面。

3. 加强政府投资管理力度，强化资金监管

健全政府投资决策机制和决策程序，规范投资管理，投资安排要以维修养护年度计划为依据，统筹安排、合理使用，落实政府水利资金管理分级负责制和岗位责任制，建立健全绩效评价制度。

（二）拓宽市场融资渠道

加强对水利工程管理的金融支持，广泛吸引社会资金投资，拓宽市场融资渠道是构建现代水利工程管理投入机制的重要保障。

1. 加强对水利工程管理的金融支持

构建现代水利工程管理体系需要大量的资金投入，迫切需要在进一步拓展和完善公共财政主渠道的同时，充分发挥金融机构的重要支撑作用。在经济总量持续扩大的背景下，我国金融机构资产稳步增长，金融资产供给环境不断优化给水利工程管理提供良好的金融环境。要大幅增加水利工程管理的信贷资金，对符合中央财政贴息规定的水利贷款给予财政贴息。通过长期限、低利息、高额度等优惠政策，发挥中长期政

策性贷款对水利工程管理的扶持作用。积极探索公益性水利项目收益权质押贷款和大型水利设备设施融资租赁。

2. 广泛吸引社会资金

充分利用资本市场，鼓励有实力的水利企业发行股票、债券和组建基金；鼓励非公有制经济通过特许经营、投资补助等方式进入城市供水、农村水电等水利工程的运营。推进小水库、小塘坝等小型水利设施以承包、租赁、拍卖等形式进行产权流转，运用 PPP、BOT、BT 等多种融资方式，引进社会资本投入水利工程管理，努力构建多渠道、多层次、多元化的水利工程管理投入保障机制。

（三）加强工程自身再生能力

从整个国民经济的角度来看，水利行业是一个经济效益很好、投资回报率很高的行业。但由于水利是国民经济的基础设施和基础产业，它的效益主要是渗透在国民经济各部门和人民生活的诸多方面，即社会效益。水利自身得到的财务收益小，加之水价、电价没有达到应有的合理收费标准，以及政策性亏损的补偿措施不落实，造成了当前水利经济的困难，不利于水利工程管理工作的开展。因此，必须加大政策扶持力度，深化水价、电价改革，完善水利行政事业性收费机制，并在实行“收支两条线”管理的基础上，确保维修养护经费、更新改造经费的足额到位，实现以水养水，加强工程自身再生能力。

第二节　水工建筑物安全监测技术

一、概述

1. 监测及监测工作的意义

监测即检查观测，是指直接或借专设的仪器对基础及其以上的水工建筑物，从施工开始到水库第一次蓄水的整个过程中，以及在运行期间所进行的监测量测与分析。

工程安全监测在中国水电事业中发挥着重要作用。已成为工程设计、施工、运行管理中不可缺少的组成部分。概括起来，工程监测具有如下几个方面的作用：

（1）了解建筑物在荷载和各类因素作用下的工作状态和变化情况，据以对建筑物质量和安全程度做出正确判断和评价，为施工控制和安全运行提供依据。

（2）及时发现不正常的现象，分析原因，以便进行有效的处理，确保工程安全。

（3）检查设计和施工水平，是发展工程技术的重要手段。

2. 工作内容

工程安全监测一般有两种方式，包括现场检查和仪器监（观）测。

现场检查是指对水工建筑物及周边环境的外表现象进行巡视检查的工作，可分为巡视检查和现场检测两项工作。巡视检查一般是靠人的感觉并采用简单的量具进行定期或不定期的现场检查；现场检测主要是用临时安装的仪器设备在建筑物及其周边进行定期或不定期的一种检查工作。现场检查有定性的也有定量的，以了解建筑物有无缺陷、隐患或异常现象为目的。

现场检查的项目一般多为凭人的直观或辅以必要的工具，可直接的发现或测量的物理因素，如水文要素的侵蚀、淤积；变形要素的开裂、塌坑、滑坡、隆起；渗流方面的渗漏、排水、管涌；应力方面的风化、剥落、松动；水流方面的冲刷、振动等。

仪器监（观）测是借助固定安装在建筑物相关位置上的各类仪器，对水工建筑物的运行状态及其变化进行的观察测量工作，包括仪器观测和资料分析两项工作。

仪器观测的项目主要有变形观测、渗流观测、应力应变观测等，是对作用于建筑物的某些物理量进行长期、连续、系统定量的测量，水工建筑物的观测应按有关技术标准进行。

现场检查和仪器监测属于同一个目的两种不同技术表现，两者密切联系，互为补充，不可分割。世界各国在努力提高观测技术的同时，仍然十分重视检查工作。

二、巡视检查

（一）一般规定

巡视检查分为日常巡视检查、年度巡视检查和特别巡视检查三类。从施工期开始至运行期均应进行巡视检查。

1. 日常巡视检查

管理单位应根据水库工程的具体情况和特点，具体规定检查的时间、部位、内容和要求，确定巡回检查路线和检查顺序。检查次数应符合下列要求：

（1）施工期，宜每周 2 次，但每月不少于 4 次。

（2）初蓄水期或水位上升期，宜每天或每两天 1 次，具体次数视水位上升或下降速度而定。

（3）运行期，宜每周 1 次，或每月不少于 2 次。汛期、高水位及出现影响工程安全运行情况时，应增加次数，每天至少 1 次。

2. 年度巡视检查

每年汛前、汛后、用水期前后和冰冻严重时，应对水库工程进行全面或专门的检查，一般每年 2~3 次。

3. 特别巡视检查

当水库遭遇到强降雨、大洪水、有感地震、水位骤升骤降或持续高水位等情况，或发生比较严重的破坏现象和危险迹象时，应组织特别检查，必要时进行连续监视。水库放空时应进行全面巡查。

（二）检查项目和内容

1. 坝体

（1）坝顶有无裂缝、异常变形、积水或植物滋生等;防浪墙有无开裂、挤碎、架空、错断、倾斜等。

（2）迎水坡护坡有无裂缝、剥（脱）落、滑动、隆起、塌坑或植物滋生等；近坝水面有无变浑或漩涡等异常现象。

（3）背水坡及坝趾有无裂缝、剥（脱）落、滑动、隆起、塌坑、雨淋沟、散浸、积雪不均匀融化及渗水、流土、管涌等；排水系统是否通畅；草皮护坡植被是否完好；有无兽洞、蚁穴等；反滤排水设施是否正常。

2. 坝基和坝区

（1）坝基基础排水设施的渗水水量、颜色、气味及浑浊度、酸碱度、温度有无变化。

（2）坝端岸坡连接处有无裂缝、错动、渗水等；坝端岸坡有无裂缝、滑动、崩塌、溶蚀、塌坑、异常渗水及兽洞、蚁迹等；护坡有无隆起、塌陷等；绕坝渗水是否正常。

（3）坝趾近区有无阴湿、渗水、管涌、流土或隆起等；排水设施是否完好。

（4）有条件时应检查上游铺盖有无裂缝、塌坑。

3. 输、泄水洞（管）

（1）引水段有无堵塞、淤积、崩塌。

（2）进水塔（或竖井）有无裂缝、渗水、空蚀、混凝土碳化等。

（3）洞（管）身有无裂缝、空蚀、渗水、混凝土碳化等；伸缩缝、沉陷缝、排水孔是否正常。

（4）出口段放水期水流形态是否正常；停水期是否渗漏。

（5）消能工有无冲刷损坏或沙石、杂物堆积等。

（6）工作桥、交通桥是否有不均匀沉陷、裂缝、断裂等。

4. 溢洪闸（道）

（1）进水段（引渠）有无坍塌、崩岸、淤堵或其他阻水障碍；流态是否正常。

（2）堰顶和闸室、闸墩、胸墙、边墙、溢流面、底板有无裂缝、渗水、剥落，碳化、露筋、磨损、空蚀等；伸缩缝、沉陷缝、排水孔是否完好。

（3）消能工有无冲刷损坏或沙石、杂物堆积等，工作桥、交通桥是否有不均匀沉陷、裂缝、断裂等。

（4）溢洪河道河床有无冲刷、淤积、采沙、行洪障碍等；河道护坡是否完好。

5. 闸门及启闭机

（1）闸门有无表面涂层剥落，门体有无变形、锈蚀、焊缝开裂或螺栓、铆钉松动；支承行走机构是否运转灵活；止水装置是否完好等。

（2）启闭机是否运转灵活、制动准确可靠，有无腐蚀和异常声响；钢丝绳有无断丝、磨损、锈蚀、接头松动、变形；零部件有无缺损、裂纹、磨损及螺杆有无弯曲变形；油路是否通畅，油量、油质是否符合规定要求等。

（3）机电设备、线路是否正常，接头是否牢固，安全保护装置是否可靠，指示仪表是否指示正确，接地是否正确，绝缘电阻值是否符合规定，备用电源是否完好；自动监控系统是否正常、可靠，精度是否满足要求；启闭机房是否完好等。

6. 库区

（1）有无爆破打井、采石（矿）、采沙、取土、修坟、埋设管道（线）等活动。

（2）有无兴建房屋、码头或其他建（构）筑物等违章行为。

（3）有无排放有毒物质或污染物等行为。

（4）有无非法取水的行为。

7. 观测、照明、通讯、安全防护、防雷设施及警示标志、防汛道路等是否完好。

（三）检查方法和要求

1. 检查方法

（1）常规方法：用眼看、耳听、手摸、鼻嗅、脚踩等直观方法，或辅以锤钎、钢卷尺、放大镜、石蕊试纸等简单工具对工程表面和异常部位进行检查。

（2）特殊方法：采用开挖探坑（槽）、探井、钻孔取样、孔内电视、向孔内注水试验、投放化学试剂、潜水员探摸、水下电视、水下摄影、录像等方法，对工程内部、水下部位或坝基进行检查。

2. 检查要求

（1）需要及时发现不正常迹象，分析原因、采取措施，防止事故发生，保证工程安全。

（2）日常巡视检查应由熟悉水库工程情况的管理人员参加，人员应相对稳定，检查时应带好必要的辅助工具、照相设备和记录笔、簿等。

（3）年度巡视检查和特别巡视检查，应制订一个详细检查计划并做好如下准备工作：1）安排好水情调度，为检查输水、泄水建筑物和水下检查创造条件；2）做好检查所需电力安排，为检查工作提供必要的动力和照明；3）排干检查部位的积水，清除堆积物；4）安装好被检查部位的临时通道，便于检查人员行动；5）采取安全防范措施，确保工程设备及人身安全；6）准备好工具、设备、车辆或船只以及量测、记录、绘草图、照相、录像等器具。

（四）检查记录和报告

1. 记录和整理

（1）每次巡视检查均应按巡视检查记录表做出记录。对已发现的异常情况，除详细记述时间、部位、险情和绘出草图外，必要时应测图，摄影或录像。

（2）现场记录应及时整理，并将每次巡视检查结果与以往巡视检查结果进行比较分析，如有问题或异常现象，应及时复查。

2. 报告和存档

（1）日常巡视检查中发现异常现象时，应立即采取应急措施，并上报主管部门。

（2）年度巡视检查和特别巡视检查结束后，应提出检查报告，对发现的问题应立即采取应急措施，并根据设计、施工、运行资料进行综合分析，提出处理方案，并上报主管部门。

（3）各种巡视检查的记录、图件和报告等均应整理归档。

三、水工建筑物变形观测

变形观测项目主要有表面变形、裂缝及伸缩缝观测。

（一）表面变形观测

表面变形观测包括竖向位移和水平位移。水平位移包括垂直于坝轴线的横向水平位移和平行于坝轴线的纵向水平位移。

1. 基本要求

（1）表面竖向位移和水平位移观测一般共用一个观测点，竖向和水平位移观测应配合进行。

（2）观测：基点应设置在稳定区域内，每隔 3~5 年校测一次；测点应与坝体或岸坡牢固结合；基点和测点均应有可靠的保护装置。

（3）变形观测的正负号规定：

1）水平位移：向下游为正，向左岸为正，反之为负。

2）竖向位移：向下为正，向上为负。

3）裂缝和伸缩缝三向位移：对开合，张开为正，闭合为负；对沉陷、同竖向位移、滑移，向坡下为正，向左岸为正，反之为负。

2. 观测断面选择和测点布置

（1）观测横断面一般不少于 3 个，通常选在最大坝高或原河床处、合龙段、地形突变处、地质条件复杂处、坝内埋管及运行有异常反应处。

（2）观测纵断面一般不少于 4 个，通常在坝顶的上、下游两侧布设 1~2 个；在上游坝坡正常蓄水位以上可视需要设临时测点；下游坝坡半坝高以上 1~3 个，半坝高以下 1~2 个（含坡脚 1 个）。对建在软基上的坝，应在下游坝址外侧增设 1~2 个。

（3）测点的间距：坝长小于 300m 时，宜取 20~50m；坝长大于等于 300m 时，宜取 50~100m。

（4）视准线应旁离障碍物 1.0m 以上。

3. 基点布设

（1）各种基点均应布设在两岸岩石或坚固土基上，便于起（引）测，避免自然和人为影响。

（2）起测：基点可在每一纵排测点两端的岸坡上各布设一个，其高程宜与测点高程相近。

（3）采用视准线法进行横向水平位移观测的工作基点，应在两岸每一纵排测点的延长线上各布设一个。当坝轴线为折线或坝长超过 500m 时，可在坝身每一纵排测点中增设工作基点（可用测点代替），工作基点的距离保持在 250m 左右；当坝长超过 1 000m时，一般可用三角网法观测增设工作基点的水平位移，有条件的，宜用倒垂线法。

（4）水准基点一般在坝体下游 0.5~3.0km 处布设 2~3 个。

（5）采用视准线法观测的校核基点，应在两岸同排工作基点延长线上各设 1~2 个。

4. 观测设施及安装

（1）测点和基点的结构应坚固可靠，且不易变形。

（2）测点可采用柱式或墩式。兼作竖向位移和横向水平位移观测的测点，其立柱应高出地面 0.6~1.0m，立柱顶部应设有强制对中底盘，其对中误差均应小于 0.2mm。

（3）在土基上的起测基点，可采用墩式混凝土结构。在岩基上的起测基点，可凿坑就地浇注混凝土。在坚硬基岩埋深 5~20m 的情况下，可采用深埋双金属管作为起测基点。

（4）工作基点和校核基点一般采用整体钢筋混凝土结构，立柱高度以司镜者操作方便为准，但应大于 1.2m。立柱顶部强制对中底盘地对中误差应小于 0.1mm。

（5）水平位移观测的觇标，可采用觇标杆、觇牌或电光灯标。

（6）测点和土基上基点的底座埋入土层的深度不小于 0.5m，并采取防护措施。埋设时，应保持立柱铅直，仪器基座水平。各测点强制对中底盘中心位于视准线上，其偏差不得大于 10mm，底盘倾斜度不得大于 4°。

5. 观测方法及要求

（1）表面竖向位移观测，一般用水准法。采用水准仪观测时，闭合误差不得大于 ± 1.4VNmm(N 为测站数)。

（2）横向水平位移观测，一般用视准线法。采用视准线观测时，可用经纬仪或视准线仪。当视准线长度大于 500m 时，应采用 J1 级经纬仪、视准线的观测方法，可选用活动觇标法，宜在视准线两端各设固定测站，观测其靠近的位移测点的偏离值。

（3）纵向水平位移观测，一般用钢尺，也可用普通钢尺加修正系数，其误差不得大于 0.2mm，有条件时可用光电测距仪测量。

（二）裂缝及伸缩缝监测

坝体表面裂缝的缝宽＞5mm 的，缝长＞5m 的，缝深＞2m 的纵、横向缝以及输（泄）水建筑物的裂缝、伸缩缝都应进行监测。观测方法和要求如下：

1. 坝体表面裂缝，可采用皮尺、钢尺等简单工具设置简易测点。对 2m 以内的浅缝，可用坑槽探法检查裂缝深度、宽度及产状等。

2. 坝体表面裂缝的长度和可见深度的测量，应精确到 1Cm；裂缝宽度宜采用在缝两边设置简易测点来确定，应精确到 0.2mm；对深层裂缝，宜采用探坑或竖井检查，并测定裂缝走向，应精确到 0.5°。

3. 对输（泄）水建筑物重要位置的裂缝及伸缩缝，可在裂缝两侧的浆砌块石、混凝土表面各埋设 1~2 个金属标志。采用游标卡尺测量金属标志两点间的宽度变化值，精度可量至 0.1mm；采用金属丝或超声波探伤仪测定裂缝深度，精度可量至 1Cm。

4. 裂缝发生初期，宜每天观测一次。当裂缝发展缓慢后，可适当减少测次。在气温和上、下游水位变化较大或裂缝有显著发展时，均应增加测试。

四、水工建筑物渗流观测

渗流监测项目主要有坝体渗流压力、坝基渗流压力、绕坝渗流及渗流量等观测。凡不宜在工程竣工后补设的仪器、设施，均应在工程施工期适时安排。当运用期补设测压管或开挖集渗沟时，应确保渗流安全。

（一）坝体渗流压力观测

坝体渗流压力观测，包括观测断面上的压力分布和浸润线位置的确定。

1. 观测横断面的选择与测点布置

（1）观测横断面宜选在最大坝高处、原河床段、合龙段、地形或地质条件复杂的地段，一般不少于 3 个，并尽量与变形观测断面相结合。

（2）根据坝型结构，断面大小和渗流场特征，应设 3~5 条观测铅直线。一般位置是：上游坝肩、下游排水体前缘各 1 条，其他部位至少 1 条。

（3）测点布设：横断面中部每条铅直线上可只设 1 个观测点，高程应在预计最低浸润线以下；渗流进、出口段及浸润线变幅较大处，应根据预计浸润线的最大变幅，沿不同高程布设测点，每条直线上的测点数不少于 2 个。

2. 观测仪器的选用

（1）作用水头小于 20m、渗透系数≧ 4~10cm/s 的土中、渗压力变幅小的部位、监视防渗体裂缝等，宜采用测压管。

（2）作用水头＞20m、渗透系数＜4~10cm/s 的土中、观测不稳定渗流过程以及不适宜埋设测压管的部位，宜采用振弦式孔隙水压力计，其量程应与测点实有压力相适应。

3. 观测方法和要求

（1）测压管水位的观测，宜采用电测水位计。有条件的可采用示熟水位计、遥测水位计或自记水位计等。测压管水位两次测读误差应不大于 2cm；电测水位计的测绳长度标记，应每隔 1~3 个月用钢尺校正一次；测压管的管口高程，在施工期和初蓄期应每隔 1~3 个月校测一次，在运行期至少每年校测一次。

（2）振弦式孔隙水压力计的压力观测，应采用频率接收仪。两次测读误差应不大于 1Hz，测值物理量用测压管水位来表示。

（二）坝基渗流压力观测

坝基渗流压力观测，包括坝基天然岩石层、人工防渗和排水设施等关键部位渗流压力分布情况的观测。

1. 观测横断面的选择与测点布置

（1）观测横断面数一般不少于 3 个，并宜顺流线方向布置或与坝体渗流压力观测断面相重合。

（2）测点布设：每个断面上的测点不少于 3 个。均质透水坝基，渗流出口内侧必设一个测点，有铺盖的，应在铺盖末端底部设一测点，其余部位适当插补。层状透水坝基，一般在强透水层的中下游段和渗流出口附近布置。岩石坝基有贯穿上下游的断层、破碎带或软弱带时，应沿其走向在与坝体的接触面、截渗墙的上下游侧或深层所需监视的部位布置。

2. 观测仪器的选用

与坝体渗流压力观测相同。但当接触面处的测点选用测压管时，其透水段和回填反滤料的长度宜小于 0.5m。

3. 观测方法和要求与坝体渗流压力观测相同。

（三）绕坝渗流观测

绕坝渗流观测包括两岸坝端及部分山体、坝体与岸坡或与混凝土建筑物接触面，以及防渗齿墙或灌浆帷幕与坝体或两岸接合部等关键部位。

1. 观测断面的选择与测点布置

（1）坝体两端的绕坝观测宜沿流线方向或渗流较集中的透水层（带）设 2~3 个观测断面，每个断面上设 3~4 条观测铅直线（含渗流出口）。

（2）坝体与建筑物接合部的绕坝渗流观测，应在接触轮廓线的控制处设置观测铅直线，沿接触面不同高程布设观测点。

（3）岸坡防渗齿槽和灌浆帷幕的上下游侧各设一个观测点。

2. 观测仪器的选用及观测方法和要求同坝体渗流压力观测。

（四）渗流量观测

渗流量观测包括渗漏水的流量及其水质观测。水质观测中包括渗漏水的温度、透明度观测和化学成分分析。

1. 观测系统的布置

（1）渗流量观测系统应根据坝型和坝基地质条件、渗漏水的出流和汇集条件以及所采用的测量方法等分段布置。所有集水和量水设施均应避免客水干扰。

（2）当下游有渗漏水出逸时，应在下游坝址附近设导渗沟，在导渗沟出口设置量水设施测其出逸流量。

（3）当透水层深厚，地下水位低于地面时，可在坝下游河床中顺水流方向设两根测压管，间距 20~30m，通过观测地下水坡降计算渗流量。

（4）渗漏水的温度观测以及用于透明度观测和化学分析水样的采集均应在相对固定的渗流出口处进行。

2. 渗流量的测量方法

（1）当渗流量小于 1L/S 时，宜采用容积法。

（2）当渗流量在 1~300L/S 时，宜采用量水堰法。

（3）当渗流量大于 300L/S 时或受落差限制不能设置量水堰时，应将渗漏水引入排水沟中采用测流速法。

3. 观测方法及要求

（1）渗流量及渗水温度、透明度的观测次数与渗流压力观测相同。化学成分分析次数可根据实际需要确定。

（2）量水堰堰口高程及水尺、测针零点应定期校测，每年至少一次。

（3）用容积法时，充水时间不少于 10s。二次测量的流量误差不应大于均值的 5%。

（4）用量水堰观测渗流量时，水尺的水位读数应精确到 1mm，测针的水位读数应精确到 0.1mm，堰上水头两次观测值之差不大于 1mm。

（5）测流速法的流速测量，可采用流速仪法。两次流量测值之差不大于均值的 10%。

（6）观测渗流量时，应测记相应渗漏水的温度、透明度和气温。温度应精确到 0.1℃，透明度观测的两次测值之差不大于 1Cm。出现浑水时，应测出相应的含沙量。

（7）渗水化学成分分析可按水质分析要求进行，并同时取水库水样本做相同项目的对比分析。

五、水文、气象监测

水文、气象监测项目有水位、降水量、气温和流量观测。

1. 水位观测

（1）测点布置要求

1）水库水位观测点应设置在水面平稳，受风浪和泄流影响较小，便于安装设备和观测的地点或永久性建筑物上。

2）输、泄水建筑物上游水位观测点应在建筑物堰前布设。

3）下游水位观测点应布置在水流平顺，受泄流影响较小，便于安装设备和观测的地点或与测流断面统一布置。

（2）观测设备

一般设置水尺或自记水位计。有条件时，可设遥测水位计或自动测报水位计。观测设备延伸测读高程应低于库死水位或高于校核洪水位。水尺零点高程每年应校测一次，有变化时应及时校测。水位计每年汛前应检验。

（3）观测要求

每天观测一次，汛期还应根据需要调整测次，开闸泄水前后应各增加观测一次。观测精度应达到1Cm。

2. 降水重观测

（1）测点布置：视水库集水面积确定，一般每20~50km^{2}设置一个观测点或根据洪水预报需要布设。

（2）观测设备：一般采用雨量器。有条件时，可用自记雨量计、遥测雨量计或自动测报雨量计。

（3）观测方法和要求：定时观测以8时为日分界，从本日8时至次日8时的降雨量为本日的日降雨量。分段观测从8时开始，每隔一定时段（如12、6、4、3、2或1小时）观测一次。遇大暴雨时应增加测试。观测精度应达到1毫米。

3. 气温观测

（1）坝区至少应设置一个气温测点。

（2）观测设备设在专用的百页箱内，设直读式温度计和最高最低温度计或自计温度计。

4. 出、入库流量观测

（1）测点布置：出库流量应在溢泄道溢洪闸下游、灌溉涵洞出口处的平直段布设观测点。入库流量应在主要汇水河道的入口处附近设置观测点。

（2）观测设备：一般采用流速仪，有条件的可采用ADCP（超声波）测速仪。

六、监测资料的整编与分析

资料整编包括平时资料整理和定期资料编印，在整编和分析的过程中应注意：

1. 平时资料整理重点是查证原始观测数据的正确性，计算观测物理量，填写观测数据记录表格，点绘观测物理量过程线，考察观测物理量的变化，初步判断是否存在变化异常值。

2. 在平时资料整理的基础上进行观测统计，填制统计表格，绘制各种观测变化的分布相关图表，并编写编印说明书。编印时段在施工期和初蓄期，一般不超过 1 年。在运行期，每年应对观测资料进行整编与分析。

3. 整编成果应项目齐全，考证清楚；数据可靠，图表完整；规格统一，说明完备。

4. 在整个观测过程中，应及时对各种观测数据进行检验和处理，并结合巡视检查资料进行复核分析。有条件的应利用计算机建立数据库，并采用适当的数学模型，对工程安全性态做出评价。

5. 监测资料整编、分析成果应建档保存。

第三节　水利工程养护与修理技术

一、工程养护技术

（一）概述

1. 工程养护应做到及时消除表面的缺陷和局部工程问题，防护可能发生的损坏。保持工程设施的安全完整、正常运用。

2. 管理单位应依据水利部和财政部编制次年度养护计划，并按规定报主管部门。

3. 养护计划批准下达后，应尽快组织实施。

（二）大坝养护

1. 坝顶养护应达到坝顶平整，无积水、无杂草、无弃物;防浪墙、坝肩、踏步完整，轮廓鲜明；坝端无裂缝、无坑凹、无堆积物。

2. 坝顶出现坑洼和雨淋沟缺，应及时用相同材料填平补齐，并应保持一定的排水坡度；坝顶路面如有损坏，应及时修复；坝顶的杂草、弃物应及时清除。

3. 防浪墙、坝肩和踏步出现局部破损，应及时修补。

4. 坝端出现局部裂缝、坑凹，应及时填补，发现堆积物应及时清除。

5. 坝坡养护应达到坡面平整，无雨淋沟缺，无荆棘杂草滋生；护坡砌块应完好，砌缝紧密，填料密实，无松动、塌陷、脱落、风化、冻毁或架空现象。

6. 干砌块石护坡的养护应符合下列要求：

（1）及时填补楔紧脱落或松动的护坡石料。

（2）及时更换风化或冻损的块石，并嵌砌紧密。

（3）块石塌陷、垫层被淘刷时，应先翻出块石。恢复坝体和垫层后，再将块石嵌砌紧密。

7. 混凝土或浆砌块石护坡的养护应符合下列要求：

（1）清除伸缩缝内杂物、杂草，及时填补流失的填料。

（2）护坡局部发生侵蚀剥落、裂缝或破碎时，应及时采用水泥砂浆表面抹补、喷浆或填塞处理。

（3）排水孔如有不畅，应及时进行疏通或补设。

8. 堆石或碎石护坡石料如有滚动造成厚薄不均时，应及时进行平整。

9. 草皮护坡的养护应符合下列要求：

（1）经常修整草皮，清除杂草，洒水养护，保持完整美观。

（2）出现雨淋沟缺时，应及时还原坝坡，补植草皮。

10. 对无护坡土坝，如发现有凹凸不平，应进行填补整平；如有冲刷沟，应及时修复，并改善排水系统；如遇风浪淘刷，应进行填补，必要时放缓边坡。

（三）排水设施养护

1. 排水、导渗设施应达到无断裂、无损坏、无阻塞、无失效现象，排水畅通。

2. 排水沟（管）内的淤泥、杂物及冰塞，应及时清除。

3. 排水沟（管）局部的松动、裂缝和损坏，应及时用水泥砂浆修补。

4. 排水沟（管）的基础如被冲刷破坏，应先恢复基础，后修复排水沟（管）。修复时，应使用与基础同样的土料，恢复至原断面，并夯实。排水沟（管）如设有反滤层时，应按设计标准恢复。

5. 随时检查修补滤水坝趾或导渗设施周边山坡的截水沟，防止山坡浑水淤塞坝趾导渗排水设施。

6. 减压井应经常进行清理疏通，保持排水畅通。周围如有积水渗入井内，应将积水排干，填平坑洼。

（四）输、泄水建筑物养护

1. 输、泄水建筑物表面应保持清洁完好，及时排除积水、积雪、苔藓、污垢及淤积的沙石、杂物等。

2. 建筑物各部位的排水孔、进水孔、通气孔等均应保持畅通；墙后填土区发生塌坑、沉陷时应及时填补夯实。空箱岸（翼）墙内淤积物应适时清除。

3. 钢筋混凝土构件的表面出现涂料老化，局部损坏、脱落、起皮等，应及时修补或重新封闭。

4. 上下游的护坡、护底、陡坡、侧墙，消能设施出现局部松动、塌陷、隆起、淘空、垫层散失等，应及时按原状修复。

5. 闸门外观应保持整洁，梁格、臂杆内无积水，及时清除闸门吊耳、门槽、弧形门支铰及结构夹缝处等部位的杂物。钢闸门出现局部锈蚀，涂层脱落时应及时修补。闸门滚轮、弧形门支铰等运转部位的加油设施应保持完好、畅通，并定期加油。

6. 启闭机的养护应符合下列要求：

（1）防护罩、机体表面应保持清洁、完整。

（2）机架不得有明显变形、损伤或裂缝，底脚连接应牢固可靠，启闭机连接件应保持紧固。

（3）注油设施、油泵和油管系统保持完好。油路畅通，无漏油现象。减速箱、液压油缸内油位保持在上、下限之间，定期过滤或更换，保持油质合格。

（4）制动装置应经常维护，适时调整，确保灵活可靠。

（5）钢丝绳、螺杆有齿部位应经常清洗、抹油，有条件的可设置防尘设施。启闭螺杆如有弯曲，应及时校正。

（6）闸门开度指示器应定期校验，确保运转灵活，指示准确。

7. 机电设备的养护应符合下列要求：

（1）电动机的外壳应保持无尘、无污、无锈。接线盒应防潮，压线螺栓紧固。轴承内润滑脂油质合格，并保持填满空腔内 1/2~1/3。

（2）电动机绕组的绝缘电阻应定期检测，小于 0.5 兆欧时，应进行干燥处理。

（3）操作系统的动力柜、照明柜、操作箱、各种开关、继电保护装置、检修电源箱等应定期清洁、保持干净。所有电气设备外壳均应可靠接地，并定期检测接地电阻值。

（4）电气仪表应按规定定期检验，保证指示正确、灵敏。

（5）输电线路、备用发电机组等输变电设施按有关规定定期养护。

8. 防雷设施的养护应符合下列规定：

（1）避雷针（线、带）及引下线如锈蚀量超过截面 30% 时，应予更换。

（2）导电部件的焊接点或螺栓接头如脱焊、松动应予补焊或旋紧。

（3）接地装置的接地电阻值应不大于 10 欧，超过规定值时应增设接地极。

（4）电器设备的防雷设施应按有关规定定期检验。

（5）防雷设施的构架上，严禁架设低压线、广播线及通讯线。

（五）观测设施养护

1. 观测设施应保持完整，无变形、无损坏、无堵塞。

2. 观测设施的保护装置应保持完好，标志明显，随时清除观测障碍物。观测设施如有损坏，应及时修复，并重新校正。

3. 测压管口应随时加盖上锁。

4. 水位尺损坏时，应及时修复，并重新校正。

5. 量水堰板上的附着物和堰槽内的淤泥或堵塞物，应及时清除。

（六）自动监控设施养护

1. 自动监控设施的养护应符合下列要求：

（1）定期对监控设施的传感器、控制器、指示仪表、保护设备、视频系统、通信系统、计算机及网络系统等进行维护和清洁除尘。

（2）定期对传感器、接收及输出信号设备进行率定和精度校验。对不符合要求的，应及时检修、校正或更换。

（3）定期对保护设备进行灵敏度检查、调整，对云台、雨刮器等转动部分加注润滑油。

2. 自动监控系统软件系统的养护应遵守下列规定：

（1）制定计算机控制操作规程并严格执行。

（2）加强对计算机和网络的安全管理，配备必要的防火墙。

（3）定期对系统软件和数据库进行备份，技术文档应妥善保管。

（4）修改或设置软件前后，均应进行备份，并做好记录。

（5）未经无病毒确认的软件不得在监控系统上使用。

3. 自动监控系统发生故障或显示警告信息时，应查明原因，及时排除，并详细记录。

4. 自动监控系统及防雷设施等，应按有关规定做好养护工作。

（七）管理设施养护

1. 管理范围内的树木、草皮，应及时浇水、施肥、除害和修剪。

2. 管理办公用房、生活用房应整洁、完好。

3. 防汛道路及管理区内道路、供排水、通讯及照明设施应完好无损。

4. 工程标牌（包括界桩、界牌、安全警示牌、宣传牌）应保持完好，醒目美观。

二、工程修理技术

（一）概述

1. 工程修理分为岁修、大修和抢修，其划分界限应符合下列规定：

（1）岁修：水库运行中所发生的和巡视检查所发现的工程损坏问题，每年进行必要的修理和局部改善。

（2）大修：发生较大损坏或设备老化、修复工作量大和技术较复杂的工程问题，有计划进行整修或设备更新。

（3）抢修：当发生危及工程安全或影响正常运用的各种险情时，应立即进行抢修。

2. 水库工程修理应积极推广应用新技术、新材料、新设备和新工艺。

3. 修理工程项目管理应符合下列规定：

（1）管理单位根据检查和监测结果，依据编制次年度修理计划，并按规定报主管部门。

（2）岁修工程应由具有相应技术力量的施工单位承担，并明确项目负责人，建立质量保证体系，严格执行质量标准。

（3）大修工程应由具有相应资质的施工单位承担，并按有关规定实行建设管理。

（4）岁修工程完成后，由工程审批部门组织或委托验收。

（5）凡影响安全度汛的修理工程，应在汛前完成。汛前不能完成的，应采取临时安全度汛措施。

（6）管理单位不得随意变更批准下达的修理计划。确需调整的，应提出申请，报原审批部门批准。

4. 工程修理完成后，应及时做好技术资料的整理、归档。

（二）护坡修理

1. 砌石护坡修理应符合下列要求：

（1）修理前，先清除翻修部位的块石和垫层，并保护好未损坏的砌体。

（2）根据护坡损坏的轻重程度，可按以下方法进行修理：

1）局部松动、塌陷、隆起和底部淘空、垫层流失时，可采用填补翻筑。

2）局部破坏淘空，导致上部护坡滑动坍塌时，可增设阻滑齿墙。

3）护坡石块较小，不能抗御风浪冲刷的干砌石护坡，可采用细石混凝土灌缝和浆砌或混凝土框格结构。厚度不足、强度不够的干砌石护坡或浆砌石护坡，可在原砌体上部浇筑混凝土盖面，增强抗冲能力。

（3）垫层铺设应符合以下要求：

1）垫层厚度应根据反滤层设计原则确定，一般为 0.15~0.25m。

2）根据坝坡土料的粒径和性质，按碾压式土石坝设计规范确定垫层的层数及各层的粒径，由小到大逐层均匀铺设。

（4）采用浆砌框格或增建阻滑齿墙时，应符合以下要求：

1）浆砌框格护坡一般采用菱形或正方形，框格用浆砌石或混凝土筑成，宽度一般不小于 0.5m，深度不小于 0.6m。

2）阻滑齿墙应沿坝坡每隔 3~5m 设置一道，平行坝轴线嵌入坝体。齿墙尺寸，一般宽 0.5m、深 1m(含垫层厚度)。沿齿墙长度方向每隔 3~5m 应留排水孔。

（5）采用细石混凝土灌缝时，应符合以下要求：

1）灌缝前，应清除块石缝隙内的泥沙、杂物，并用水冲洗干净。

2）灌缝时，缝内应灌满捣实，抹平缝口。

3）每隔适当距离，应设置排水孔。

（6）采用混凝土盖面修理时，应符合以下要求：

1）护坡表面及缝隙内泥沙、杂物应刷洗干净。

2）混凝土盖面厚度根据风浪大小确定。

3）混凝土标号一般不低于 C20。

4）应自下而上浇筑，振捣密实，每隔 3~5m 纵横均应分缝。

5）原护坡垫层遭破坏时，应补做垫层，修复护坡，再加盖混凝土。

6）修整坡面时，应保持坡面密实平顺。如有坑凹，应采用与坝体相同的材料回填夯实，并与原坝体结合紧密、平顺。

2. 混凝土护坡（包括现浇和预制混凝土）修理应符合下列要求：

（1）根据护坡损坏情况，可采用局部填补、翻修加厚、增设阻滑齿墙和更换预制块等方法进行修理。

（2）当护坡发生局部断裂破碎时，可采用现浇混凝土局部填补。填补修理时，应符合以下要求：

1）凿除破损护坡时，应保护好完好的部分。

2）新旧混凝土结合处，应凿毛清洗干净。

3）新填补的混凝土标号应不低于原护坡混凝土的标号。

4）严格按照混凝土施工规范拌制混凝土。结合处先铺 1~2Cm 厚砂浆，再填筑混凝土。填补面积大的混凝土应自下而上浇筑，振捣密实。

5）新浇混凝土表面应收浆抹光，洒水养护。

6）处理好修理部位的伸缩缝和排水孔。

7）垫层遭受淘刷，致使护坡损坏的，修补前应按设计要求先修补好垫层。

（3）当护坡破碎面积较大，护坡混凝土厚度不足，抗风浪能力差时，可采用翻修加厚混凝土护坡的方法进行修理，并应符合以下要求：

1）按满足承受风浪和冰推力的要求，重新设计确定护坡尺寸和厚度。

2）加厚混凝土护坡时，应将原混凝土板面凿毛清洗干净，先铺一层 1~2Cm 厚的水泥砂浆，再浇筑混凝土盖面。

（4）当护坡出现滑移或基础淘空，上部混凝土板坍塌下滑时，可采用增设阻滑齿墙的方法修理，应符合以下要求：

1）阻滑齿墙应平行坝轴线布置，并嵌入坝体。

2）齿墙两侧应按原坡面平整夯实，铺设垫层后，重新浇筑混凝土，并处理好与原护坡板的接缝。

（5）更换预制混凝土板时，应符合以下要求：

1）拆除破损预制板时，应保护好完好部分。

2）垫层应按防冲刷的要求铺设。

3）更换的预制混凝土板应铺设平稳、接缝紧密。

3. 草皮护坡修理应符合下列要求：

（1）草皮遭雨水冲刷流失和干枯坏死时，可采用填补、更换的方法进行修理。

（2）护坡的草皮中有杂草或灌木时，可采用人工挖除或化学药剂除净杂草。

（三）坝体裂缝修理

1. 坝体发生裂缝时，应根据裂缝的特征，按以下原则进行修理：

（1）对表面干缩、冰冻裂缝以及深度小于 1m 的裂缝，可只进行缝口封闭处理。

（2）对深度不大于 3m 的沉陷裂缝，待裂缝发展稳定后，可采用开挖回填方法修理。

（3）对非滑动性质的深层裂缝，可采用充填式黏土灌浆或采用上部开挖回填与下部灌浆相结合的方法处理。

（4）对土体与建筑物间的接触缝，可采用灌浆处理。

2. 采用开挖回填方法处理裂缝时，应符合下列要求：

（1）裂缝的开挖长度应超过裂缝两端 1m、深度超过裂缝尽头 0.5m。开挖坑槽底部的宽度至少 0.5m，边坡应满足稳定要求，且通常开挖成台阶型，保证新旧填土紧密结合。

（2）坑槽开挖应做好安全防护工作。防止坑槽进水、土壤干裂或冻裂。挖出的土料要远离坑口堆放。

（3）回填的土料应符合坝体土料的设计要求。对沉陷裂缝应选择塑性较大的土料，并控制含水量大于最优含水量的 1%~2%。

（4）回填时应分层夯实，特别注意坑槽边角处的夯实质量，压实厚度为填土厚度的 2/3。

（5）对贯穿坝体的横向裂缝，应沿裂缝方向，每隔 5m 挖“十”字形结合槽一个，开挖的宽度、深度与裂缝开挖的要求一致。

3. 采用充填式黏土灌浆处理裂缝时，应符合下列要求：

（1）根据隐患探测和坝体土质钻探资料分析成果做好灌浆设计。

（2）布孔时，应在较长裂缝两端和转弯处及缝宽突变处布孔。灌浆孔与导渗、观测设施的距离不少于 3m。

（3）灌浆孔深度应超过隐患 1~2m。

（4）造孔应采用干钻套管跟进的方式按序进行。造孔应保证铅直，偏斜度不大于孔深的 2%。

（5）配制浆液的土料应选择具有失水性快、体积收缩小的中等黏性土料。浆液各项技术指标应按设计要求控制。灌浆过程中，浆液容重和灌浆量每小时测定一次并记录。

（6）灌浆压力应通过试验确定，施灌时应逐步由小到大。灌浆过程中，应维持压力稳定，波动范围不超过 5%。

（7）施灌应采用“由外到里、分序灌浆”和“由稀到稠、少灌多复”的方式进行。在设计压力下，灌浆孔段经连续 3 次复灌不再吸浆时，灌浆即可结束。

（8）封孔应在浆液初凝后（一般为 12 小时）进行。封孔时，先扫孔到底，分层填入直径 2~3cm 的干黏土泥球，每层厚度一般为 0.5~1.0m，或灌注最优含水量的制浆土料，填灌后均应捣实。也可向孔内灌注浓泥浆。

（9）雨季及库水位较高时，不宜进行灌浆。

（四）坝体渗漏修理

1. 坝体渗漏修理应遵循“上截下排”的原则

上游截渗通常采用抽槽回填、铺设土工膜和坝体劈裂灌浆等方法，有条件时，也可采用混凝土防渗墙方法。下游导渗排水可采用导渗沟、反滤层等方法。

2. 采用抽槽回填截渗处理渗漏时，应符合下列要求：

（1）库水位应降至渗漏通道高程 1m 以下。

（2）抽槽范围应超过渗漏通道高程以下 1m 和渗漏通道两侧各 2m，槽底宽度不小于 0.5 米，边坡应满足稳定及新旧填土结合的要求，必要时应加支撑，确保施工安全。

（3）回填土料应与坝体土料一致。回填土应分层夯实，每层厚度 10~15cm，压实厚度为填土厚度的 2/3。回填土夯实后的干容重不低于原坝体设计值。

3. 采用土工膜截渗时，应符合下列要求：

（1）土工膜厚度应根据承受水压大小确定。承受 30m 以下水头的，可选用非加筋聚合物土工膜，铺膜总厚度 0.3~0.6mm。

（2）土工膜铺设范围，应超过渗漏范围四周各 2~5m。

（3）土工膜的连接，一般采用焊接，热合宽度不小于 0.1m。采用胶合剂粘接时，粘接宽度不小于 0.15 米。粘接可用胶合剂或双面胶布，连接处应均匀、牢固、可靠。

（4）铺设前应先拆除护坡，挖除表层土 30~50cm，清除树根杂草，坡面修整平顺、密实。再沿坝坡每隔 5~10 米挖防滑槽一道，槽深 1.0m，底宽 0.5m。

（5）土工膜铺设时应沿坝坡自下而上纵向铺放，周边用“V”形槽埋固好。铺膜时不能拉得太紧，以免受压破坏。施工人员不允许穿带钉鞋进入现场。

（6）保护层可采用沙壤土或沙，施工要与土工膜铺设同步进行，厚度不小于 0.5m；施工顺序，应先回填防滑槽，再填坡面，边回填边压实。

4. 采用劈裂灌浆截渗时，应符合下列要求：

（1）根据隐患探测和坝体土质钻探资料分析成果做好灌浆设计。

（2）灌浆后形成的防渗泥墙厚度，一般为 5~20cm。

（3）灌浆孔一般沿坝轴线（或略偏上游）位置单排布孔，填筑质量差、渗漏水严重的坝段，可双排或三排布置。孔距、排距根据灌浆设计确定。

（4）灌浆孔深度应大于隐患深度 2~3m。

（5）造孔、浆液配制及灌浆压力同本章“坝体裂缝修理”要求的内容一致。

（6）灌浆应先灌河槽段，后灌岸坡段和弯曲段，采用“孔底注浆，全孔灌注”和“先稀后稠、少灌多复”的方式进行。每孔灌浆次数应在 5 次以上，两次灌浆间隔时间不少于 5 天。当浆液升至孔口，经连续复灌 3 次不再吃浆时，即可终止灌浆。

（7）有特殊要求时，浆液中可掺入占干土重的 0.5%~1% 水玻璃或 15% 左右的水泥，最佳用量可通过试验确定。

（8）雨季及库水位较高时，不宜进行灌浆。

5. 采用导渗沟处理渗漏时，应符合下列要求：

（1）导渗沟的形状可采用“Y”“W”“I”等形状，但不允许采用平行于坝轴线的纵向沟。

（2）导渗沟的长度以坝坡渗水出逸点至排水设施为准，深度为 0.8~1.0m，宽度为 0.5~0.8m，间距视渗漏情况而定，一般为 3~5m。

（3）沟内按滤层要求回填沙砾石料，填筑顺序按粒径由小到大、由周边到内部，分层填筑成封闭的棱柱体。也可用无纺布包裹砾石或沙卵石料，填成封闭的棱柱体。

（4）导渗沟的顶面应铺砌块石或回填黏土保护层，厚度为 0.2~0.3m。

6. 采用贴坡式沙石反滤层处理渗漏时，应符合下列要求：

（1）铺设范围应超过渗漏部位四周各 1m。

（2）铺设前应清除坡面的草皮杂物，清除深度为 0.1~0.2m。

（3）滤料按沙、小石子、大石子和块石的次序由下至上逐层铺设。沙、小石子、大石子各层厚度为 0.15~0.20m，块石保护层厚度为 0.2~0.3m。

（4）经反滤层导出的渗水应引入集水沟或滤水坝趾内排出。

7. 采用土工织物反滤层导渗处理渗漏时，应符合下列要求：

（1）铺设前应清除坡面的草皮杂物，清除深度为 0.1~0.2m。

（2）在清理好的坡面上满铺土工织物。铺设时，沿水平方向每隔 5~10m 做一道“V”形防滑槽加以固定，以防滑动。再满铺一层透水沙砾料，厚度为 0.4~0.5m，上压 0.2~0.3m 厚的块石保护层。铺设时，严禁施工人员穿带钉鞋进入现场。

（3）土工织物连接可采用缝接、搭接或粘接。缝接时，土工织物重压宽度 0.1m，用各种化纤线手工缝合 1~2 道;搭接时，搭接面宽度 0.5m。粘接时，粘接面宽度 0.1~0.2m。

（4）导出的渗水应引入集水沟或滤水坝趾内排出。

（五）坝基渗漏和绕坝渗漏修理

1. 根据地基工程地质和水文地质，渗漏当地沙石、土料资源等情况，进行渗流复核计算后，选择采用加固上游黏土防渗铺盖，建造混凝土防渗墙灌浆帷幕，下游导渗及压渗等方法进行修理。

2. 采用加固上游黏土防渗铺盖时，应符合下列要求：

（1）水库具有放空条件，当地有做防渗铺盖的土料资源。

（2）黏土铺盖的长度应满足渗流稳定的要求，根据地基允许的平均水力坡降确定，一般大于 5~10 倍的水头。

（3）黏土铺盖的厚度应保证不致因受渗透压力而破坏，一般铺盖前端厚度 0.5~1.0m。与坝体相接处为 1/6~1/10 水头，一般不小于 3m。

（4）对于沙料含量少，层间系数不合乎反滤要求，透水性较大的地基，必须先铺筑滤水过渡层，再回填铺盖土料。

3. 采用混凝土防渗墙处理坝基渗漏时，应符合下列要求：

（1）防渗墙的施工应在水库放空或低水位条件下进行。

（2）防渗墙应与坝体防渗体连成整体。

（3）防渗墙的设计和施工应符合有关规范规定。

4. 采用灌浆帷幕防渗时，除应进行灌浆帷幕设计外，还应符合下列要求：

（1）非岩性的沙砾石坝基和基岩破碎的岩基可采用此法。

（2）灌浆帷幕的位置应与坝身防渗体相结合。

（3）帷幕深度应根据地质条件和防渗要求确定，一般应落到不透水层。

（4）浆液材料应通过试验确定。一般可灌比 $M \geqslant 10$，地基渗透系数为 4.6×10^{-3}~5.8×10^{-3}cm/s 时，可灌注黏土水泥浆，浆液中水泥用量占干料的 20%~40%。可灌比 $M \geqslant 15$，渗透系数为 6.8×10^{-3}~9.2×10^{-3}cm/s 时，可灌注水泥浆。

（5）坝体部分应采用干钻、套管跟进方法造孔。在坝体与坝基接触面，没有混凝土盖板时，坝体与基岩接触面先用水泥砂浆封固套管管脚，待砂浆凝固后再进行钻孔灌浆工序。

5. 采用导渗、压渗方法时，应符合下列要求：

（1）坝基为双层结构，坝后地基湿软，可开挖排水明沟导渗或打减压井。坝后土层较薄，有明显翻水冒沙以及隆起现象时，应采用压渗方法处理。

（2）导渗明沟可采用平行坝轴线或垂直坝轴线布置，并与坝趾排水体连接。垂直坝轴线的导渗沟的间距一般为 5~10m，在沟的尾端设横向排水干沟，将各导渗沟的水集中排走。导渗沟的底部和边坡，均应采用滤层保护。

（3）压渗平台的范围和厚度应根据渗水范围和渗水压力确定，其填筑材料可采用土料或石料。填筑时，应先铺设滤料垫层，再铺填石料或土料。

（六）坝体滑坡修理

1. 根据滑坡产生的原因和具体情况，应选择采用开挖回填、加培缓坡、压重固脚和导渗排水等方法进行综合处理。因坝体渗漏引起的滑坡，应同时进行渗漏处理。

2. 采用开挖回填方法时，应符合下列要求：

（1）彻底挖除滑坡体上部已松动的土体，再按设计坝坡线分层回填夯实。

（2）开挖时，应对未滑动的坡面按边坡稳定要求放足开口线。回填时，应保证新老土结合紧密。

（3）回填后，应修复护坡和排水设施。

3. 采用加培缓坡方法时，应符合下列要求：

（1）根据坝坡稳定分析结果确定放缓坝坡的坡比。

（2）将滑动土体上部进行削坡，按确定的坡比加大断面，分层回填夯实。夯实后的土壤干容重应达到原设计标准。

（3）回填前，应先将坝趾排水设施向外延伸或接通新的排水体。

（4）回填后，应恢复和接长坡面排水设施和护坡。

4. 采用压重固脚方法时，应符合下列要求：

（1）压重固脚常用的有镇压台（戗台）和压坡体两种形式，应视当地土料、石料资源和滑坡的具体情况采用。

（2）镇压台（戗台）或压坡体应沿滑坡段全面铺筑，并伸出滑坡段两端 5~10m，其高度和长度应通过稳定分析确定。

（3）采用土料压坡体时，应先满铺一层厚 0.5~0.8m 的沙砾石滤层，再回填压坡体土料。

（4）压重后，应恢复或修好原有排水设施。

5. 采用导渗排水沟方法时，应符合下列要求：

（1）导渗沟除按本章“坝体渗漏修理”要求的内容和布置外。导渗沟的下部还应延伸到坝坡稳定的部位或坝脚，并与排水设施相通。

（2）导渗沟之间滑坡体的裂缝，应进行表层开挖、回填封闭处理。

（七）排水设施修理

1. 排水沟（管）的修理应符合下列要求：

（1）部分沟（管）段发生破坏或堵塞时，应将破坏或堵塞的部分挖除，按原设计标准进行修复。

（2）修理时，应采用相同的结构类型及相应的材料施工。

（3）沟（管）基础（坝体）破坏时，应使用与坝体同样的土料，先修复坝体，后修复沟（管）。

2. 减压井、导渗体的修理应符合下列要求：

（1）减压井发生堵塞或失效时，应按掏淤清孔，洗孔冲淤，安装滤管，回填滤料，安设井帽，疏通排水道等程序进行修理。

（2）导渗体发生堵塞或失效时，应先拆除堵塞部位的导渗体，清洗疏通渗水通道，重新铺设反滤料，并按原断面恢复。

3. 贴坡式反滤体的顶部应封闭，损坏时应及时修复，防止坝坡土粒堵塞。

4. 完善水坝下游周边的防护工程，防止山坡雨水倒灌影响导渗排水效果。

第四节　水利工程的调度运用技术

一、一般规定

1. 水库管理单位应根据经审查批准的流域规划、水库设计、竣工验收及有关协议等文件，制订水库调度运用方案，并按规定报批执行。在汛期，综合利用水库的调度运用应服从防汛指挥部的统一指挥。

2. 水库调度运用工作应包括以下主要内容：

（1）编制水库防洪和兴利调度运用计划。

（2）进行短期、中期、长期水文预报。

（3）进行水库实时调度运用。

（4）编制或修订水库防洪抢险应急预案。

3. 水库调度运用的主要技术指标应包括：

（1）校核洪水位、设计洪水位、防洪高水位、汛期限制水位、正常蓄水位、综合利用下限水位和死水位。

（2）库区土地征用及移民迁安高程。

（3）下游河道的安全水位及流量。

（4）城市生活及工业、农业用水量。

4. 水库调度运用应采用先进技术和设备，研究优化调度方案，逐步实现自动测报和预报。

二、防汛工作

1. 水库防汛工作应贯彻“以防为主，防重于抢”的方针，并实行政府行政首长负责制。

2. 每年汛前（6 月 1 日前），管理单位应做好以下主要工作：

（1）组织汛前检查，做好工程养护。

（2）制订汛期各项工作制度和工作计划，落实防汛责任制。

（3）修订完善水库防洪抢险应急预案，并按规定报批。

（4）补充落实防汛抢险物资、器材及机电设备备品备件。

（5）清除管理范围内的障碍物。

3. 汛期（6 月 1日–9 月 30 日），管理单位应做好以下主要工作：

（1）加强防汛值班，确保信息畅通，及时上报雨情、水情和工情，准确执行上级主管部门的指令。

（2）加强工程的检查观测，随时掌握工程运行状况，发现问题立即处理。

（3）泄洪时，应提前通知下游，并加强对工程和水流情况的巡视检查，安排专人值班。

（4）对影响安全运行的险情，应及时组织抢险，并上报主管部门。

4. 汛后（10 月 1 日后），管理单位应做好以下主要工作：

（1）开展汛后工程检查，做好设备养护工作。

（2）编制防汛抢险物资器材及机电设备备品备件补充计划。

（3）根据汛后检查发现的问题，编制次年度工程修理计划。

（4）完成防汛工作总结，制订次年度工作计划。

5. 当水库遭遇超校核标准洪水或特大险情时，应按防洪预案规定及时向下游报警并报告地方政府，采取紧急抢护及转移群众等措施。

三、防洪调度

1. 水库防洪调度应遵循下列原则：

（1）在保证水库安全的前提下，按下游防洪需要，对入库洪水进行调蓄，充分利用洪水资源。

（2）汛期限制水位以上的防洪库容调度运用，应按各级防汛指挥部门的调度权限，实行分级调度。

（3）与下游河道和分、滞洪区联合运用，充分发挥水库的调洪错峰作用。

2. 防洪调度方案应包括以下内容：

（1）核定（明确）各防洪特征水位。

（2）制定实时调度运用方式。

（3）制定防御超标准洪水的非常措施，绘制垮坝淹没风险图。

（4）明确实施水库防洪调度计划的组织措施和调度权限。

3. 水库管理单位应按照批准的防洪调度方案，科学、合理实施调度。

4. 水库管理单位应根据水情、雨情的变化，及时修正和完善洪水预报方案。

5. 入库洪峰尚未达到时，应提前预降库水位，腾出防洪库容，保证水库安全。

四、兴利调度

1. 水库兴利调度应遵循以下原则：

（1）满足城乡居民生活用水，兼顾工业、农业和生态等需求，最大限度地综合利用水资源。

（2）计划用水和节约用水。

2. 兴利调度计划应包括以下内容：

（1）当年水库蓄水及来水的预测。

（2）协调并初定各用水单位对水库供水的要求。

（3）拟订水库各时段的水位控制指标。

（4）制订年（季、月）的具体供水计划。

3. 实施兴利调度时，应实时调整兴利调度计划，并报主管部门备案。当遭遇特殊干旱年，应重新调整供水量，报主管部门核准后执行。

五、控制运用

1. 水库管理单位应根据批准的防洪和兴利调度计划或上级主管部门的指令，实施涵闸的控制运用。执行完毕后，应向上级主管部门报告。

2. 溢洪闸需超标准运用时，应按批准的防洪调度方案执行。

3. 在汛期，除设计兼有泄洪功能的输水涵洞可用于泄洪外，其他输水涵洞不得进行泄洪运用。

4. 闸门操作运用应符合下列要求：

（1）当初始开闸或较大幅度增加流量时，应采取分次开启的方法，使过闸流量与下游水位相适应。

（2）闸门开启高度应避免处于发生振动的位置。

（3）过闸水流应保持平稳，避免发生集中水流、折冲水流、回流和漩涡等不利流态。

（4）关闸或减少泄洪流量时，应避免下游河道水位降落过快。

（5）输水涵洞应避免洞内长时间处于明满流交替状态。

5. 闸门开启前应做好下列准备工作：

（1）检查闸门启闭状态有无卡阻。

（2）检查启闭设备是否符合安全运行要求。

（3）检查闸下溢洪道及下游河道有无阻水障碍。

（4）及时通知下游。

6. 闸门操作应遵守下列规定：

（1）多孔闸闸门应按设计提供的启闭要求及闸门操作规程进行操作运用，一般应同时分级均匀启闭，不能同时启闭的。开闸时应先中间、后两边，由中间向两边依次对称开启。关闸时应先两边、后中间，由两边向中间依次对称关闭。

（2）电动、手摇两用启闭机在采用人工启门前，应先断开电源。闭门时禁止松开制动器，使闸门自由下落，操作结束后应立即取下摇柄。

（3）两台启闭机控制一扇闸门的，应保持同步。一台启闭机控制多扇闸门的，闸门开高应保持相同。

（4）操作过程中，如发现闸门有沉重、停滞、卡阻和杂声等异常现象，应立即停止运行，并进行检查处理。

（5）使用液压启闭机，当闸门开启到预定位置，而压力仍然升高时，应立即控制油压。

（6）当闸门开启接近最大开度或关闭接近底槛时，应加强观察并及时停止运行。闸门关闭不严时，应查明原因进行处理。使用螺杆启闭机的，应采用手动关闭。

7. 采用计算机自动监控的水闸，应根据工程的具体情况，制定相应的运行操作和管理规程。

第七章　大型水利综合类工程良性运行的理论基础

不同的经济体制模式下影响大型水利综合类工程实现良性运行的因素是不同的。我国大型水利综合类工程良性运行建立在社会主义市场经济条件下，这既完全不同于计划经济条件下，同样世界市场经济也是多个模式。不同模式下政府职能、企业生存发服的环境都有很大区别，大型水利综合类工程实现良性运行的条件也会有很大差别。

大型水利综合类工程的本质特征是既具有防洪排涝等社会公益性功能，又具有供水发电等经营性功能。基于大型水利综合类工程的本质特征，其管理单位的主要特点是以一个水利工程作为不可分割的整体，向社会提供公益性服务和经营性产品。水利工程的防洪、排涝等公益性服务就是公共产品和服务，仅靠市场难以提供足量优质的公共产品和服务，必须有政府的参与。研究大型水利综合类工程如何实现良性运行，公共产品和公共服务理论是重要的理论基础。

第一节　大型水利综合类工程良性运行的经济体制模式

大型水利综合类工程良性运行同经济体制模式紧密相连。在建立社会主义市场经济体制大背景下，大型水利综合类工程如何实现良性运行？计划经济条件下，一切大型水利综合类工程的建设管理由政府负责。政府集决策、执行和监督于一体，对水利工程的建设管理和安全运行负全责。建设社会主义市场经济体制下，政府对大型水利综合类工程建设与运行管理，将由计划经济条件下的大包大揽的实施主体的角色变成责任主体。大型水利综合类工程的管理体制、运行机制和发展环境等须随之改变。目前问题的实质，是大型水利综合类工程的管理体制、运行机制和发展环境等变革滞后于社会主义市场经济体制改革的进程。研究如何实现大型水利综合类工程良性运行，需认真分析我国建立社会主义市场经济体制的本质属性和要求。

一、市场经济概论

市场经济是市场在资源配置中起基础性决定性作用的经济形式。无论是国际市场经济竞争还是国内市场竞争，其都会给企业家和技术进步带来强烈的刺激因素，从而推动技术创新、技术变革，带动和促进经济和社会的快速健康发展。市场经济人类社会已经存在了几百年，模式千差万别。中国的市场经济不同于已有的各类市场经济，但可能接近某一种模式。不同的市场经济模式下，政府和市场的职能范围是不同的。因此，大型水利综合类工程实现良性运行中的模式选择是在市场经济条件下实现的，市场经济理论是研究依据的基础理论。

二、中国市场经济模式选择

现有的市场经济模式千差万别。从政府和市场关系来分析，市场经济主要包括以下 3 种模式：政府干预型市场经济、政府主导型市场经济和社会市场经济。

1. 政府干预型市场经济

政府干预型市场经济是一种从传统资本主义市场经济演化过来的现代市场经济模式，以美国为代表。政府干预型市场经济倡导的基本理念是：资本主义市场经济制度是一种永恒的制度，通过自由竞争和市场机制，能够使资源配置达到社会最佳状态。但“自由竞争”制度也存在某些缺陷，主要表现在出现垄断、社会公共资源配置失效和外部经济效应等造成的市场缺陷。政府作用只应是对于那些市场失灵的地方进行宏观经济干预，借以进一步提高资源配置效率。现代政府在经济活动中仅仅处于辅助地位，主要起“拾遗补阙”作用，是传统“自由竞争”和“自由放任”政府职能理论的延续。

2. 政府主导型市场经济

政府主导型市场经济以日本和韩国为代表的市场经济模式。政府主导型市场经济理念为：自由资本主义制度固然有其优点，但也有重大缺陷，就是周期性经济危机。经济危机使资本主义成为一个经常走走停停的“有问题的闹钟”。日韩采用的经济模式就是在坚持资本主义制度的前提下，学习借鉴社会主义管理方式，加强政府对于市场经济的领导地位，形成一个由政府领导的市场经济，以期待能最大限度地凝聚政府市场两个方面的优势。这种市场经济模式是要从国家观念出发，加强政府对市场经济的领导，表现在政府要在国民经济发展计划、金融、投资、外汇、对外经贸、农业、产业政策和技术政策等多方面发挥主导作用。政府财政政策是高度集权、长期实行赤字财政政策。这种政府主导型市场经济模式是以政府制定经济发展计划为基础、以政府经济政策为主导的市场经济。

3. 社会市场经济

社会市场经济的核心理念和基本观点是在坚持经济自由主义的同时，强调要正确处理政府与市场的关系，尤其强调政府的首要任务是建立良好的市场经济秩序，这种模式以德国为代表。这种经济模式主要理念包括：以自由竞争为基础的资本主义市场经济制度固然有有利于资源有效配置的一面。但也存在着重大缺陷：一是它导致了资本主义市场经济的无序化，主要结果是周期性经济危机；二是无序状态下的自由竞争是一种十分残酷的“肉搏战”，这种“你死我活”的竞争结果一般导致“两败俱伤”，使资本主义生产力受到极大破坏。两者比较，后者的缺陷更具有根本性。要解决这一问题，关键在于政府开放市场、广泛吸收世界资本的同时。要有一套规范市场竞争的完备的法律体系，并通过严格执法来化解矛盾，变消极因素为积极因素，也就是讲政府作用，犹如体育竞赛中“规则制定者和裁判员”。

社会市场经济主要理念概括起来讲就是“自由 + 秩序”，经济建立在自由和秩序基础上，它们结合成一个不可分割的整体。自由不可能存在于那些没有稳定秩序的地方，在那里自由将堕入混乱。而秩序也不可能存在于那些没有自由的地方，在那里秩序将导致残暴的强制。社会市场经济主要政策主张如下：

（1）政府（国家）的任务主要是为整个社会经济生活的正常运转创造规制性条件，而不是直接从事经济活动。在现代经济生活中，政府作用已经超过充当“守夜人”角色，是健康社会经济生活必要的构架条件，即秩序条件。具体包括：维护制度方面秩序条件，如所有制、经济体制、法制等。为社会发展创造基础条件，包括能源动力、交通通信、文化教育、科学研究等。校正日常条件，包括避免减轻经济社会中过热过冷、地区部门等结构不协调等。稳定社会条件，包括缓和雇员雇主矛盾、强者弱者矛盾等。

（2）资本主义市场竞争必然存在三大弊病：经济周期性波动、经济结构不协调和社会极大不公。对此政府必须采取必要措施加以缓解，包括：保护私有制。在市场经济关系上，基本原则是“尽可能一市场，必要时一政府”，把握好价格这个市场经济的核心要素，工业品价格基本自由，列入居民生活费用指数的商品，如农产品、电力、邮电、交通、医疗、房租等政府要实行必要干预。建立有效的财政，加强财政立法，实行三级分税，加强财税征管，做好财政司法工作等。建立相对独立的中央银行，执行独立的货币政策。做好法制保障，通过建立各种法律法规来保障市场经济运行和建立完善的社会保障体系等。

4. 我国市场经济模式选择

市场经济条件的政府职责既是社会分工的结果，也是政府自觉选择的结果。在决定自身职能上，政府有一定的可选择范围。我国建立社会主义市场经济体制，政府的职能选择，要借鉴市场经济发达国家的经验，在遵循基本原则基础上，要根据我国的国情做出。因此，近期可建立一种允许试错并能尽快调整的体制机制。世界上现存的三种市场经济模式，我国更适合借鉴德国的经济模式。在处理政府和市场关系上，按照“尽可能一市场，必要时一政府”的原则来确定。凡市场能够解决，或者可以采用市场方式、又可以采用政府方式来办，但一般市场方式更有效的，则是尽可能尝试利用市场方式去办；市场解决不了或者即使能解决问题也是低效的，而政府又有能力做好的，应由政府去办；凡是涉及国家与民族长远、全局利益的事务，应由政府特别是中央政府来做决定；地方公共性和公益性事务主要由地方政府来办，中央和地方政府职能应有制度清晰的分工；即使由政府办的事，也要按市场规律办事，讲求效率和效果。

需要强调的是，考虑到我国仍处在经济转型和社会转轨的关键时期，并且理顺相干关系需要较为漫长的一个时期，在现阶段我国发展社会主义市场经济中的政府职能应该要多于成熟的社会市场经济国家。概括起来讲，一定时期内我国的社会主义市场经济应是更接近于德国的社会市场经济模式，是与社会主义初级阶段基本经济制度相结合的、有较强国家干预的现代市场经济。我国社会主义市场经济主要包括相互联系的4个方面内容：一是以市场作为配置社会经济资源的主要方式；二是现代的市场经济，即有政府（国家）干预的市场经济；三是有较强国家干预的市场经济，这是由我国国情和经济社会发展所处的阶段（经济转轨、社会转型）决定的；四是与社会主义初级阶段的基本经济制度相结合的，基本经济制度是以社会主义公有制为主体、多种所有制经济共同发展。

三、社会主义市场经济条件下的政府管理

我国社会主义市场经济条件下政府干预市场经济的必要性、政府管理的主要内容、手段和特点分析如下。

1. 政府干预的必要性

政府干预是指国家对国民经济的管理和调节。市场经济的条件下市场失效的主要原因如下：一是社会和经济发展需要生产和提供一定数量的公共产品和服务，但仅靠市场不能提供或足额提供公共产品及服务；二是外部效应的存在会导致价格机制扭曲、市场无法有效配置资源，需要政府干预；三是垄断抑制市场机制发挥、影响消费者利益，需要政府实施监管调控；四是仅靠市场调节难以保证社会公平，最终导致社会动荡，需要政府管理和干预。

2. 政府管理的主要内容和发挥作用的主要领域

政府职能应通过法律得到明确和恰当的界定。总的原则凡是通过市场机制能够解决到的问题，政府就不必插手，而通过市场机制不能解决的问题政府就需负起责任。社会主义市场经济条件下政府管理和干预市场经济的主要内容或者说需要政府发挥作用的领域包括：一是制定并执行规则，如产权界定与保护、监督合同执行和公正执法等。

二是进行宏观经济调控，进行收入再分配，制定合理的收入分配政策调节社会成员的收入水平。通过实施财政和货币政策等稳定经济发展避免大起大落，维持稳定的经济社会环境等。三是提供公共产品和服务，通过法律、行政手段矫正外部效应。四是通过立法和监管落实维护有效的市场竞争等。

3. 政府管理的主要手段

政府主要采用计划手段、经济手段、行政手段和制度手段等管理经济。

4. 政府管理的主要特点

政府管理经济的行为主体是政府，目的是实现一定的公共目标，实施范围具有全局性和政府行为具有一定的强制性。

四、我国社会主义市场经济的主要特点

我国将逐步建立的社会主义市场经济是一种现代的规范有效的市场经济，它主要有以下 5 个主要特点：独立的企业制度、有效的市场竞争、规范的政府职能、良好的政府信用和健全的法制基础。

1. 独立的企业制度

独立的市场主体是现代市场经济的基石，而企业是现代市场经济中最主要的市场主体。独立企业制度包括三层含义：一是企业拥有明确独立的产权并受到法律的有效保护；二是企业有充分的决策权；三是企业对自己的决策和行为责任。

2. 有效的市场竞争

一是竞争必须公平；二是竞争必须相对充分；三是竞争必须有序。

3. 规范的政府职能

一是政府职能通过法律得到明确和恰当界定；二是必须有民主透明的政府决策程序；三是政府权力受到法律的有效约束。

4. 良好的政府信用

市场经济的交易方式主要是信用交易，要求市场主体和政府都必须诚实守信。与企业等市场主体的诚实守信相比，政府的诚信更为重要。

5. 健全的法制基础

现代市场经济是法制经济，包括：法的内容符合市场经济的内在要求；法是至高无上的，法律面前公民个人、社会团体和政府机构等一切平等；法律得以公正执行。

第二节　公共产品及提供方式选择

一、公共产品的定义和特点

1. 公共产品的定义

公共品也称公共物品或公共产品，是指无论个人是否购买，都能使整个社会每一个成员获益的物品。

（1）公共产品是社会总产品的一个大类，公共服务是其重要组成部分。政府提供公共产品的基本方式是服务，政府的公共工程也是通过服务的形式为个人提供消费的。例如：当你在公园散步时，你享受的不是公园本身，而是管理好公园使其发挥公园功能作用的服务；当洪水到来时，由于水坝存在你免受洪水侵害，你享受的也不是水利工程本身，而是水利工程发挥的功能给你提供的保障性服务。公共产品的范围十分广泛，从政治、法律、国防、治安、政府行政管理、大中型水利设施到城市规划、公共道路、环境整治、环境卫生、防病防疫、天气预报、科学研究以及铁路、城市公共交通设施、广播电视、教育、防洪抗旱等，都属于公共产品的范畴。它们直接为企业、个人和家庭的生活提供服务，是社会总产品中不可缺少的组成部分。

（2）公共产品是用于满足社会公共消费需要的产品和服务，产品分为两大类：一类是私人产品，主要满足个人消费需要；一类是公共产品，用于满足社会公共消费需要。所谓公共消费需要，是指和每个人的利益有密切联系，又无法享受其消费独占权的消费需要。

2. 公共产品的主要特点

公共产品是区别于私人产品，具有非排他性和非竞争性特点，用于满足公共消费需要的社会产品。公共产品的非排他性也称为消费上的非排斥性，是指在技术上不易排斥众多受益者的消费。也就是说，当某人消费产品时，他无法排斥其他人也共同消费这类产品。非排他性也指即使你不愿意消费这一产品，你也没办法排斥。非排他性有时也指某些产品技术上可以排斥他人的消费，但这样做是不节俭的。公共产品的非排他性使之具备了公共性特征。由于它既不能被个人排斥，也不能为个人所拒绝，因而这类产品具有极大的外部性，是一种人人都有权使用、人人都获益的产品。这类产品体现的是全体居民的共同利益，适合由政府或国有企业来经营和管理，一般情况下不适合由个人、家庭或私人企业经营。公共产品的非竞争性是相对于私人产品具有的竞争性特点而言的，而竞争性就是指消费上的竞争性。简单地说，竞争性是指获得消费权利的价格竞争，也就是出价最高的人将获得消费的优先权。竞争性另一个特征是边际生产成本不为零。私人产品存在消费竞争性与其消费整体性有关，对于那些具有消费整体性产品而言，要获得消费权消费者就必须购买整个产品，如果要增加消费，就必须付出更多钱。通常，边际成本是否为零是判断产品是否具有竞争性的重要标准。而公共产品在消费上具有非竞争性特点，例如：水库大坝对任何在其防洪收益范围内的居民都是开放的，它并不因为居民增加而使原来享受防洪收益的人享受不到或享受量减少，因此这类产品的消费不具有竞争性。公共产品的竞争性也指其边际消费成本为零，如当某一大坝建成并投入使用后，无论其保护 100 个人还是保护 1000 个人，其产生的成本是相同的。也就是说，每增加一个消费者没有引起建设和管理总成本的增加，所以其边际成本才为零。公共产品具有非竞争性的原因有以下分析：一是公共产品的消费具有分割性，每个人消费一个虚拟单元而不是消费整个产品；二是公共消费与个人消费不同，公共消费仅使主体获得一种观念和感觉，而不是物质上的实实在在的消费，因而不影响其他人也获得；三是公共产品非排他性与劳务产品和服务的产品属性有关，根本原因是其收益的外溢性，及它具有外部效益。如灯，放在家里就只能为家人服务，是私人物品；放在马路上就可以为路过的人照亮，成为公共物品。

公共产品具有的非排他性和非竞争性使其在生产和消费上与私人物品有许多不同之处。一是公共产品生产成本是很高的，但由于它具有非竞争性，可以为许多人同时享用，因此每个人分摊的费用并不高，这就是说公共费用最好由居民群体共同分担；二是公共产品具有非排他性，这意味着它既可以许多人同时消费也可以反复消费，所以它的利用效率远远高于私人产品，这一特点决定了公共产品一般不由私人来管理而交由政府来管理；三是鉴于公共产品具有消费的非排他性，也就是说不管你是否付费，你都可以获得消费利益。不付钱能获得利益，付了钱也得不到更多，于是便出现“免费搭车”现象。因此，公共产品的生产费用筹措，通常需要采取与私人产品不同的方式，如通过税收等强制分摊。

3. 公共产品和私人产品的分类

公共产品分为纯公共产品和准公共产品两大类。纯公共产品是指具备非排他性和非竞争性特点的产品。准公共产品是指具备上述两个特点中的一个，另一个不具备或不完全具备，或者两个特点都不完全具备但具有较大外部效益的产品。

私人产品按其性质可以分为纯私人产品和俱乐部产品两类。纯私人产品是指完全具有排他性和竞争性特点的产品，也称市场产品。俱乐部产品是指虽然具有私人产品特点，但并不十分明显，具有准公共产品的某些特征，但收益范围较小的产品。

二、公共产品的提供中对政府作用分析

完全自由的市场无法完全提供国防、公路、水利工程、教育及污染治理等纯公共产品，即使提供也会造成短缺。市场经济条件下必须探讨公共产品其他提供方法，可考虑由公共部门全部或部分提供国防、水利工程等公共基础设施，政府作为最重要的公共部门对公共产品的提供十分重要。

1. 公共部门和私人部门划分

（1）公共部门是指生产资料归国家（政府）所有，接受政府行政领导的政府（机关）部门、事业单位和公共企业（一般为国有企业和国有控股公司）。

许多公共事物十分具体，需要由专门机构来承担更加具体的服务。这类接受政府行政指令的机构由政府领导和管理，从事公共产品提供，并在经济上获得财政支持的资产属于国家公共所有的单位，一般称为事业单位。

由政府投资兴办和管理资产属于公众所有的企业称为公共企业，在我们国家一般称为国有企业或国有控股公司。我国正在建立社会主义市场经济体制，从改革和发展方向上讲，公共企业将呈现减少趋势。目前一些生产竞争性产品的国有企业将逐步退出国有经济行列，从其作用来讲不应纳入公共企业范畴。

（2）私人部门是除了公共部门以外的部门，主要包括个人家庭部门和私人企业。我国现阶段包括一些生产竞争性产品的混合所有制形式的有限责任公司、中外合资企业等。

2. 公共产品的生产和提供

（1）公共产品的生产。公共产品的生产方式包括公共生产和私人生产两种方式。公共生产是指公共产品由公共部门来生产，由于公共生产缺乏竞争，一般效率较低，且容易产生官僚主义。私人生产是指公共产品由私人部门来生产，这是目前市场经济国家公共产品的主要生产方式。

（2）公共产品的提供。公共产品的提供是公共产品的交换和消费，是指公共产品通过交换进入社会消费的过程，生产公共产品的目的是满足公共消费需要。公共产品提供方式主要包括公共提供、市场提供和混合提供。不能把公共产品生产和提供混同起来。

公共产品公共提供是指由政府部门无偿把公共产品提供给社会，以满足社会公共消费需要。公共提供是公共产品最能表现公共产品特征的供给方式。一是出于对纯公共产品供给规律的考虑；二是有利于实现社会公平目标，让公众尤其是社会弱势群体也能平等享受纯公共产品这种社会“普照之光”。公共产品市场提供是按照赢利原则，通过市场方式提供公共产品和劳务。一般来讲，适合市场提供的主要是那些由公共企

业生产的具有一定的市场产品性质的准公共产品。

混合供给是指政府以成本价为基础，通过财政补贴和向受益人收取一定费用的方式来提供公共产品。适合混合供给的公共产品主要是准公共产品，在我国目前最典型的采用混合供给方式供给的准公共产品是农业灌溉用水。

第三节　大型水利综合类工程良性运行区域环境

一、区位决策理论

区位决策理论是区域经济学研究的重要内容。区域经济学又称为空间经济学，它是研究一定的经济活动为什么会在一定的地域范围内进行，以及一定的经济设施为什么建立于一定的地域范围之内的理论科学。

区位论是区域经济学的重要内容，它是研究经济行为的空间选择及空间内经济活动的组合理论。目前主要的理论派系是最小费用区位论、最大利润区位论和最大满足化区位论。

区位决策理论是区位论中的重要内容。它是从企业或产业、个人或团体组织的利益或效用出发，研究各种区位主体进行区位选择和空间配置的理论。区位决策理论主要包括两方面内容：区位主体的区位选择和区位主体活动的空间秩序决策。

二、城市区域环境特点

1. 城市区城环境主要特点

区位或区域环境可以简单地分为城市和乡村两种区域环境。

城市是相对于乡村而言的。城市由两个字组成，城就是由城墙围成的城池，为了防御敌人和保护自己不受侵犯；而市是指买卖货物的地方，是指商贾集市，是货物与人的集散场所。一般来讲构成城市的基本要素有：达到一定规模的人口聚集；一个或若干个起支撑作用的基本经济来源；与上述两者相适应的城市基础设施；有时还有一个基本要素是区域或国家的行政管理中心。城市具有三个基本特征：一是空间上的密集性（也称“空间积聚性或集中性”）；二是经济上的非农性（城市的经济特性，有时称为“非农业的土地利用”）；三是构成的异质性（城市的社会属性，有时也称“多样性、流动性”）。

城市是人类文明的结晶、人类进步的表现。城市是以人和社会为核心，以空间与环境资源利用为手段，以聚集经济效益为特点的社会、经济以及物质性设施的空间地域集合体。城市经济和文化发展紧密相连，构成国民生产总值的主体。目前通俗地称城市要具备或部分具备区域范围内十大功能中心：综合经济中心（承担区域投资、决策、金融、贸易及生产性服务等多种功能的凝聚地区）、文化中心（区域内精神产品的创造、交流、传播、消费提供服务功能的中心）、科技中心（特定区域范围内科技综合实力最强、科技凝聚力和辐射带动力最强以及最具有科技发展潜力和人文自然环境最好的中心）、装备制造中心（机械产品成为经济大区、国家或世界市场的重要生产和供应基地）、加工制造中心（加工产业链条中占据多数链条环节，完成着产品主要加工生产的企业所聚集的地区）、旅游中心（一定区域内对旅游者主要提供综合服务的中心）、金融中心（金融机构高度集中的区域，是区域金融产业发展和金融活动的中间和心脏带）、物流中心（以仓库为基础为各物流环节如订货、咨询、取货、包装、仓储、装卸、中转、配载、送货提供服务和延伸服务的物流节点）、会展中心（区域范围内会展综合实力最强、凝聚力和辐射带动能力最强，并具有发展潜力和人文自然环境最好的中心）和人居中心（一定区域内人民就业、生活、商务和休闲聚居中心地）。

2. 城市化主要内涵

城市化是城市以及城市所具有的物质和社会属性对周围非城市地区的不断同化和扩张的过程。城市化就是由传统的农村社会向现代城市社会转变的过程，是人口城市化和城市现代化的统一。一定程度上意味着更多的人由从事较高效率的第二产业、第三产业劳动，由传统的、保守的生活方式转变为积极的富于开拓进取的生活方式，由低消费群体转变为高消费群体的过程。城市化水平最简单的度量方式是城镇人口占总人口的百分比。城市化突出表现在人口向城市集中，城市数量增加、规模扩大以及城市现代化水平提高，是社会经济结构发生根本转变并获的巨大发展的空间表现。具体讲城市化具有五个主要内涵：一是城市人口比重不断提高的过程；二是产业结构不断转化升级的过程；三是居民生活水平不断提高的过程；四是城市文明不断发展并向广大农村渗透和传播的过程；五是人的整体素质不断提高的过程。总之，城市化是经济社会发展的必然结果，是社会形态向高层次发展的客观表现形式。它不仅表现为人口由乡村向城市转移以及城市人口的膨胀，城市区域的扩张，还表现为生产要素向城市集中的趋势、城市自身功能的完善及经济社会生活由乡村型向城市型的过渡。城市化最本质的内涵是城市自身实现向更高层次发展，伴随着人口向城市区域集中以及城市区域的扩大，国民经济中的各生产要素组合而成的生产函数也向更高层次变革。城市化引起的这种变革突出表现在产值结构和就业结构向第二产业、第三产业转移，城市经济效率即城市人均国民生产总值不断增长等方面。

3. 城市区位环境优势分析

城市具有的一般职能主要包括以下几个方面。

一是区域政治中心职能；二是区域经济中心职能；三是区域交通中心职能；四是

区域社会文化活动中心职能；五是区域信息中心职能。

多数城市一般都具备上述职能，只是不同城市有的职能较强，有的职能较弱，有的职能影响面广，有的影响较小。大中型城市一般兼有上述职能，且影响较大。因此对于乡村环境来讲，大中型城市环境具有明显的优势，突出表现在以下诸多方面。

城市有远远高于乡村的聚集效应与产出效应，城市是经济活动与财富聚集的中心。城市的投资效益和固定资产效益要远远高于乡村，并且一般将随着城市规模的扩大而上升。从经济效益看，城市的人口平均和职工平均总产值、利税总额也远远高于乡村，一般也随城市规模等级上升而增加。城市一向是国家发展的重点和国家的利害所在。

城市在人力与人才上对比乡村有明显的优势，并且多是信息交流中心。因此，国际大型跨国公司把总部放在城市尤其是大城市中。而这些大企业的资金储备又导致银行多在城市中设置总部或机构。城市的基本建设可以吸纳大量劳动力，又创造出巨大消费市场容量。一般城市是许多工业，目前也是各项服务行业的巨大市场，招引大量流动人口。这些都在人力资源和信息资源以及扩大市场容量上形成的良性循环。

城市基础设施优势十分明显。自来水普及率、生活用气普及率、电话普及率、市政生活用电、铺装路面、下水道长度、林木草地绿化覆盖率等都存在十分明显优势，并且随着城市规模的扩大而提高。在网络通信、交通运输、金融外汇流通以及各项有形及无形的交流和交换方面也优势明显。

城市集约化程度与效率对比农村有明显优势，并且随着规模扩大而不断提高。集约化是社会发展到一定程度的良性趋势，尤其是城市出现后程度明显提高。简单地讲，集约化是社会各部分根据契约分别履行社会生产或承担某项社会功能，而不是一个人、一个单位从头干到尾，造成重复和浪费。集约化生产可以优化社会资源与生产能力，使生产效率大大提高。城市效率还突出表现在土地使用的经济效益上，城市单位用地的产值和利税总额远远高于乡村，并随着城市规模的扩大而提高。

第四节　价格环境及水利价格

一、价格环境内涵的假设

价格环境是人类社会中人与人（包括自然人、法人）在交换物品或服务时以货币形式表示的国民经济社会环境价值体系。价格的实质内涵是可使用的物品或有使用价值的服务在某一时间点（或时间段）交换时，供给方与需求方根据各自获取的信息量经分析判断物品（服务）社会平均劳动价值及对方显性（潜在）需求，经过协商达成的双方均可接受（或默认）的可以用货币形式表达的平衡点价值。价格的外延是丰富的，包括商品价格、收费标准、资金利率、税率、生命价值、资源价值、环境代价等。价格一般仅指商品价格和收费标准，资金利息、税负是商品（服务）价格（标准）的包容物。

商品价格形成机制与政治、经济、资源、民意、财力、环境等宏观体制密切相关，是其共同发挥作用的产物。政治体制决定经济体制，经济基础反作用于政治体制和政治文明；资源禀赋决定经济发展战略，经济发展战略的实施调节资源配置格局和形态；政治文明引导社会价值观，民间意向促进政治理念、经济体制的演化；经济发展水平决定财税体制，财税体制表达社会公共权力责任和义务；环境影响民族特性潜质，环境引导社会经济资源的优化配置。

二、水利价格的含义、范围

水利价格是指开发利用水资源的各项功能而形成的水利产品（服务）的价格。水利产品（服务）简言之是兴水利治水害，主要有农田灌溉、工业用水、生活供水、水力发电、河流航运、水产养殖以及防御洪水、治理涝渍、水土保持、污水处理，还包括发展水利旅游、开发滩涂资源、安置水利移民、维持亲水环境等以水文化传统理念为基础、以水生态绿色价值为取向、以人文主义为根本的水利产品、水利价格是水利产品（服务）与社会经济环境各类形态产品（有形产品、无形产品）交换时可表达的价值。

水利价格的范围应确定为：水利产品价格、水利服务收费标准、水资源税赋、公益性水利产品公共财政补偿标准。

一般情况下，岩土体同地下水都是紧密相连的。在进行水利工程施工建设的过程中，需要对岩土体采取一系列的施工措施，有可能会受到地下水的影响，导致建筑工程地基出现问题，使得建筑工程地基的稳定性下降，降低了水利工程地基的耐用程度，从而会加大建筑工程的成本，延长了建筑施工的周期。尤其是在一些水文地质相对特殊的地方进行水利工程建设的时候，就更需要我们做好地质勘测与地质环境的分析工作。如果在进行地质勘测的工作中出现了疏忽，就会容易导致在进行水利工程建设的过程中引发水文灾害，对于水利工程建设施工都会产生不利的影响。

水利工程在促进当地经济发展和保障人们正常生产生活等方面发挥着重要作用，水利工程相对于常规的建设项目施工难度高、工程规模大、投资额高、涉及面广、影响范围大等特征。由于受到实际施工条件、工程环境及水利功能需求的影响，不同的水利工程在实现水利功能及工程技术方面往往不尽相同。水利工程建设受其地质环境的影响主要有以下方面：

理性质与土物理是水利工程建设地质性质的主要内容，其中水利工程建设与水理性质之间具有密切关系，主要影响这建设项目的稳定程度和岩土强度。然而，在水利项目地质勘查过程中由于大部分人未考虑岩土水理性质，从而使得地质勘查报告可操作性较低、报告内容不完整等。另外，岩土水理性质还包括透水性、给水性、软化性以及崩解性等特征，其中透水性是指在一定的中立作用下地下水投过岩土的能力。透水性与岩土颗粒的均匀分布情况和粗细程度相关，岩土分布均匀且颗粒较粗则透水性良好，反之则透水性较差。透水性可通过渗透系数反映，通常情况下可根据抽水试验获取，给水性主要是只在一定的重力作用下岩土可通过微小裂缝流出一定水分，可利用给水度反映其出水情况。水利项目建设场地的疏于时间主要受给水度参数的影响，可根据试验确定。软化性是指岩土强度在水力侵蚀作用下出现减弱的特征，可利用软化系数反映岩土强度的减弱其耐风化、耐侵蚀特征；崩解性主要是指在岩土与地下水之间的影响过程中，岩土颗粒受水力侵蚀而遭到破坏、崩解的特性，决定岩体崩解的关键因素主要有岩土的结构与矿物成分、颗粒状况等。

地下水的性质及其水位升降在很大程度上影响着岩土组分和工程质量，其中水中矿物含量、pH 值、水硬度分析、有害离子等为水性质分析的主要参数。地下水位由于人类活动呈现升降变化具有幅度大等特征，对岩土工程与水利项目构成潜在威胁。特别是水利工程地基岩土会可能会由于频繁的水位升降而发生不均匀变形，进而对水利工程整体稳定性造成显著影响。现阶段地质勘查相对于传统的勘测不仅要分析地质结构、岩土类型等内容，而且还可以通过雷达测井技术准确判断地下水质。

地下水中的有害化学成分是水利工程受地下水质影响的主要内容，随着地下水位的变化，这些有害的化学成分不断侵蚀地基本身，并对地基处混凝土建设与钢材料产生越来越大的腐蚀作用，从而导致地基建筑物的软化、变形以及工程自身质量的下降。某水利工程接近地下水流动区域，并且水体中存在硫酸根、氯离子等有害化学成分，长期的冲刷侵蚀作用下工程地基出现了严重变形，并对工程项目的质量和正常运营状况造成了潜在的威胁。

钻探、工程勘探以及山地勘探为水利工程地质勘测的主要技术，不同的地质勘探技术其勘探条件、对象及方式存在一定差异，对于山地勘测可通过简单的人工或机械开挖实现对不同地质层的深槽、深井的实时勘测。这种作业方式有利于对施工地点地质环境的采样与土壤成分的分析，在实际工作中可更好地掌握工程地质的实际状况。钻探作为技术性较强的地质勘探有效方法，为全面深入地勘测水利工程地质环境情况，就必须采用先进的钻探技术对不同的特硬层、砂层地质夹层材料定位、取样，从而确保工程地质的优良与建设项目的适应性。

地质的各项活动与地壳自身运动是影响其稳定性与断层位移的主要因素，从而对地质构造产生影响，甚至可能引起中空、坍塌、泥石流以及滑坡等地质灾害。因此，应重视地质勘测工作在水利项目设计与建设实施过程中的地位。深入调查施工区的环境条件、地质构造以及地貌特征，对于复杂的地质构造和特殊的地貌特征还要做充分的论证和技术分析，从而确保水利项目的顺利实施和后期的正常运营。在地质环境勘测过程中要注重分析限制地基渗力场、应力场的主要因素，确定影响建设项目质量的根本原因，然后根据地质环境的影响作用和周边地质条件的实际状况，准确获取水利工程地质发展的预测信息，针对工程建设可能受地质环境变化的影响提出有效的方针与对策口。例如，采用科学合理的施工步骤和规划施工流程、运用先进的科学技术和高质量特殊材料作为施工指导依据，提前做好地质环境变化事前控制，从根本上控制地质变化对工程质量的影响并减轻项目后期管理维护的经济负担。

对于已破坏的地质环境可通过分析地质条件变化的主要因素，从本质上确定引起工程地基破坏的原因并提出有针对性的改进措施和决策建议，从而实现水利系统各建筑物的整体稳定和协调发展。

地质环境以及地基的变形稳定与地基实际承载力之间存在着紧密的关系，地质环境变化可对水库大坝的承载力产生显著影响并可能出现坍塌、失稳等现象。水库大坝的地基不仅要承载水利工程中水体与建筑物的重量，而且还要承受水力冲击荷载。随着时间的积累可能出现不同程度的变形工程质量造成不利影响，另外岩石出现裂痕或发生变形也可能造成地基的沉降，并对水库大坝的整体稳定构成威胁。

我们在进行水利工程的建设过程中，一定要做好相关的水利工程地质勘测与地质环境分析的工作，加强对于水利工程的地质勘测与地质环境分析工作。此外，在进行地质勘测的过程中，还应该对当地的水文地质问题做出一定预防改善的措施，防止导致水利工程建设的施工工作无法展开。

第五节　现代企业制度

国际上大型水利综合类工程经营管理单位大多是大企业，我国也有部分大型水管单位是大企业。在建立社会主义市场经济条件下推进大型水利综合类工程管理体制改革，微观主体将逐步以建立现代企业制度的公司制企业为主要模式。

一、公司制是现代企业制度的主要组织形式

现代企业制度是在市场经济体制下，以法人制度为基础的、出资人和企业法人承担有限责任的、实施法人治理结构的以公司制为主体的企业制度，是以明晰企业各利益主体的产权关系为基本内容，以明确企业的法人主体地位和市场竞争主体地位为核

心的一种企业制度，是市场经济的基本成分。现代企业制度主要包括以下三个方面的含义：一是现代企业制度是市场经济体制的一个基本成分；二是公司制是现代企业制度的主要组织形式；三是现代企业制度反映了现代企业的契约关系。

二、公司法人治理结构是公司制的核心内容

公司制是指适应社会化大生产和市场经济要求的公司法人制度。公司制包括公司产权制度、公司法人治理制度和公司管理制度。现代公司制度的核心是法人特征，现代公司制度的基础是有限责任，现代公司制度的关键是公司法人治理结构。规范公司法人治理结构是按照建立现代企业制度要求，规范公司股东会、董事会、监事会和经营管理者的权责，完善企业主要经营管理者的聘任制度。股东会决定董事会和监事会成员，董事会选择经营管理者，经营管理者行使用人权，形成权力机构、决策机构、监督机构和经营管理者之间的制衡机制。

三、特殊法人公司制企业

西方发达市场经济国家对于既有经济职能还承担社会职能，既有经营性目标也有非经营性目标，既生产竞争性产品又生产公共产品、提供公共服务的机构，往往采用特殊法人制公司组织模式。在欧洲大陆称此类公司组织为特殊公司制企业。特殊公司制企业法人不同于公司法规定的一般企业法人，实行特殊法人制的企业组织不完全受公司法或民法规范，对该类法人组织制定特定的法律或规定规范。特殊法人制公司组织一般与政府有非常密切的关系，突出体现在政府求法人独立自主运作的同时，仍对法人的运营管理提供财政经费支持，法人的偿债能力不仅靠法人的资本金和净资产，也同政府的信用紧密联系。特殊法人一般是公司制企业，甚至是上市公司，但它们一般除了受公司法的规范外，主要受专门法律规范。实行特殊法人制公司组织一般在以下三类领域中。一是需要政府财政补贴或采取特殊政策可以独立运作的公共服务事业；二是需要巨额投资的国家战略性项目；三是盈利的自然垄断行业。

特殊法人制公司组织的主要特点：一是除了像一般公司制企业要接受政府的社会管理外，还要接受政府对企业经营的管控；二是基本活动范围是以非竞争性领域为主；三是组织经营的主要目标是为国家经济与社会发展提供公共产品与服务，以促进国民经济与社会的可持续发展；四是设立要经过专门立法机构批准。

结 语

现如今，人们的生活质量显著提高，社会生活中需要更多的优质水资源，因此国家相关部门应重视水资源问题。而当前我国水利工程建设和运行管理过程中，依然存在着较为明显的不足，其中以运行管理与建设管理并未实现有机结合最为突出。所以在水利工程建设中，要转变以往的思想观念和工作模式，高度重视建设管理与运行管理的有机结合，以便于有效促进我国水利工程的平稳运行，为我国城市建设带来巨大效益。

为了确保建管结合管理模式在水利工程中的全面展开，除了要树立正确的管理思想，制定完善的规章制度，还要准确掌握几何模式在工程建设应用中的效果。首先，明确运行管理单位在工程建设过程中的任务目标，在水利工程的设计和项目制定中，运行管理单位要加强水利工程建设中的效益规划和现实意义，及水利工程在建设后的运行发展方向的设定；其次在水利工程项目的招标过程中，要结合工程建设部门和运行管理部门两者的意见，根据水利工程项目的长远发展和全局发展进行科学规划；最后，运行管理中的项目管理要以工程建设为核心，大力发展水利工程建设的技术和管理，促进水利工程项目的全面发展。

总而言之，伴随着科学技术的发展，水利工程建设与运行管理有机结合对于水利工程发展而言，势在必行，这也是大势所趋。打破传统观念，完善新的理念，对提高水利工程建设效率、质量都有着极为重要的影响。时代在发展，科学技术在不断进步，如何运用科学的手段提高工程的质量是当前人们所要面对的问题，这也是新时期科学技术进步带来的意义所在。

参考文献

[1] 张云鹏，戚立强编 . 水利工程地基处理 [M]. 北京 : 中国建材工业出版社 .2019.

[2] 姬志军，邓世顺 . 水利工程与施工管理 [M]. 哈尔滨 : 哈尔滨地图出版社 .2019.

[3] 刘春艳，郭涛著 . 水利工程与财务管理 [M]. 北京 : 北京理工大学出版社 .2019.

[4] 孙玉玥，姬志军，孙剑 . 水利工程规划与设计 [M]. 长春 : 吉林科学技术出版社 .2019.

[5] 谢文鹏，苗兴皓，姜旭民，唐文超编 . 水利工程施工新技术 [M]. 北京 : 中国建材工业出版社 .2020.

[6] 孙三民，李志刚，邱春主编 ; 许丽副主编 . 水利工程测量 [M]. 天津 : 天津科学技术出版社 .2018.

[7] 高喜永，段玉洁，于勉编著 . 水利工程施工技术与管理 [M]. 长春 : 吉林科学技术出版社 .2019.

[8] 束东编著 . 水利工程建设项目施工单位安全员业务简明读本 [M]. 南京 : 河海大学出版社 .2020.

[9] 何俊，韩冬梅，陈文江著 . 水利工程造价 [M]. 武汉 : 华中科技大学出版社 .2017.

[10] 苗兴皓，高峰著 . 水利工程施工技术 [M]. 中国环境出版社 .2017.

[11] 王海雷，王力，李忠才主编 . 水利工程管理与施工技术 [M]. 北京 : 九州出版社 .2018.

[12] 刘景才，赵晓光，李璇编著 . 水资源开发与水利工程建设 [M]. 长春 : 吉林科学技术出版社 .2019.

[13] 贺芳丁，刘荣钊，马成远 . 水利工程施工设计优化研究 [M]. 长春 : 吉林科学技术出版社 .2019.

[14] 牛广伟著 . 水利工程施工技术与管理实践 [M]. 北京 : 现代出版社 2019.

[15] 许建贵，胡东亚，郭慧娟 . 水利工程生态环境效应研究 [M]. 黄河水利出版社 .2019.

[16] 邵东国 . 农田水利工程投资效益分析与评价 [M]. 郑州 : 黄河水利出版社 .2019.

[17] 刘勇毅，孙显利，尹正平编著 . 现代水利工程治理 [M]. 济南 : 山东科学技术出版社 .2016.

[18] 苗兴皓，王艳玲主编 . 水利工程法律法规汇编与案例分析 [M]. 济南 : 山东大学出版社 .2016.

[19] 梁建林，王飞寒，张梦宇主编 . 建设工程造价案例分析 (水利工程) 解题指导 [M]. 郑州 : 黄河水利出版社 .2020.

[20] 林雪松，孙志强，付彦鹏主编 . 水利工程在水土保持技术中的应用 [M]. 郑州 : 黄河水利出版社 .2020.

[21] 颜洪亮主编 ; 侍克斌主审 . 水利工程施工 [M]. 西安 : 西安交通大学出版社 .2015.

[22] 孙祥鹏，廖华春 . 大型水利工程建设项目管理系统研究与实践 [M]. 郑州 : 黄河水利出版社 .2019.

[23] 李京文等著 . 水利工程管理发展战略 [M]. 北京 : 方志出版社 .2016.

[24] 林彦春，周灵杰，张继宇等编 . 水利工程施工技术与管理 [M]. 郑州 : 黄河水利出版社 .2016.

[25] 干天能，王振营，白由路主编 ; 文晓明，方小宇，叶楠等副主编 . 水利工程经营管理 [M]. 沈阳 : 辽宁科学技术出版社 .2015.

[26] 何伟著 . 大型水利工程倒虹吸结构分析 [M]. 北京 : 地质出版社 .2017.

[27] 许登霞，张雁主编 . 黄河水利工程档案资料概览 [M]. 郑州 : 黄河水利出版社 .2017.

[28] 王飞寒，吕桂军，张梦宇主编 ; 闫国新，樊万辉副主编 ; 梁建林主审 . 水利工程建设监理实务 [M]. 郑州 : 黄河水利出版社 .2015.

[29] 倪福全，邓玉，胡建主编 ; 卢修元，周曼，董玉文，常留红副主编 ; 曾赞，唐科明，康银江，梅敏等参编 . 水利工程实践教学指导 [M]. 成都 : 西南交通大学出版社 .2015.

[30] 沈凤生主编 . 节水供水重大水利工程规划设计技术 [M]. 郑州 : 黄河水利出版社 .2018.